气候变化与人类活动对新疆玛纳斯河流域水文生态过程影响研究

包安明　刘海隆　陈　曦　王　玲 等 编著

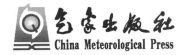
气象出版社
China Meteorological Press

内 容 简 介

本书以玛纳斯河流域为研究区,以气候变化与人类活动对新疆玛纳斯河流域水文和生态的影响为研究重点,以遥感和地理信息系统技术为支撑,基于水文模型模拟,探讨了气候变化对区域水文循环的主要要素(降水、蒸发和径流)的影响,建立了水灾害的快速监测与评估方法,并进行了系统研发与应用;在此基础上,分析了人类活动对绿洲水文及生态的影响,为合理高效用水提供理论依据。

本书适用于地理学、环境科学、水利工程、农业和遥感与地理信息系统应用等学科的大中专学生、教师和科研工作者使用,对相关行业的技术人员及管理者也有一定的参考价值。

图书在版编目(CIP)数据

气候变化与人类活动对新疆玛纳斯河流域水文生态过程
影响研究/包安明等编著. —北京:气象出版社,2013.5
 ISBN 978-7-5029-5712-4

Ⅰ.①气… Ⅱ.①包… Ⅲ.①气候变化-影响-玛纳
斯河-水文环境-环境生态学-研究②人类活动影响-玛
纳斯河-水文环境-环境生态学-研究 Ⅳ.①X143

中国版本图书馆 CIP 数据核字(2013)第 100031 号

出版发行:气象出版社
地　　址:北京市海淀区中关村南大街 46 号　　　　邮政编码:100081
总 编 室:010-68407112　　　　　　　　　　　发 行 部:010-68409198
网　　址:http://www.cmp.cma.gov.cn　　　　　E-mail:qxcbs@cma.gov.cn
责任编辑:崔晓军　姜　昊　　　　　　　　　　　终　　审:章澄昌
封面设计:博雅思企划　　　　　　　　　　　　　责任技编:吴庭芳
责任校对:华　鲁
印　　刷:北京中新伟业印刷有限公司
开　　本:787 mm×1 092 mm　1/16　　　　　　　印　　张:14.75
字　　数:406 千字　　　　　　　　　　　　　　彩　　插:9
版　　次:2013 年 5 月第 1 版　　　　　　　　　印　　次:2013 年 5 月第 1 次印刷
定　　价:60.00 元

前　言

我国干旱区主要分布在新疆、甘肃、青海、宁夏和内蒙古等地,约占我国陆地总面积的 30%。因气候干旱、风大沙多、土地贫瘠,是我国生态环境最为严酷和脆弱的地区。由于自然和历史的原因,我国干旱区的社会经济发展极不平衡,尤其是农业生产水平较低,文化教育、基础设施相对落后,贫困加剧,人地关系矛盾非常尖锐。近半个世纪以来,在人口压力和全球气候变化的影响下,生态系统恶化,荒漠化迅速发展,环境退化日益严重,不仅危及当地人民的生存发展,加重贫困程度,更对我国区域协调发展和生态安全构成严重威胁。人们对水资源的依赖程度也不断增加,绿洲规模不断扩大,生态用水被生产和生活用水挤占,人类活动快速增加与自然系统用水减少的矛盾正在成为制约我国干旱区可持续发展的瓶颈。

西北干旱区内陆河流域是国家资源安全体系、粮食安全体系举足轻重的一翼和我国经济发展的重要支点,其发展事关我国现代化建设全局,具有重大的经济意义和政治意义。水资源是内陆河流域社会经济发展的命脉和生态环境变化的主导要素,在气候变暖的背景下,以积雪融水为基础的内陆河水资源系统非常脆弱和敏感,融雪水变化导致的水资源变异,正改变着水资源时空分布和水循环过程,极端水文事件发生频率和强度不断上升,水资源供需矛盾日益突出并成为制约区域发展的瓶颈。西北内陆河流域与中亚邻国同属西风环流区,水资源的形成区与消耗区相互交叠,跨境河流广布,该区域不断的水冲突及气候变化对水循环的影响成为国际关注的焦点。

干旱区降水少、蒸发强烈,极端干旱地区的蒸发能力是降水量的 60～80 倍,湖泊、河滩、湿地草甸等湿地面积大量减少,许多湖泊湿地出现萎缩甚至消亡。西北区主要湖泊大幅度萎缩并趋于干涸,如塔里木河下游的台特玛湖于 20 世纪 70 年代初干涸,玛纳斯湖和艾丁湖于 20 世纪 70 年代末干涸,水域面积曾超过 400 km² 的许多大型湖泊,如卓尔湖、西居延海在 20 世纪 70 年代初就已干涸而成为盐漠。根据统计资料,20 世纪 50 年代新疆全境天然湖泊面积约 97 万 hm²,到 2000 年湖泊面积减少到 58.89 万 hm²,50 a 间减少了约 38 万 hm²。导致干旱区湖泊水面及湿地减少的主要原因,除蒸发强烈外,过度的水资源开发利用是导致下游尾闾湿地消失的另一个重要因素。

干旱区水资源主要形成于山区,而在盆地内进行开发利用,这种异地产水异地利用的西北水资源特点，使得水资源在空间分配上具有可变性。在全球变化和人类活动加剧的大背景下，径流的年际和年内分配、水资源的开发利用规模和方式都发生了很大变化，导致水资源数量及时空分配的变化，并引起一系列的生态环境问题。内陆河流域水文循环过程及其生态效应是国内外研究的热点，对干旱区水资源的有效开发和利用具有重要意义。

受地理条件的制约，我国干旱半干旱地区地表水资源表现出以融雪径流为主的特点，内陆河流域生态环境演变是绿洲演变的代表性问题。在全球气候变暖的背景下，气象要素波动引起的融雪径流季节性变化导致水资源时空变异，同时由于历史原因，西部干旱区水利基础设施不足和管理技术落后，使日益突出的水资源供需矛盾成为制约区域发展的关键因素。近年来，极端天气气候事件发生频度和强度急剧增加，导致了干旱区的自然灾害频发，制约了干旱区绿洲经济的可持续发展。如何定量评估气候变化对干旱区水资源的影响及有效评估灾后损失，已成为目前干旱区水文生态过程研究的焦点之一。

干旱区内陆河产流区主要集中在高海拔山区，人类活动集中的绿洲区是水资源消耗的主要地带，荒漠区则是水资源的自然耗散区。内陆河流域特殊的产汇流和耗散区空间分布，使得流域内水平衡状态易受人类活动影响，在自然条件下，盆地间地下水资源分布达到自然平衡，并维系盆地内的生态环境平衡。历史上干旱区的人类活动基本是"依水而居"，人类大规模开发绿洲之前，自然绿洲水草丰美，呈现出"风吹草低见牛羊"的西部风情。近 50 a 来人类对天然绿洲索取加剧，生产、生活用水剧增，生态用水被大量挤占，天然绿洲面积急剧减少，导致洪水、沙尘暴、干热风等自然灾害频发，严重影响了人居生活质量。随着水资源开发利用，人工绿洲不断扩大，打破了原来的平衡，各类生产用水的增加必将导致天然生态系统的需水不能得到满足，也势必导致自然生态系统的退化与生态服务价值的降低。地下水位下降、土地退化、生态环境恶化等一系列问题，使得人类自身的生存与发展空间受到越来越强烈的威胁。定量评价人类活动对绿洲水文及生态环境的影响，对干旱区的可持续发展具有现实意义。

气候变化是否会大幅度改变内陆河水循环与水系统？极端气候、水文事件可否引发内陆河水系统崩溃？如何适应气候变化提出水资源调控对策？如何调控水资源以维持绿洲可持续发展？针对以上问题，本书进行了尝试性分析。

玛纳斯河流域位于新疆准噶尔盆地西南部，该流域既有中温带大陆性干旱气候特征，又有垂直气候特征，流域内山区是产流区，出山口以下为径流散失区，是典型的干旱区内陆河流域。夏汛主要表现为融雪性洪水，出山口以下的水资源受人类活动影响很大，现全流域地表水引用量为 16.2 亿 m³，水库调节水量为 5.17 亿 m³，地下水开采量达到 4.4 亿 m³。玛纳斯河流域面积 1.98 万 km²，其中流域内山区面积 0.515 万 km²，平原面积 1.465 万 km²，流域内绿洲总面积约为 1.08 万 km²，耕地面积扩大到 28 万 hm²。流域内现有总人口 98 万人，是新疆重要的粮棉基地和经济开发区之一。

　　本书分为上、下两编，共 14 章内容。上编主要研究气候变化对玛纳斯河流域水文过程的影响，其中第 1 章由包安明和王玲完成；第 2 章由包安明和程维明完成；第 3 章由陈曦和李琴完成；第 4 章和第 5 章由包安明和陈晓娜完成；第 6 章由陈曦和于梅艳完成；第 7 章由包安明、张红利和刘海隆完成；第 8 章由包安明和刘海隆军完成。下编主要分析人类活动对绿洲水文生态的影响，其中第 9 章由包安明、程维明和刘海隆完成；第 10 章由包安明和梁立功完成；第 11 章和第 12 章由王玲和刘海隆完成；第 13 章和第 14 章由包安明、王玲和柳梅英完成。全书由包安明、刘海隆、陈曦和王玲负责统稿和校稿，胡汝骥、王亚俊、王新乐和李恒山等参加本书的整理和编辑工作。

　　本书是在"十一五"国家支撑计划项目"水资源与水灾害空间信息服务系统研发"(2007BAH12B03)、"十二五"国家支撑计划项目"新疆重大突发事件应急响应技术与应用"(2012BAH27B03)、国家自然科学基金项目"地形地貌对山区降水的影响——以开都河流域为例"(41161013)与国家外专局-中国科学院"干旱区特殊生态过程样带研究创新团队"项目的共同资助下完成的。

　　本书的主体内容来源于课题相关研究报告，部分内容来源于研究生毕业论文。书中少部分阶段性成果已在国内外刊物上发表。本书在写作过程中参考了国内外研究论文和相关网站资料，在此对相关作者表示衷心感谢。虽然作者试图在参考文献中把所引参考资料全部列出并在文中标明出处，但难免有疏漏之处，望能谅解。本书虽几易其稿，但作者水平有限，不妥之处仍在所难免，恳请读者批评指正。

包安明

2013 年 2 月

目 录

下编　人类活动对绿洲水文生态的影响

上编　气候变化对玛纳斯河流域水文过程的影响

第1章　绪　　论

1.1　干旱区水文过程特征

我国干旱区面积约占陆地面积的 1/3，其中平原地区年降水量一般在 150 mm 以下，不能产生径流。但是在干旱区周沿分布着像阿尔泰山、天山、昆仑山、祁连山等高大山体，能够截获较多的降水，最高年降水量可达 1 000 mm 以上，这些降水产生了大量的径流，发育着众多的河流。河川径流是干旱区极其宝贵的自然资源，也是干旱区经济发展的主要制约因素。

我国干旱区与世界上大多数干旱区相比，其河川径流有两大特点：一是除了雨水及地下水补给外，还有高山冰雪融水和季节性积雪融水的补给，这种河川径流补给来源的多样化，使得河川径流具有年径流变差系数小、径流量高度集中于夏季及洪水成因类型复杂等特点；二是水文的垂直地带性规律显著，我国干旱区的河流除额尔齐斯河以外，虽都同属于内陆河流域，但由于地域广阔，各地自然条件不尽相同，河川径流的水文情势也有差异（汤奇成 1985）。

干旱区各水文过程的特点与湿润地区有较大区别，相对重要性随时空具有很大变异性。干旱区水循环过程的主要特点有：①降水总量不多，但强度往往很大，并且时空分布不均匀；②地表植被稀疏，截留和集水效应造成水分的空间分布更加不均匀，直接蒸发损失较大；③干旱区复杂的地表状况，包括裸沙地区、结皮层地区和石质地区及灌丛地区等，对水文过程的影响各异；④干旱区水分蒸发不仅决定于大气蒸发能力，更主要的是取决于地表水分的供给情况（王帅 等 2008）。

1.2　干旱区水文过程研究现状

1.2.1　全球气候变化

21 世纪，全球气候变化及其不利影响正日益受到国际社会的普遍关注。工业革命以来的人类活动，尤其是发达国家在工业化过程中大量消耗能源，导致大气中温室气体浓度增加，引起全球气候近百年来以变暖为主要特征的显著变化。IPCC（2007a）第四次评估报告指出，全球地表平均温度近百年来（1906—2005 年）升高了 0.74 ℃，其中大部分的升温发生在 20 世纪的后 40 a。而在不同区域、不同季节升温幅度也不同，陆地升温比海洋明显，高纬度升温比低纬度明显，冬季比夏季明显，最低温度升温幅度比最高温度升温幅度明显。根据联合国政府间气候变化专门委员会（Intergovernmental Panel on Climate Change，IPCC）的研究，温室气体[主要包括二氧化碳（CO_2）、甲烷（CH_4）和氧化亚氮（N_2O）等]浓度升高是全球变暖的关键原因;工业革命前全球大气 CO_2 浓度为 280 ppm*,而当前已达到 356 ppm,每年约增加 2 ppm。人类每年往大气中排放 1 Gt 碳,大气 CO_2 浓度会增加 0.47 ppm。当大气温室气体浓度达到 400 ppm 时,温度会增加 1.7~2.3 ℃;当大气温室气体浓度达到 500 ppm 时,温度会增加 1.9~4.0 ℃;当大气温室气体浓度达到 600 ppm 时,温度会增加 2.2~5.0 ℃。

全球气候变化是引起气候要素异常变化的主要原因(Folland 等 2001)。IPCC(2007a)研究表明,气候变化引起了形成水资源的关键气象和水文要素的变化,如温度、降水、辐射、积雪和冰川消融等。大量气候模式对水循环的预估结果一致表明,随着海温的上升,未来热带气旋(飓风或台风)可能将变得更强,并伴随更强的降水;同时多数模式的预估也表明,由于全球变暖,冰雪盖和冰川融化,冰湖增加,多年冻土面积明显减小和收缩,且融化深度增加(Bates 等 2008)。随着全球变暖,大部分高纬度地区降水量增加,异常降水事件和频率也相应增加(Bates 等 2008),进而导致以融雪径流为基础水源的内陆河流域水循环的异常变化。

1.2.2　气候变化对内陆河流域融雪径流过程的影响

积雪对气候环境变化十分敏感,大范围积雪对全球变暖具有明显的反馈响应,特别是季节性积雪所产生的融雪径流,既是最活跃的环境影响因子,也是最敏感的环境变化响应因子(Fichefet 等 1999,高卫东 等 2005)。区域的积雪过程与分布取决于地形地貌、植被覆盖、风等因子及其之间的相互作用。

在我国西北干旱区,山区降雪为内陆河流域提供比较丰富而稳定的融雪径流,山区降水与积雪融水是干旱区内陆河流域的主要水源(Gao 等 1992,程国栋 等 2001,陈梦熊 2001)。对于中高纬度和高海拔地带季节性降雪和融雪的流域,温度变化对流域融雪径流水资源及其规划管理的影响远比降水变化的影响要大(Barnett 等 2005),温度不仅影响降水形式(雨或雪)和积雪融化速率(Nijssen 等 2001),还将造成积雪在春季提前融化(Horton 等 2006),从而减弱积雪作为蓄水的功能和年内径流的分配(Barnett 等 2004,2005;Stewart 等 2004)。受全球气候变化的影响,我国西北干旱区出现了较大幅度的异常温度变化和降水过程变化(施雅风 等 2002,翟盘茂 等 2003),这一趋势必将对区内的积雪消长过程带来不确定的影响。

融雪径流模拟是国际水文学富有挑战的研究,早期的融雪模拟研究主要集中于站点上的积雪水热过程理论的创立和不同区域条件下积雪水热过程的模拟(Martinec 等 1998)。近年来,以能量过程模拟为核心的空间分布积雪水热过程模拟成为模型发展的主要方向,如 Snow Model(Liston 等 2006)、ALPINE 3D(Lehning 等 2006)等模型。这些模型开始考虑地形及周边环境在积雪演化中的作用,越来越注重模拟结果的尺度转换及气候变化的模拟评估。然而,所有模型在融雪汇流时均采用单点直接向栅格尺度转换的参数化方案,虽然单点积雪水热过程模拟很好,但不同下垫面条件下积雪水热过程和雪水汇流就有了很大的区别。目前大多数融雪径流水文模型的汇流过程仍然沿用经典的汇流方法,对冻土与积雪的相互作用、下垫面性质、冻土及季节性冻融土壤等在汇流中的作用考虑不足,模拟效果都很不理想(Liston 等 2006,Horton 等 2006)。因此,如何将单点上的雪—热—水过程模拟扩展到流域上,如何建立全新的融雪水的汇流模式成为融雪径流模拟的最大挑战。

---

* ppm:此处指每 100 万个干燥空气分子中所含温室气体的分子数目,下同。

1.2.3　山区积雪空间动态遥感监测

自 20 世纪 60 年代遥感技术问世以来,积雪遥感为雪情监测提供了重要的基础数据,积雪监测成为遥感应用的一个重要方面。目前,遥感技术已经成为一种有效的积雪观测手段,以其多平台、多时相、多谱段、多尺度等优势,在积雪监测中发挥着重要作用。不仅能及时、有效地监测全球积雪覆盖信息,同时可以监测到雪深、雪水当量等积雪参数。

全球冰雪覆盖面积的年变化非常明显,就北半球而言,1 月冰雪覆盖面积最大,2 和 3 月变动不大,4 月大陆冰雪覆盖面积显著退缩,此后随着太阳辐射的增强,冰雪面积逐月减少,到 9 月初达到全年最低值(Hall 等 2007)。大范围的积雪主要分布于中高纬度的山区,其中大部分地区气象站点稀少,实地观测难以进行,无法实时、全面、准确地掌握积雪的分布状况,尤其是无法掌握大陆范围乃至全球的积雪覆盖信息,因此早期对积雪的研究也相对较少。

1.2.3.1　积雪遥感数据

可见光卫星遥感数据用于积雪监测与空间分布制图的研究已有 30 多年的历史。积雪的光谱特征比较独特,在可见光和近红外波段具有高反射率,这与除云以外的多数其他自然地物有明显的不同;而在 1.55～1.75 μm 的近红外波段上,云和雪的反射率有较大的差异,在这一光谱范围内,云反射来自太阳的辐射,而积雪吸收太阳辐射,因此利用遥感数据在可见光范围内进行积雪监测是可行的。Hall 等(1995)基于雪的这种特性,提出了"SNOMAP"方法并对 Landsat TM (Thematic Mapper)资料进行积雪提取,达到了很高的精度。归一化差分积雪指数(Normalized Difference Snow Index,NDSI)是 SNOMAP 算法中的核心内容,也是目前光学遥感提取积雪信息的通用方法,能有效地分辨雪和许多其他地表,对于阳光下和阴影下的雪都能很好地监测。MODIS(Moderate-resolution Imaging Spectroradiometer)积雪制图算法是在分析 TM 影像的基础上,采用阈值技术划分积雪和其他目标,基于归一化差分积雪指数(NDSI)和一个近红外通道的反射率进行判别。

AVHRR(Advanced Very High Resolution Radiometer)是持续观测时间最长、应用最为广泛的光学传感器之一,也被用作积雪监测。最早使用 AVHRR 进行雪盖制图都是采用人工解译的方法,使用其第 1 波段数据划分积雪区域。基于积雪在可见光范围内的高反射率,比较容易将其与地表其他覆盖物区分开。为了有效识别云层,基于积雪和云层在红外区域的反射率差异,使用波段 3(A)(1.58～1.64 μm)进行云检测。随着对云、雪特性的进一步了解及计算方法的发展,AVHRR 雪盖制图开始使用多阈值检测方法自动识别雪盖(Gesell 1989,Droz 等 2002,Baumb 1999)。积雪在通道 1 的光谱特征明显,反射率很高,其他地物(除云、冰和沙漠以外)的反射率一般低于 30%,因此,采用阈值法将积雪(包含云)与其他地物分开。对于云和雪的区分主要是基于亮温,通常情况下云顶温度比雪表面温度低,特别是高云尤为明显,一般通过对比分析通道 3 和通道 4 的亮温特征,采用阈值法实现云和雪的区分。

1.2.3.2　积雪遥感参数

积雪深度是研究积雪水文效应的重要参数,也是天气和水利数值模式运行的必要参数,一直以来都是由地面气象站观测得到,但气象站布点稀少,难以提供当前中尺度模式所需的积雪深度分布数据。随着积雪微波遥感技术的发展,这一问题得到了很好的解决。美国科罗拉多大学及美国国家航空航天局(National Aeronautics and Space Administration,NASA)的研究人员,利用 1978 年升空的 Nimbus-7 航天飞机携带的多波段微波辐射仪(Scanning Multichan-nel Microwave Radiometer) 1978—1987 年内观测的亮温,研究出全球雪深监测模型。在此之后,许多学者根据不同地区林地覆盖率、积雪密度、雪粒大小等参数,对上述模型进行了一些修正。另外,用于积雪研究的微波遥感数据,目前主要有合成孔径雷达(Spaceborne Imaging Ra-dar-C,SAR-C)、美国国防气象卫星计划(Defense Meteorological Satellite Program,DMSP)的微波成像专用传感器(Special Sensor Microwave/Imager,SSM/I),以及 EOS 系列 Aqua 上先进的微波扫描辐射计(Advanced Microwave Scanning Radiometer-Earth observing,AMSR-E)等。

在目前遥感观测手段的基础上,国外对积雪的研究侧重于以下方面:①利用可见光遥感数据和微波遥感信息,大范围、全天候地监测冰川和积雪的空间分布特征;②在全球范围内,收集冰川和积雪等方面的数据,用于区域或全球气候变化的研究。国内在积雪遥感制图方面的研究始于 20 世纪 80 年代,并取得了一些成就,如利用 AVHRR、MSS(Multispectral Scanner)、TM、SAR(Synthetic Aperture Radar)数据进行积雪遥感制图方法的研究与应用(李震 等1996,李新 等 1997,王建 等 2001a);利用 AVHRR 数据进行雪灾的监测和评估(冯学智 等1997)。梁继等(2007)提出了一种基于 NDVI(Normalized Difference Vegetation Index)背景场提取 MSS 雪盖面积的新方法,提高了积雪监测的空间分辨率,同时也将积雪遥感制图延续到 20 世纪 70 年代,为长时间序列且小尺度上积雪消融的研究提供了基础。

1.2.4　区域水循环模式及融雪径流模型

1.2.4.1　区域水循环模式

在全球气候变化下,水文学家和水资源管理者越来越关注气候变化在大区域上对水循环过程的影响,希望获得在大区域尺度上空间分辨率精度较高的水文参数(Arnell 1999)。然而,由于用来直接估算水文参数的区域数据几乎不存在,目前区域和 GCM(General Circula-tion Model)中的水文模块难以有效地描述水文过程,而流域水文模型在尺度上难以满足气候变化对区域水循环影响的研究需求,因此,发展一种尺度介于 GCM 和流域水文模型之间的区域水循环模式就显得格外重要(Jin 等 2008a)。

区域水循环模式目前主要通过水文参数区域化建立,即利用统计方法将有资料区或小流域的模型参数部分或完全转换到更大尺度的流域,或是从无资料区的物理属性信息推测得到(Bloschl 等 1995)。参数区域化方法有代表流域法、空间插值法、聚类法和回归法等(Jin 等2008b)。其中回归法最常用,但其有两个局限性:一是估算得到的参数精度差;二是因为有些参数值与物理测量值之间的相关性差而难以估算(Abdulla 等 1997,Gotzinger 等 2006)。虽然水文学家应用各种统计方法试图解决区域参数问题,但都未能在两种局限性上取得突破,区域模拟效果不尽理想(Burn 等 1993,Servat 等 1993,Vandewiele 等 1995,Post 等 1999,Fer-nandez 等 2000),其原因是由于缺乏模型校正和验证所需要的数据。目前成功的流域水文模型的区域化较少见,原因是多数情况下模型参数和流域性质的相关性低(Merz 等 2004)。例如,Braun 等(1992)将 HBV 模型应用到瑞士不同地方的五个流域,结果表明流域特征和模型参数之间没有相关性。有两个原因可以解释模型参数与流域属性之间差的相关性及因此造成的流域模型在无资料区的不适用性(Merz 等 2004):一是所选用的流域属性可能与流域响应不是密切相关;二是校正参数值可能具有明显的不确定性,结果造成校正模型参数与流域属性之间的关系的不确定(Gottschalk 2002)。随着遥感技术的发展,区域上的土壤水分、蒸散、降水、温度、热辐射、土地覆被等水文信息都能够被较好地反演(Gotzinger 等 2006),而且空间和时间精度越来越高,这为建立真正具有物理意义的区域水循环模式奠定了基础(Merz 等2004,Jin 等 2008b)。流域水文模型的区域化并不简单,尤其是无水文测站资料的区域水文模拟是当前水文研究中关键而突出的科学难题,而基于物理意义的区域水循环模式更待建立(Sivapalan 等 2003)。

迄今为止,流域模型的区域化和基于物理结构的区域水循环模式仅取得了有限的进展(Merz 等 2004)。在区域化方法、合适水文物理属性的选择及模型参数的不确定性分析、区域尺度水循环物理结构模式、遥感水文参数反演等方面还有诸多科学难题需要深入研究。具体到干旱区的研究,由于流域属性差别大、大范围水文气象资料稀少,在干旱区建立一个有效的区域水循环模式显得尤为迫切,这对研究全球气候变化对水系统、生态系统等的影响及采取相应的应对策略具有重要的科学意义。

1.2.4.2　融雪径流模型

融雪模型分为概念模型和物理模型。事实上近年来发展的物理模型和概念模型比较多,SRM(Snowmelt Runoff Model)、TOPMODEL(TOPography based hydrological MODEL)、SLURP(Semi-distributed Land Use-based Runoff Processes)、SWAT(Soil and Water Assessment Tool)等都是不错的模型。Alpine3D 高分辨率的地表过程模拟模型、SNOWPACK 模型(Nishimura 等 2005)等也应用广泛。其中 SRM 模型已在 25 个国家的近 80 多个流域得到应用(Schaper 等 1999,Gomez-Landesa 等 2002,Li 等 2008)。SWAT 模型适用于具有不同的土壤类型、不同的土地利用方式和管理条件的复杂大流域,并能在资料缺乏的地区建模。夏军(2002)等将 SWAT 模型成功地用于马连河各子流域径流过程的模拟;王中根等(2003)也曾探讨了 SWAT 模型的水文学原理和模型的结构及其独特的分布式运行控制方式,并成功地应用于西北寒区(黑河莺落峡以上流域)的日径流过程模拟。

各种模型由于理论基础不同,在实际应用中效果也有差别。根据流域本身的条件选择合适的模型是融雪模拟中比较重要的环节。总体而言,物理模型在实际应用中经常受到参数获取的限制。比如,需要大量的观测数据以便进行模型的标定和验证,但是在很多流域要获取足够的数据是很困难的,于是在积雪模拟过程中常采用经验性的参数化方案(Anderson 等1977)。然而,任何准确的参数化方案都不能解决基本观测数据缺失的问题,如雪深、风吹雪量等。相对过程描述复杂的物理模型而言,概念模型需要的参数比较少,近年来在监测资料不足的地方应用相当广泛。

1.2.5　干旱区生态水文过程研究

生态水文过程涉及径流和侵蚀等地表过程的水平通量,以及蒸发、入渗、渗漏、补给和蒸腾等水文过程的垂直通量(Wilcox 等 2005),其核心是生物与水分之间的关系(Baird 等 1999)。水文过程控制着基本的植被分布格局和生态过程(Rodriguez-Iturhe 2000),植被作为水循环中最活跃的调节者,通过根系吸收水分及叶片蒸腾水分而参与水循环(Nobel 1991,Kramer 1993)。

土壤水分是连接气候波动和植被动态的关键因子,不同植被的蒸散量随土壤湿度而变化(赵文智 等 2001)。内陆河流域的绿洲和荒漠区,以降水贫乏且变异大为特征,干旱区植物具有适应这种环境与水分条件的特殊生态功能与生理机制(Evenari 1985,Rodriguez-Iturhe 2000)。研究表明,在水分胁迫下,不同的群落都有一些相同的响应方式,植物根系的深度和年降水量影响着土壤水分动态和植物水分胁迫程度。我国对干旱内陆河流域的生态水文研究主要集中于河源山区的森林生态水文过程,干旱区典型植物的水分利用机理、水分胁迫的响应特征等尺度相对微观的生态水文,以及不同景观带植被生态系统的蒸散及其年内变化规律等方面(Xu 等 2007)。

由于生态过程和水文过程都有各自的尺度域,生态水文研究中的水文尺度和生态尺度在时空域上的匹配和转换已成为一个难点。在小尺度上不同时间植物对气候变异的响应机制(Kremer 等 1996)和在小流域尺度上植被如何影响干旱区径流(Wainwright 1996)的试验研究较容易实施。对于干旱区大尺度生态水文过程而言,尤其在研究小尺度的生态水文过程与大尺度上植被-土壤-大气水汽传输的相互作用,以及水文过程对全球变化的反馈机制等方面具有很大的挑战性(Mulligan 2006)。因此,在长时间尺度上,研究干旱区植被群落演替过程与气候变化的关系、山区植被产流关系、荒漠绿洲防护林体系的水资源代价及维系天然绿洲的生态需水等生态水文问题成为干旱区生态水文学研究的重要命题(赵文智 等 2008)。

1.2.6　内陆河流域水循环时空变异与气候变化的关系

全球和区域水循环过程与气候变化有着密切的关系,尤其与温度、降水和辐射平衡的变化紧密联系。评估气候变化对水循环的影响通常采用探讨水文过程变化的规律来实现(Caballero 等 2007)。目前还无法确定全球气候变化对水文循环的影响程度,但可以确认气候变化正在加速水循环(Trenberth 等 2003,丁一汇 等 2006)。近几十年的陆面观测表明,大尺度水循环受到气温升高的影响,包括降水形式、降水强度和频率、雪盖面积、冰川冻土融化与径流均发生了较大变化(Bates 等 2008)。20 世纪 80 年代以来,我国西北干旱区降水量也有不同程度的增加趋势(程国栋 等 2006)。蒸发皿观测资料显示,在过去的 50 a,面上的蒸发力呈稳步减少的趋势(Hobbins 等 2004),这与预期的因温度升高导致的蒸散增加不一致(Stocker 等 2005)。土壤水分在影响潜热和显热通量的蒸散分配方面发挥着重要的作用,并影响地表径流的产生与地下水的形成(Hlavinka 等 2008)。有研究表明,夏季降水对地表过程有很强的依赖性,特别是在区域极端事件的模拟中(Gutowski 等 2004)。通过对 600 多个站点观测资料的分析发现,前苏联、中国和美国中部表层 1 m 土壤水分呈增加趋势,模型分析发现,降水与气温的增加量不能够解释这种现象,而太阳辐射的变化与降水形式的改变可以解释大部分的趋势(Li 等 2007)。Thodsen(2007) 和 Steele 等(2008)在丹麦和爱尔兰流域的研究结果表明,气候变化造成的径流过程变化规律具有明显的流域特征,不同流域的径流对于相同的降水事件的响应不同,响应迅速的流域更容易形成异常洪水等水文过程。由于地形地貌和区域尺度等因素的影响,区域水循环要素对气候变化的响应关系会有很大的不同(Zhang 等 2001,Thodsen 2007)。

内陆河流域极端洪水形成的气象因子不仅有暴雨,还有急剧升温,因而洪水有暴雨型、急剧升温造成的融雪型、暴雨与急剧升温并发的综合型、高山冰碛湖垮坝型(张家宝 等 2002b)。在全球温度上升和北半球中高纬度地区降水增加这一大的背景下,土壤水分在冬季将增加、夏季将减少(Bates 等 2008)。气候变化促使冰川运动与积雪分布产生相应的波动(Chen 2005),温度升高意味着雪盖将减少并且冻融提前,影响春汛发生的时间和强度(Barnett 等 2005),并导致河川径流季节性分配特征发生改变,冬季流量将增加,而夏季流量将减少。未来极端降水事件强度增大、重现期缩短(Trenberth 等 2003,Thodsen 2007)等特点,将导致极端洪水事件加强(Roy 等 2001,Caballero 等 2007)、最小流量进一步减少、枯水季提前、枯水期延长等(Douville 等 1999),给河川径流变幅带来异常变化(Nash 等 1991,Steele 等 2008)。同时,温度升高使得植物生长季与无霜期增长,将引起植物在海拔与纬度上的迁移(Metnzel 等 2006),从而改变原有的蒸散时空格局。

由此可见,气候变化正极大地改变着我国西北干旱区内陆河流域水循环过程,大量观测事实已经证明了这一现象,但气候变化对内陆河流域水循环影响的机理尚待阐明。

1.2.7　全球气候变化下水资源脆弱性研究

气候变化与水资源的脆弱性研究由来已久,早期的研究侧重于气候变化和供水之间的相互关系(US Academy of Science 1977),以及水文水资源系统对气候变化的敏感性(WMO 1987)。自 IPCC 在 1988 年成立以来,全球气候变化对水文水资源的响应及水资源系统的脆弱性成为 IPCC 的重要研究内容(IPCC 2007)。其他一些国际组织(如国际气候变化影响、评估与适应组织)及科研机构在国家、区域、流域层面上评价了水资源对气候变化的脆弱性及应对策略(Leary 等 2008)。

我国水资源最脆弱地区主要是由于用水与供水严重失衡、径流年际变化大及蓄水工程不足等所导致,并表现出对降水的敏感性远大于气温,西北多个省份的水资源脆弱性将进一步加剧(王国庆 等 2005)。对于气候变化的响应,北方地区显得更为敏感(刘昌明 2002)。目前我国大多数研究集中在水资源脆弱性评价指标体系的建立上,尚未将水资源供给、需求、管理的变化等诸多因素纳入评价体系中(唐国平 等 2000)。最近有些研究综合考虑了水文、气候、用水冲突和水资源管理等因素来评价水资源的脆弱性(Yin 等 2008)。

由于系统的复杂性和非线性,同时缺少对脆弱性关键过程及其相互作用的研究,多数研究仅考虑线性关系和一一对应的变量来定量评价脆弱性,结果导致气候变化引起的资源脆弱性评价结果存在很大的不确定性(Patt 等 2005),建立的指标体系呈现不可比较性(Polsky 等 2007)。IPCC(2007)报告中提出的关键脆弱性概念及识别和选择关键脆弱性的标准,为科学评价水资源对全球气候变化的脆弱性提供了重要的指导依据。

由此可见,为降低脆弱性评价的不确定性,使建立的方法具有可比性和更广泛的适用性,脆弱性研究的一个主要任务是搞清楚气候变化对水系统影响的机理,识别决定脆弱性的关键过程和环节,分析水资源量与可供水量和需水量之间的动态及制约关系,简化所研究的系统,建立具有可比性和推广性的关键脆弱性模式。

此外,伴随着全球逐渐变暖,气候突变事件的频度和强度都在增加,而针对快速突变的气候变化的脆弱性研究极少(Arnell 等 2005),因此在气候突变下水系统的脆弱性也是一个需要优先开展的研究(Editorial 2008)。

1.3　干旱区水资源开发利用面临的主要问题

在我国西北内陆干旱区,生态系统由人工绿洲和天然绿洲两部分组成,水是决定绿洲发生、发展、变迁的根本原因,直接关系到区域社会、经济与生态环境的协调发展。水资源的开发利用过程实际上就是人工绿洲与天然绿洲动态平衡的过程。水资源的开发利用可以改善生态环境状况,合理的开发利用,能使荒漠变为绿洲;反之,则会造成土地荒漠化。因此,研究绿洲区水文过程及绿洲生态效应,对绿洲经济、社会的可持续发展和安全起着至关重要的作用。

1.3.1 气候变化对干旱区水文循环产生的重要影响

1.3.1.1 气候变化对积雪水资源的影响

积雪水资源储量约占地表淡水资源总量的80%(Edwards 等 2007),近年来随着气候变暖,对积雪的研究越来越受到重视。IPCC(2007a)第四次评估报告指出气候系统在近 100 a (1906—2005 年)发生了显著变化。气候变化导致积雪时空分布产生相应的波动,目前比较一致的结论是:北半球积雪面积自 20 世纪 80 年代以来有大面积减少(Robinson 等 1990,IPCC 2007b,2008)。北半球积雪变化不仅存在空间差异,而且还存在时间差异(Frei 等 1999)。

气候变化对我国内陆干旱区的融雪径流产生了深远影响,包括融雪期延长、融雪径流峰值提前及融雪径流量显著增加(王建 等 2001b,2005;范广洲 等 2001;黄国标 1999)。季节性积雪所产生的融雪径流,在干旱区既是最活跃的环境影响因子,也是最敏感的环境变化响应因子(施雅风 等 1995,高卫东 等 2005)。

北疆和天山积雪区是我国三大积雪区之一(秦大河 2005),该地区地处西北干旱半干旱区,地表水资源匮乏,因冬季严寒漫长,降雪在降水总量中所占比例较高,平原地区降雪量占年降水量的 30%以上,高山地区则高达 80%以上(李江风 1991),在春季融雪径流量占总径流量的 75%以上(裴欢 等 2008)。由积雪水资源转化而来的融雪径流作为高山区和干旱区径流的重要补给水源,对生态环境的保护及农牧业的发展都十分重要(车涛 等 2005)。在新疆气候存在着明显的变暖趋势下(张家宝 等 2002a),研究积雪变化的原因,模拟雪盖的变化趋势及其对资源的影响将会对干旱区经济和脆弱的生态环境产生举足轻重的影响。

1.3.1.2 蒸散对区域水循环的影响

蒸散(evapotranspiration,ET)的物理过程涉及空气近地表的湍流交换及植被与大气间的水汽与热量交换,与土壤水分运动和植被生理活动密切相关。蒸散是干旱内陆水循环中水分消耗的最终途径,也是区域水量平衡和能量平衡的最活跃因子(Ma 等 2003)。在干旱区,90%的降水通过蒸散回到大气中(郭晓寅 等 2004)。

在全球气候变暖、淡水资源短缺等全球环境问题日益受到关注的今天,对于蒸散的研究也在不断深入,并成为国际气候变化、水资源动态和环境监测等重大项目的研究内容,包括:国际水文计划(International Hydrology Plan,IHP)、国际地圈-生物圈计划(International Geosphere and Biosphere Program,IGBP)、联合国环境计划(United Nations Environment Program,UNEP)、全球能量与水文循环实验计划(Global Energy and Water Cycle Experiment,GEWEX)等(于贵瑞 等 2006)。蒸散伴随着地表物质和能量的交换,由于其参与的水循环及能量平衡过程非常复杂,因此如何准确地估算地表区域蒸散,已成为水文学、气候学和环境科学研究中的一个重要课题。蒸散量反演的发展从基于斑块尺度上传统的计算蒸散的方法(包括温度法、辐射法、彭曼法),到基于农田生态尺度的土壤-植被-大气连续体(SPAC)的水分循环模型,再到利用遥感手段提出的基于地表能量平衡方程的区域地表蒸散模型,蒸散量反演尺度不断扩大,精度不断提高。

精确估算地表蒸散的时空变化对于了解水文循环和能量平衡的整个过程,评价区域水循环和水平衡功能,揭示其影响机理,保障生态环境用水,提高生态系统的生产力,防止生态环境恶化和促进区域可持续发展,以及实现水、生态、社会的和谐发展都具有十分重要的意义(Kustas 等 1996)。

1.3.2 极端水文事件频发

我国幅员辽阔,地处东亚季风区,复杂特殊的地形、地貌和气候特征决定了我国水旱灾害频繁发生。我国每年因洪水灾害造成的经济损失占全年主要自然灾害总损失的 30%～40%,洪水灾害已成为我国最严重的自然灾害(张继群 1995),是国家经济发展的重要制约因素(范宝俊 1998)。

新疆位于内陆干旱区,绝大部分地区降水稀少,但由于境内高大山体拦截湿润气流,在高山区往往形成较多降水,发育众多的冰川,成为许多河流的发源地。当降水或冰雪融水量超过一定限度时,经常形成洪水,冲毁河流中下游的交通、通信线路及农田等,给当地工农业生产和人民生活造成极大的危害(姜逢清 2004)。洪水灾害是新疆各种自然灾害中较为普遍、损失较大的常发性灾害。1949—1997 年新疆各地共发生大小洪灾 2 000 多次,造成的直接经济损失约 76.54 亿元(按当年价格计),平均每年损失 1.6 亿元。随着经济的发展,洪水造成的损失正在逐年增加(陈亚宁 等 1994,周聿超 1999,姜逢清 等 2002)。2010 年 5 月,由于气温升高,新疆多个地方发生了融雪性洪水,造成交通设施被毁,数万亩*草场和近万亩农田被淹。

当前天山北坡中部已经是新疆经济最发达的地区之一,而随着经济发展和人类活动影响范围的扩大,特别是全球气候变化及极端天气的出现,洪水灾害呈现上升趋势(姜逢清 等 2004),造成的损失也日益增大。20 世纪 80 年代以来的资料统计显示,在乌苏、玛纳斯、呼图壁等地发生了较为严重的春洪灾害,造成人员伤亡、房屋倒塌、交通中断等巨大损失(吴素芬 等 2006,仇家琪 等 1994,王志杰 等 2002,陈亚宁 等 1995)。

1.3.3 干旱区绿洲生态环境进一步恶化

新疆是我国盐渍土集中分布的大区,盐渍土面积达 9.97 万 km^2,几乎相当于一个江苏省的面积。由于盐分的危害,这类土地生产力低下、生态脆弱、环境恶劣,一直是区域经济发展和生态建设的瓶颈。据统计,玛纳斯河流域部分地区有 45.54% 的现有耕地受盐渍化危害,有些地区甚至高达 65%,在玛纳斯河西岸大渠到奎下公路之间,次生盐渍化仍在扩大。据土壤普查资料显示,在新疆生产建设兵团农八师 193.07 万亩荒地中,非盐渍化土壤仅占 4.6%,而盐渍化土壤占 55.86%,盐土占 39.54%(新疆生产建设兵团勘测设计院 1997)**。干旱区土壤盐分含量高及由于不合理灌溉而引起的农田土壤次生盐渍化是灌溉农业可持续发展的最大障碍,特别是绿洲内部盐碱化问题将是影响绿洲稳定发展的主要因素。

---

* 1亩$=\frac{1}{15}$hm²,下同。

** 新疆生产建设兵团勘测设计院.1997.新疆玛纳斯河流域规划总报告.

1.3.4　水资源管理信息化水平急需提升

水资源管理信息化是加快社会主义新农村建设的必然选择。新疆生产建设兵团(以下简称"兵团")有 14 个师(垦区)、6 个市、174 个农牧团场,分布在新疆 14 个地(州、市),其人工绿洲面积占新疆人工绿洲总面积的一半。兵团以农业生产及农产品加工为主,其棉花产量占新疆棉花总产量的 50%,加工番茄产量占世界总产量的 54%,在全国处于主导地位。兵团农业生产集约化、机械化水平高,信息网络已经遍布各个连队。尽管兵团系统已经开展了水资源管理的信息化工作,基本实现了年用水的每户人工配给,农业配水基本按照需求调节,但在水资源管理信息化工作方面仍然存在不足之处,如由于受地域条件和经济发展的限制,兵团在水资源量和水利工程设施方面的信息化程度不高,特别是在山区来水预测和洪水预报等方面明显不足,需要提高水资源紧张情况下的水资源分配,以及洪水灾害预报和损失评估等方面的信息化管理水平。

因此,针对我国西部干旱区生态环境和农业生产对水资源强烈依赖的特点,有必要做好以下工作:①解决生态需水与生产用水、生活用水相互挤占的矛盾,在现有水资源管理和应用的基础上,构建水资源利用数据库,合理配置水资源;②在源流区集成基于遥感信息的时空径流产流模型,预测流域径流时空变化;③开发洪水灾害的遥感快速监测预警系统,研发水资源与水灾害空间信息服务系统,预测评估水灾害的损失,为水资源合理利用开发提供决策服务,为西北干旱区水资源的合理配置和调控提供示范性研究。

总体来看,气候变化对内陆河流域水资源形成的影响、干旱区的区域水循环模式、流域和区域尺度融雪径流等方面的研究非常薄弱,水系统脆弱性、气候变化对水循环和生态水文过程的影响等方面的研究刚刚起步,存在一些尚待深入研究的科学问题。因此,探索气候变化对干旱内陆河流域水循环与水资源的影响机理,不仅可为干旱区可持续发展提供科学基础,服务于国家重大需求,而且可以实现干旱区水文学的重大创新。

第 2 章 玛纳斯河流域基本特征

玛纳斯河流域位于新疆准噶尔盆地西南部,东经 85°01′~86°32′,北纬 43°27′~45°21′。流域包括沙湾县、石河子市和玛纳斯县,玛纳斯河流域面积 1.98 万 km²,其中流域山区面积 0.515 万 km²,平原面积 1.465 万 km²,绿洲总面积约为 1.08 万 km²,是新疆重要的粮棉基地和经济开发区之一(刘坤 等 2005)。其南部是著名的天山山脉,西部是准噶尔盆地边缘,地形南高北低,山区和平原各半。玛纳斯河流域地处欧亚大陆腹地,远离海洋,使得海洋水汽难以进入,因此,其既有中温带大陆性干旱气候特征,又有垂直气候特征。玛纳斯河流域冬季寒冷漫长,冬季降水(11 月—次年 3 月)以积雪形式储蓄在天山北坡的中低山一带,到了夏季(6—8 月)主要融水进入河槽,使该流域的河流具有明显的夏汛特点。冬季时间长,整个冬季河流由流域内冻土层以下的地下水补给,因此十分稳定。流域内自东向西分别有塔西河、玛纳斯河、宁家河、金沟河、大南沟河、巴音沟河等 6 条内陆河流,均发源于天山北坡依连哈比尔尕山脉,由南向北平行注入准噶尔盆地,呈十分典型的梳状水系。以出山口为界,山区是产流区,出山口以下为径流散失区,且前山带由中晚更新世生成的含水岩系组成,截住了山区的水路,包括地表水和地下水,因此在出山口处测得的流量和天然径流量十分接近(吴开新 2011)。

2.1 地质构造及地貌特征

地质构造的分布特征决定了区域地形地貌的分布格局,对区域景观格局具有控制作用,山地和盆地分布造就了山地和荒漠截然不同的景观类型。

2.1.1 地质概况

天山山系是天山地槽在早古生代的巨厚沉积岩系,经火山岩系活动和花岗岩侵入而深度变质,在古生代末期海西运动中褶皱上升成为雄伟的山地,后经长期剥蚀,在山麓带沉积了中生代巨厚的砂岩、泥岩和砾岩,直到第四纪在喜马拉雅运动影响下强烈上升,形成了现今的山系。

天山的支脉喀拉乌成山、依连哈比尔尕山及比依克山在玛纳斯河上游形成了天山第二大山结,海拔 5 000 m 以上的高峰有 10 余座,而山前平原区海拔高度仅 500~800 m,水平距离不到 100 m,而高差达 4 000 m 以上,这就为山地垂直自然带的形成奠定了基础,也造成该区发源的玛纳斯河能成为准噶尔盆地内流程最长、流量最大的内陆河。平原区从海拔 800 m 的洪冲积扇顶部到海拔 257 m 的玛纳斯湖,高差也达 540 m,加之地貌和水文、土壤条件的差异,也造成了平原水平综合自然景观带的分布规律。

玛纳斯河流域地质构造分布状况是在北部准噶尔地台和南部天山地槽相互作用下形成的。天山地槽在前震旦纪古老结晶岩地层形成背斜带,成为以后构造运动中的枢纽,即加里东构造带的奥陶纪和志留纪地层为天山山系的古老骨架。在中生代,地槽继续有上升活动,但构造运动强度不大,古生代末期形成的雄伟山地遭受长期的剥蚀,形成了起伏平缓的地形,在山麓凹陷带沉积巨厚的中生代岩系,在三叠纪,该地前山带堆积了数百米厚的红色砂岩、泥岩和砾岩等。三叠纪末期,天山继续隆起,天山山麓山前凹陷带又开始沉积大量剥蚀物质,形成很厚的侏罗纪地层,厚度达 3 000～4 000 m,可分为三组岩层:下部是各种颗粒大小不同的灰绿色砂岩和砾岩;中部页岩占优势,其中细砂岩和分布良好、磨圆度好的碎屑物质分布最为广泛;上层由杂色砾岩、砂岩、泥板岩和煤层组成,晚侏罗纪是杂色砂岩和黏土岩系,侏罗纪的煤层就在这一层。晚侏罗纪、早白垩纪时,构造活动加强,山区隆起范围加宽,形成复背斜,有部分凹陷区也产生隆起,但白垩纪地层仍在该区发育较为完整,下部为灰色和紫褐色条带层,主要为页岩和砂岩层,上部为棕红色及紫色、灰色条带层。

早第三纪的喜马拉雅山构造运动在该区表现很微弱,过去雄伟的山地发育成准平原,上覆薄层红色风化壳,在低陷区有薄层碎屑的红色岩层堆积,但在第三纪中期以后,新构造运动十分强烈,沉积物的颗粒比中生代大,特别是到第四纪沉积物颗粒更大,说明以后喜马拉雅运动影响愈来愈强,上升幅度总计可达 6～7 km。第四纪以来,由于海拔高,引起了多种地貌外力(如冰川、冰缘、流水、风化、重力)作用等空前的强烈活动,在准噶尔盆地南缘西部第三纪沉积可达 5 km,这一阶段的运动性质以升降的断裂运动为主,形成线性伸展或块状、楔状山地与断裂谷呈很有规律的梳状山地,狭长的背斜为宽坦的向斜所隔开,在地形上表现为镶边似的前山带,在该地区表现十分明显。

准噶尔地台则相对稳定,褶皱断裂十分轻微,保存着完整的块状地形,仅在局部受到升降活动,但运动和缓,分异很弱,极少有火成岩的活动,上覆的中、新生代岩层倾斜和缓,由于准噶尔地台在该地由东向西倾斜,所以玛纳斯河、呼图壁河等呈现由东向西北流向。

准噶尔盆地第三纪中期以后的地层同中生代地层一样,分布广泛,然而以盆地南缘最厚最完整,在相当于准平原发育阶段沉积的红色岩系之上,有各色砂岩、泥岩、砾岩等岩层。在盆地南部依次为灰绿色岩系——渐新统;褐色岩层和绿色岩层——中新统;苍棕色岩系和砾石岩系——上新统,这是一套杂色的黏土岩与砂岩互层,含沙砾岩的透镜体,自上而下砾岩的成分逐渐增加,最上部几乎全为砾岩组成。准噶尔盆地新生代沉积层,自南向北厚度减小,该区第四纪沉积物,平原区主要有山前冲积扇沙卵石层或冲积洪积沙砾石层、黄土及黄土状亚黏土、风成砂和湖相沉积,山区有冰碛、泥石流、重力堆积,沿河谷有沙卵石层、冰水沉积淤积等。

2.1.2　地形和地貌

受区域地质、构造环境的影响和控制,按照海拔高度和分布位置的不同,玛纳斯河流域的地貌类型可以划分为三个大区,即山地、山前倾斜平原和沙漠;根据所处位置的不同及在整个景观中的作用,又可细分为九个小区,即高山、亚高山、中山、低山、山前冲洪积扇、扇缘泉水溢出带、冲积平原和干三角洲、湖积平原及三角洲、沙漠。

（1）山地

包括高山、亚高山、中山和低山四个小区。高山:海拔在 3 800 m 以上的现代冰雪沉积区,是玛纳斯河流域的高山固态水库,这里冰川地貌十分发育,为人迹罕至的地区。亚高山:位于海拔 3 000～3 800 m,山势雄伟陡峻,分化强烈。中山:位于海拔 1 700～3 000 m,分布有天山雪岭云杉,成为流域的水源涵养林区,对涵养和调节水源具有重要作用,该带是玛纳斯河流域畜牧业的主要夏季牧场。低山:位于海拔 1 700 m 以下,主要由中生代第三纪地层和上覆的第四纪沉积物组成。

（2）山前倾斜平原

包括山前冲洪积扇、扇缘泉水溢出带、冲积平原和干三角洲、湖积平原和三角洲。发源于天山的各河流,均在山前形成了大小不等的冲洪积扇,多联结成冲洪积扇带,海拔约在 450～1 000 m,均为第四纪沉积物所组成,该带上层下部有巨厚的第四纪沙砾层,上覆厚薄不等的黄土层,该带的地面坡度约为 0.5%～1%。位于冲洪积扇下部至冲积平原和干三角洲交接地带,形成宽窄不等的扇缘泉水溢出带,这里地面海拔与地下水位接近(海拔约 400 m),成为泉水出露地带。在扇缘带与沙漠之间,分布着十分平缓的冲积平原和干三角洲,海拔约在 300～400 m,地面坡度小于 0.5%,这里是河流的溢散消失区,不少干三角洲叠置于冲积平原上。分布于玛纳斯河下游及玛纳斯湖东部和南部的广大区域为古玛纳斯湖形成的湖积平原,这里多盐沼泽,植被稀疏,地形平坦。

（3）沙漠

主要分布于古冲积平原上,为古尔班通古特沙漠,海拔高度约 280～350 m,北部大部分为南北纵向树枝状沙垄,南部多为蜂窝状沙丘,在边缘地带分布有少量新月形沙丘链,沙垄高度较大,多为 15～50 m。

2.2　土壤和植被特征

2.2.1　土壤特征

地质构造和地形地貌的分布格局决定了土壤和植被的分布状态,同时气候、水文和植被的分布也对土壤的分布具有重要影响。和玛纳斯河流域垂直景观带谱的分布规律一样,土壤也存在着垂直和水平分布规律,按照联合国粮食及农业组织(Food and Agriculture Organization of the United Nations)的土壤分类标准(1962)及土壤分布位置的海拔高度和形成原因的不同,可将它们细分为以下几类(图 2.1、附彩图 2.1)(袁国映 等 1995)。

（1）山地土壤

随着海拔高度的不同,垂直气候剧烈变化(夏季海拔每升高 100 m,气温降低 0.6～1.0 ℃),而出现类似从极地到温带的自然景观土壤带,依次为高山带的高山永久冰雪带(海拔3 800 m 以上)、冰碛土带(海拔 3 700～3 800 m)、高山草甸土带(海拔 3 000～3 500 m);中山带的亚高山草甸土带(海拔 2 500～3 000 m)、山地灰褐色森林土带(海拔 1 800～2 700 m)、山地黑钙土带(海拔 1 600～1 800 m)、山地栗钙土带(海拔 1 100～1 600 m);前山带的山地棕钙土带(海拔 1 100～1 800 m)。在山谷中还有条带状分布的高山谷地草甸土带等,山地栗钙土和山地棕钙土有小面积被开垦,主要靠降水进行耕作,山地土壤地面坡度一般在 10°～30°之间。

（2）山前倾斜平原土壤

山前倾斜平原由山前的洪积锥、洪积裙、洪积扇、洪积冲积扇组成,主要分布着以典型灰漠土为主的灰漠土土壤组合,包括幼年灰漠土、典型灰漠土、残余盐化灰漠土,还有人工耕作灌溉的灰漠土,依据其熟化程度,又可分为灌溉淤积土、熟化灌耕土等。

土壤类型

下潮灰潮土	氯盐化草甸土	灰灌耕土	苏打盐化潮土
下潮黄潮土	泥炭沼泽土	灰褐土	草甸棕钙土
二潮灰潮土	流动风沙土	石灰性灰褐土	草甸沼泽土
二潮黄潮土	浅色石灰性草甸土	硫盐化沼泽土	钠碱化灰漠土
半固定风沙土	淡栗钙土	硫盐化草甸土	钠碱化草原碱土
新积土	湿潮土	硫酸盐典型盐土	钠碱化荒漠碱土
暗栗钙土	潮土	硫酸盐化潮土	高山寒漠土
林灌草甸土	灌淤土	硫酸盐化灰漠土	高山草甸土
栗高山草甸土	灌淤潮土	硫酸盐残余盐土	高肥灌耕土
棕钙土	灌溉风沙土	硫酸盐草甸盐土	黄土状灌耕灰漠土
氯化物典型盐土	灌耕林灌草甸土	碱化灰漠土	黄灌耕土
氯化物草甸盐土	灌耕盐化草甸土	红土状灌耕灰漠土	黑钙土
氯盐化沼泽土	灌耕石灰性草甸土	耕种栗钙土	
氯盐化灰漠土	灌耕草甸沼泽土	耕种淡栗钙土	
	灰漠土	腐泥沼泽土	

图 2.1　玛纳斯河流域土壤分布

（3）冲积平原土壤

根据分布位置的不同可分为以下几种组合：①扇缘带下部呈半环状分布在洪积扇外围，由于地下水的出露，该地带地下水位高，由于出露地下水的滋润，形成了水分条件充足的盐土、草甸土、沼泽土、荒漠林土等隐域性土壤组合；②在低洼处有暗色草甸土、浅色荒漠土、盐化草甸土和泥炭沼泽土等，在稍高处和扇缘带下部出现了胡杨、红柳荒漠土，以硫酸盐和氯化物为主的典型盐土，以及草甸盐土等；③干三角洲是古河道在冲积平原形成的散流区，地下水位一般在 3～6 m,其自然土壤由半自成型的草甸灰漠土、胡杨林土、红柳林土组成;④由于河流下切,在宽广的河间高地分布了残余盐化灰漠土和残余盐化碱化灰漠土及碱化灰漠土土壤组合;⑤古冲积平原由于远离山地,河流很少能补给这些区域,因此,地下水位强烈下降,出现残余的各种土壤组合类型。

(4)湖积平原土壤

主要分布在玛纳斯湖周围,因长期的积盐作用,分布着盐化龟裂性土、盐化龟裂状灰漠土、盐化沼泽土、盐化草甸土及沼泽盐土为主的土壤组合。

2.2.2　植被特征

地质构造、地形地貌和土壤的分布规律决定了玛纳斯河流域植被的分布现状,按照植被分布位置,可分为以下几类:荒漠、草原、森林、灌丛、草甸、沼泽、高山植被、人工植被。下面根据玛纳斯河流域植被类型图(图 2.2、附彩图 2.2)分析玛纳斯河流域植被分布特征。

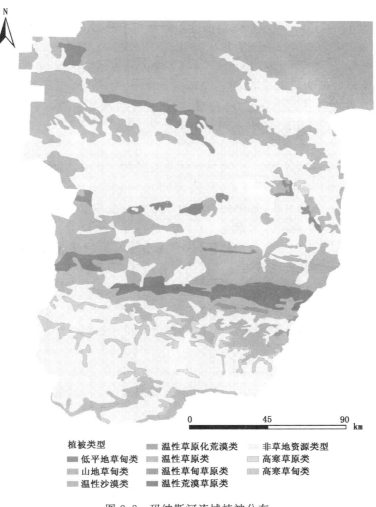

图 2.2　玛纳斯河流域植被分布

（1）荒漠

荒漠包括小半乔木荒漠、半灌木荒漠、小半灌木荒漠和多汁木本盐柴类荒漠四类。其中：小半乔木荒漠是由超旱生小乔木植物群落组合而成，主要分布在冲积平原和沙漠地区，常与旱生、多年生、丛生禾草形成具有平原化特点的群落；半灌木荒漠包括琵琶柴群系和驼绒藜群系，琵琶柴群系分布在玛纳斯河流域的一些强盐化土壤上，驼绒藜群系多出现在低山山谷中；小半灌木荒漠广布于山麓洪积扇上，所处的土壤为壤质、沙壤质，群落总盖度 20%～30%；多汁木本盐柴类荒漠包括盐穗木群系、盐节木群系和盐爪爪群系，适用于盐渍化较轻和比较干燥的沙壤质土壤，土壤为结皮盐土和龟裂型盐土，地表可见 2～5 cm 的薄层盐结皮，0～3 cm 土层含盐量为 10% 左右。

（2）草原

该区草原可划分为荒漠草原、山地草原、草甸草原和寒生草原四个类型。其中，荒漠草原多分布于低山带及低山山间盆地和山前倾斜平原的上部，土壤为淡栗钙土和棕钙土，群系建群种为沙生针茅和短叶假木贼，总盖度 10%～15%。沙草群系的建群种冰草经常与沙生针茅组成群落，总盖度 30%～35%。山地草原包括针茅群系和羊茅群系，针茅群系分布于海拔 1 300 m 以上的坡地上，土壤为淡栗钙土和栗钙土，土壤基质较粗，土层不厚，地表多碎石，针茅可分为羊茅—针茅草原。草甸草原位于海拔 1 600～2 000 m 的地带，以针茅为建群种组成的草甸草原中，以混生大量中生禾草为特征，群落总盖度 40%～60%。寒生草原多出现在海拔 2 400～2 800 m 的阳坡和多砾石的山坡上，由苔草、蒿草及火绒草等杂类组成，蒿草群系主要分布于海拔 2 700～3 100 m 的阴坡，多与苔草等共同组成。

（3）森林

该区森林包括山地常绿针叶林、山地小叶林和荒漠林。其中，雪岭云杉构成的温带山地常绿针叶林是新疆分布最广泛的森林群系，海拔 1 500～1 600 m 到 2 700～2 800 m 之间的中山—亚高山带构成了一条森林带，林中的土壤为山地灰褐色森林土，具有明显的五层结构：乔木—小乔木—灌木—草类—藓类，通常为 2～3 层结构（乔木—草类—藓类）。山地小叶林主要为天山桦树群系，分布于天山雪岭云杉林带内，形成小片次生林群落，林下的灌木和草本植物与雪岭云杉林下成分大致相同。荒漠林包括胡杨林群系和白榆群系，胡杨林群系在大规模开发前普遍存在于扇缘带及山麓平原的河谷与干河床中，在水分充足的条件下，胡杨林形成高大郁闭的森林，郁闭度可达 0.5 以上，该群系因人类强烈活动的影响目前绝大部分已消失。白榆群系在 20 世纪 60 年代广布于准噶尔盆地南缘，现分布范围已经很小。

（4）灌丛

在玛纳斯河流域荒漠平原的各大河流沿岸及冲积平原中有地下水补给的盐渍化低地，普遍分布着灌丛，建群植物均为耐盐潜水旱生灌木。通常分布于年轻的河漫滩三角洲、河旁阶地和盐土平原，覆盖度 40%～80%。

（5）草甸

草甸可分为高山草甸、低地河漫滩草甸两大类。其中高山草甸普遍分布于各高山带及冰雪带的下部，在天山北坡其分布下限为海拔 2 700 m，包括杂类草、苔草及苔草＋杂类草三个群系组，覆盖度 15%～25%，一般高度不超过 20 cm。低地河漫滩草甸分布于荒漠草原的低地、低山谷地及河漫滩，与地下水或河流定期泛滥有密切关系，群落总盖度 70%～90%，层片结构明显。

(6)沼泽和水生植被

主要分布于平原地区河流上游或河口、河漫滩、湖泊周围,冲积洪积扇缘带,以及一些老河床,建群植物是高大的禾草、香蒲和莎草科植物,如芦苇群系主要分布于玛纳斯河河谷及扇缘和山洼地带。盐沼泽是由一年生盐柴类组成,该区主要为盐角草群系,见于冲积平原,呈斑状出现于潮湿的盐湖湖滨和洼地底部。

(7)高山植被

可分为高山垫状植被和高山石堆稀疏植被,前者分布于海拔 3 000 m 以上的高山带,其植被特征是呈小块状分布,盖度为 25%～60%;后者分布于高山带碎石堆、坡麓积石堆和现代漂石堆,由在砾石上散生的不具备群落特征的植物聚合而成,植物属于高山耐寒种类,植被稀疏,一般盖度在 5%～20% 之间。

(8)人工植被

主要分布于山前倾斜平原、冲积平原及山间谷地,根据地貌位置不同可分为以下四类:①中、上游洪积扇春小麦、油料、马铃薯区,位于天山前山带山间谷地,海拔 800～1 800 m;②洪积冲积扇小麦、玉米、甜菜、棉花区,位于山前洪冲积扇上,海拔 500～800 m,该区域是玛纳斯河流域古老的人工植被区,是该区域主要的农业地区;③洪冲积扇缘泉水溢出带小麦、玉米、水稻区,位于洪冲积扇浅水溢出带,大部分耕地由沼泽土和草甸土开垦而成;④冲积平原小麦、棉花、玉米、瓜类区,位于泉水溢出带到沙漠边缘,海拔 360～450 m,热量资源丰富,日照充足,昼夜温差大,适宜冬小麦、玉米和棉花生长,瓜类则是该区重要的经济作物,品种优良。

2.3　气候特征

2.3.1　气温

山地和盆地的分布格局造就了玛纳斯河流域截然不同的气候分布。海拔 3 600 m 以上的高山区终年积雪,年平均气温在 0 ℃ 以下,气候寒冷而湿润。海拔 1 500～3 600 m 的中山区,年平均气温在 2 ℃ 左右,冬季最低月平均气温约 −10 ℃,夏季最高月平均气温约 15 ℃,为寒温带半湿润气候。海拔 600～1 500 m 的低山丘陵区,年平均气温在 5 ℃ 左右,冬季最低月平均气温约 −10 ℃,夏季最高月平均气温约 20 ℃,为温带半干旱区。海拔 600 m 以下的平原区,年平均气温约为 6 ℃,冬季最低月平均气温为 −19 ℃,夏季最高月平均气温为 25.9 ℃,全年≥10 ℃ 积温为 3 600 ℃ · d,属温带干旱气候。

气象测站多年的气温变化资料表明,新疆气温呈明显上升趋势,特别是 20 世纪 90 年代以来的升温最为明显,北疆每 10 a 年平均气温升高 0.3 ℃。年内变化上,冬季升温比较明显,近10 a 来较前 30 a 平均值偏高了 1.0 ℃。其他季节变化不是很明显,但不同地区由于微地貌的影响,气温变化是非常显著的。

2.3.2　降水

玛纳斯河上游山区分布有许多海拔高度在 4 000 m 以上的高峰,但这里无实测降水量资料。虽山区流域内及相邻流域有降水量观测站,但最高海拔高度都在 1 600 m 以下,所以只能以低山区实测降水量和河流径流量反推山区降水情况。汤奇成(1985)根据气象测站降水量与海拔高度反推出中山带（山地森林带）为最大降水带，海拔最高处并不是降水量最大的地方。

　　为了比较玛纳斯河流域降水量的空间分布格局，以及年内、年际变化，现将玛纳斯河流域内及其邻近站实测年降水量列入表 2.1 和表 2.2。

　　从表 2.1 中看出，海拔高的石门子、清水河年降水量达 450 mm 上下，而海拔低的炮台、莫索湾年降水量不到 150 mm，年降水量随海拔高度升高而增加的现象比较明显。由这些站实测年降水量推估，海拔较高的中山和高山区年降水量更大。

表 2.1　玛纳斯河流域年降水量及其四季分布表

站名	海拔高度 (m)	年降水量 (mm)	季降水量分配（%）				最大连续 4 个月降水量占年降水量百分比（%）/月份
			春 (3—5 月)	夏 (6—8 月)	秋 (9—11 月)	冬 (12 月—次年 2 月)	
石门子	1 320	443.1	29.6	44.1	20.9	5.4	59.9/4—7
清水河	1 360	453.5	32.2	42.9	16.7	8.0	58.1/4—7
肯斯瓦特	940	336.6	32.0	42.4	19.1	6.5	59.2/4—7
红山嘴	610	233.0	36.3	30.1	23.6	10.0	51.5/4—7
红山头	810	211.9	35.6	36.4	18.2	9.8	54.2/4—7
黑山头	850	203.4	32.7	38.9	18.8	9.6	55.2/4—7
石河子	443	203.6	35.5	29.9	22.0	12.6	47.1/4—7
沙湾	522	196.7	35.3	29.9	23.6	11.2	50.1/4—7
安集海	500	189.7	34.2	30.1	23.4	12.3	48.6/4—7
炮台	336	141.3	32.4	30.9	22.0	14.7	47.8/4—7
莫索湾	346	118.3	31.4	35.2	20.5	12.9	48.3/4—7

表 2.2　玛纳斯河流域年降水量年际变化表

站名	海拔高度 (m)	年降水量 (mm)	实测最大年降水量 (mm)	年份	实测最小年降水量 (mm)	年份	年变差系数 C_v 值
石门子	1 320	443.1	604.5	1988	285.1	1977	0.19
清水河	1 360	453.5	616.8	1987	354.8	1989	0.18
肯斯瓦特	940	336.6	634.0	1958	195.3	1977	0.27
红山嘴	610	233.0	349.9	1958	155.5	1979	0.23
红山头	810	211.9	285.1	1970	127.8	1965	0.24
黑山头	850	203.4	318.4	1960	135.0	1978	0.27
石河子	443	203.6	294.8	1958	124.9	1978	0.24
沙湾	522	196.7	337.3	1987	112.5	1982	0.28
安集海	500	189.7	350.9	1987	115.2	1982	0.29
炮台	336	141.3	219.6	1959	60.2	1967	0.32
莫索湾	346	118.3	178.8	1959	72.4	1974	0.33

　　在玛纳斯河流域中山带以上存在一个最大降水带，其降水量可达 600 mm 左右，越往高处，降水量反而降低。降水四季分布是：主要分布在春、夏两季，合占全年的 70% 左右，其中 4—7 月占全年的 50%～60%（表 2.1）。在春、夏两季中，山区夏季降水量大于春季，平原则春季降水量略大于夏季。由各站年降水量的年际变化（表 2.2）可以看出，海拔越高，年降水量越大，同时年变差系数（C_v 值）越小，即山区年降水量年变差系数（C_v 值）要小于山前平原区，说明山区降水量多年变化比较稳定。

　　图 2.3 为玛纳斯河流域气象站(位于山前冲洪积扇上)自 1953 年以来的降水变化过程,反映出降水量有增加的趋势,崔彩霞(2001)论述了新疆 1960—1999 年的气候变化,指出新疆气温有明显上升趋势,降水变化的趋势也是增加的,特别是 1999 年降水量为历史最高,但 20 世纪 90 年代降水波动范围较 20 世纪 70 和 80 年代大,说明近年来气候异常现象比较频繁。近年来,大量研究结果表明,干旱区气候正处于从暖干向暖湿变化的转型阶段(施雅风 2002)。这种气候转型主要表现为:在全球气候变暖(温度持续升高)的同时,降水与蒸发均增加,冰川消融速度加快,导致河川径流量增加,气候与环境变得比较湿润,河流尾闾内陆湖泊水位明显上升。为了反映过去 40 a 来玛纳斯河流域乃至北坡的气候变化,选择了北坡 15 个气象站 1960—2000 年逐月温度数据、位于前山带内的 6 个水文台站的 1960—2000 年降水数据和 8 个水文站 1960—2000 年逐月径流量数据。分析以上气象站、水文站 40 a 资料和多年平均气温、降水、径流量变化曲线(图 2.3),可得出如下结论:

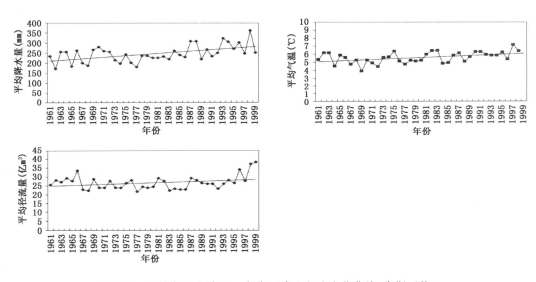

图 2.3　玛纳斯河流域 40 a 气象要素和径流变化曲线(肯斯瓦特)

　　(1)总体上,1960—1999 年,北坡多年平均气温、降水量和河流年径流量都呈现出上升的趋势。1960—1970 年,温度有所降低,而降水量和径流都有所升高。1970—1990 年,温度、降水量和年径流量都基本保持平稳。1990 年以来,各值有明显的升高趋势,1999 年,三者值都达历史最高或次高,说明北坡气候自 1990 年以来有向暖湿方向发展的趋势。

　　(2)三者的变化过程并不同步。温度变化过程为:1960—1970 年降低,1970—1990 年基本持平,1990 年以后缓慢升高。降水量变化过程为:1960—1970 年增加,1970—1990 年基本持平,1990 年以后缓慢增加。径流量变化过程为:1960—1970 年稍有下降,1970—1993 年基本持平,1993 年以后缓慢增加。

　　(3)1970—1999 年,北坡的年平均气温从 1970 年的最低值 3.9 ℃增加到 1999 年的最高值 6.5 ℃,平均增加 0.09 ℃/a。降水量从 1962 年的最低值 160 mm 增加到 1999 年的 375 mm,平均增加 5.8 mm/a。

　　较高的温度值或降水量值并没有完全对应较高的径流量,说明三者之间的关系比较复杂,并没有呈现出某种直接的正相关关系。因为径流量的大小受土地利用和土地覆被状况的影响,这些问题有待进一步探讨,这里不再详细讨论。

2.4　水文水资源特征

2.4.1　水文地质状况

玛纳斯河流域共有 6 条大河,自东向西依次为塔西河、玛纳斯河、宁家河、金沟河、大南沟河和巴音沟河。玛纳斯河平原区修建水利枢纽和水库以后,渠道纵横交错,与相邻的塔西河、宁家河、金沟河、大南沟河、巴音沟河等下游灌区连成了一片,所以统称玛纳斯河流域时,常常把与其下游连通的相邻河流都包括在内。玛纳斯河流域水文地质分布状况因地质、地貌等条件的截然不同,导致山区和盆地水文地质条件具有很大差异。从水循环和径流状况可以分为:中高山区—径流形成区;低山区—径流运转区;山前倾斜平原—径流散失区。以前山带(红山嘴和红山头一线以南)为界,可将整个流域分为山区水文和平原区水文,下面讨论其特点和差异。

(1)山区水文地质概况

总体来看,除前山带山间盆地内有巨厚的第四纪沉积物外,其余区域基本为基岩分布,岩石坚硬致密,含水性和透水性都比较差,储存于岩石中的地下水基本都为裂隙潜水,如古生界裂隙潜水、中生界孔隙裂隙潜水、第三系裂隙潜水等。前山带(地貌上为低山区)是由第三纪地层组成的一系列褶皱构造,透水性较差,它隔断了山区基岩裂隙潜水与山前冲洪积扇潜水之间的联系。因山区地形条件比较复杂,对这里的地质状况有待进一步研究。

(2)平原区水文地质概况

玛纳斯河流域内各条河流在山前形成的冲洪积扇相互叠置,故赋存于冲洪积扇内的地下水既相互联系,又各成一体。山前冲洪积扇分布着极厚的第四系松散沉积物,它们为地下水的储存和运移提供了良好的空间,各河的地表水资源为地下水的形成提供了充足的补给来源。由于山前岩层被断层所切割,各河在出山口处的地下水存在一个高程差,低山带潜水以地下瀑布的形成补给山前冲洪积扇区。潜水埋深在冲洪积扇顶大约为 150 m,向北逐渐变浅,在 312 国道以南的倾斜平原区,潜水埋深一般大于 50 m;312 国道以北海拔 430 m 附近为潜水溢出带(平原水库位置),潜水埋深 0~5 m;溢出带以北,潜水埋深小于 3 m;150 团、135 团等地区,潜水埋深一般为 5~10 m。钻孔资料表明,平原区第四纪含水层均属于孔隙含水系统,自扇顶向扇缘具有明显的水文地质分带规律,溢出带以南为单一结构的潜水含水层,以北为二元结构的潜水和承压水分布区。

①潜水含水层。为单一结构的卵石潜水含水层,以北到潜水溢出带为界,含水层岩性主要为卵石、卵砾石、沙砾石,以及粗、中、细沙等,部分地带夹有沙砾石及粗、中沙薄层,结构松散,孔隙发育,透水性好。据物探资料表明,其饱水带厚度 400~1 500 m,平均厚度约 850 m,为良好的储水盆地。沿 312 国道的玛纳斯县、石河子市、乌兰乌苏一带,潜水埋深小于 50 m,为本区地下水最丰富地段,钻孔单位涌水量为 3 000~6 000 m³/(d·m),渗透系数为 40~70 m/d。不同的冲积洪积扇,由于沉积过程中水流大小不同,沉积岩性不均,因此,含水层富水性不同,以玛纳斯河为中心向两边,含水层岩性由好逐渐变差(表 2.3、表 2.4)。

表 2.3　冲洪积扇中部潜水含水层富水性和渗透性分异规律(剖面Ⅰ—Ⅰ′)

方向	西————————————东						
地点	安集海	沙湾县	143 团	石河子市	玛纳斯县	头工乡	包家店乡
含水层	沙砾石	沙砾石	沙砾石	卵砾石	卵砾石	沙砾石	沙砾石
单位涌水量[m³/(d·m)]	764	1 102	3 154	5 620	3 574	2 440	1 458
渗透系数(m/d)	31.2	43.4	98.4	126.0	89.0	88.0	65.0

表 2.4　冲洪积扇—冲洪积平原潜水含水层富水性和渗透性分异规律(剖面Ⅱ—Ⅱ′)

方向	南————————————北						
地点	石总场一分场	夹河子水库西	夹河子北玛纳斯河西侧	147 团	莫索湾医院	149 团	150 团
含水层	沙砾石	沙砾石粗沙	沙砾石粗、中沙	粗、中沙沙砾石	中、细沙	粉细沙	粉细沙
单位涌水量[m³/(d·m)]	1 196.29	426.88	631.38	121.2	37.2	65.7	20.0
渗透系数(m/d)	37.57	37.0	12.14	3.41	0.94	0.93	0.84

②承压含水层。主要分布于潜水溢出带及其以北地带的潜水含水层之下,其中承压区宽 2～4 km,分布在扇区中下部,承压水头为 3～15 m,自流水广泛分布于 312 国道以北,水头最高为 10 m。在溢出带承压含水层岩性以沙砾石为主;在远离河道地带,岩性为中细沙及粉细沙。由于第四纪沉积物在岩相上的多变性,含水层厚度不稳定,层数也有较大变化。河道对于含水层的富水性具有明显的控制作用,近河地区岩性粗,富水性好;离河较远地带,岩性为中粗沙及粉细沙。147 团紧靠玛纳斯河,含水层以沙砾石为主,单位涌水量可达 120 m³/(d·m)左右,远离河道的新湖总场富水性明显变差,处于冲积平原下部的莫索湾、炮台地区含水层富水性普遍很弱,但玛纳斯河古河道富水性较强。

(3)平原区的地下水补给、径流和排泄条件

①地下水补给状况。山前平原区地下水的形成和运移受地质构造、地形地貌及水文地质条件等因素的影响。绿洲内地下水主要补给源为河流及渠道的渗漏,其次为田间灌溉入渗、春季融雪水入渗、平原水库入渗和降水入渗补给等。源于天山深处的塔西河、玛纳斯河、宁家河、金沟河和巴音沟河,集山区的降水和冰雪融水,以地表径流及河床潜流的形式源源不断地向盆地排泄,在山前第四纪松散沉积物处大量渗漏补给地下水。

②地下水径流状况。312 国道以南的扇区中上部,含水层颗粒粗大,径流条件良好,地下水以平缓的坡度向扇缘运移。312 国道以北随着含水层颗粒变细,透水性减弱,地下水径流条件变弱,水力坡度从南向北,由 3.3‰减少到 2‰～1‰。

③地下水排泄状况。区内地下水主要以泉水溢出、潜水蒸发、人工开采、平原河道排泄和侧向流出方式排泄。

2.4.2　水资源状况

(1)水资源总量

玛纳斯河流域全区河流的多年平均径流量(地表水总资源量)为 22.95 亿 m³,平原区地下水总资源量为 11.97 亿 m³,其中地表水转化为地下水的重复量为 9.45 亿 m³,山前平原区自身形成的地下水资源量仅为 2.52 亿 m³。全流域水资源总量为 34.92 亿 m³,地表水资源总量

为25.43亿 m³。

(2)玛纳斯河概况

因玛纳斯河为该流域内流量最大的河流,所以下面以玛纳斯河为代表,详细讨论该流域水资源分布、变化、泥沙和洪水状况。

玛纳斯河是环绕准噶尔盆地内陆河中年径流量最大的河流(多年平均径流量为 12.8 亿 m³),也是天山北坡铁路沿线最长的河流(长 324 km)。玛纳斯河河源位于依连哈比尔尕山乌代肯尼河的 43 号冰川,源头海拔 5 000 m 以上山峰聚集,成为高大山结地带,加之玛纳斯河溯源侵蚀强烈,分水岭南移,为冰川发育提供了有利的地形条件。玛纳斯河上源有冰川 800 条,面积达 608 km²,是天山西北部准噶尔内流区冰川数量最多、规模最大的一条河流,其相邻河流的冰川分布数量较少,呈现出以玛纳斯河为中心向两侧河流依次减少的趋势。表 2.5 为玛纳斯河流域各河流水资源状况对比。

表 2.5　玛纳斯河流域各河流水资源状况对比

河流名称	测站名称	年径流量 (亿 m³)	河流总长 (km)	集水面积 (km²)
塔西河	石门子	2.33	120	664
玛纳斯河	肯斯瓦特	12.80	324	4 637
宁家河	—	0.71	45	388
金沟河	红山头	3.24	124	1 757
大南沟河		0.45	30	157
小南沟河		0.28	—	—
巴音沟河	黑山头	3.14	160	1 668
总计		22.95		

玛纳斯河山区流域基本呈扇形,上游河道承接了大量冰雪融水,所以河流径流丰富。流域内海拔 3 600 m 以上的高山区受气候、冰川和永久性积雪的作用,地表岩石裸露,山势陡峭。海拔 1 500～3 600 m 的中山区受古冰川和河流径流作用,形成山峦叠嶂、沟壑纵横的地貌景观,谷深 400～700 m,多呈 V 形,山体多由中生代砂岩和沙砾岩组成,是降雨径流主要形成区。海拔 600～1 500 m 山区为低山丘陵区,区内山体多呈矮小浑圆状,山体以卵砾岩为主,暴雨期水土流失严重,是河流主要产沙区。海拔 600 m 以下河流由山区进入平原区,红山嘴水文站位于河流出山口处,其海拔高度为 610 m。从河源至红山嘴水文站河长 193 km,河道平均坡降为 15‰。

玛纳斯河 4 个主要水文站情况列入表 2.6,以红山嘴为例,其最大和最小年径流量差距约5 亿 m³,说明了干旱区河流受气候和微地貌影响较大的特征。

表 2.6　玛纳斯河各水文站年径流量变化

站名	集水面积 (km²)	流域平均 海拔高度 (m)	年径流量 (亿 m³)	最大年 径流量 (亿 m³)	年份	最小年 径流量 (亿 m³)	年份
煤窑	3 902	3 402	9.90	12.4	1966	7.79	1956
肯斯瓦特	4 637	3 258	11.70	14.7	1966	9.62	1956
红山嘴	5 156	3 022	12.80	15.6	1969	10.50	1984
清水河	437	2 828	1.33	1.77	1966	0.98	1983

玛纳斯河从红山嘴站出山口后,向北流,在平原水库以下折向西流,经小拐、大拐再向北最后汇入尾闾湖、玛纳斯湖。新中国成立后,在玛纳斯河红山嘴以下修建了大量引水枢纽、水库和机电井等水利工程,将玛纳斯河红山嘴以下水流全部引入灌区利用,1962 年以后,玛纳斯河地表径流已被全部拦蓄,玛纳斯湖逐渐干涸。

(3)玛纳斯河径流

玛纳斯河流域中,因高山区缺乏水文观测站,已建的水文站均位于中山、低山丘陵区,故到目前为止对高山区的径流分布情况不甚了解。出山口的红山嘴水文站建于 1953 年,但比较完整准确的资料始于 1956 年(现已撤销)。由于红山嘴引水枢纽修建的影响,红山嘴站水文测验比较困难,而 1955 年建立的肯斯瓦特站,水文测验条件较好,逐渐成为玛纳斯河总控制水文站;肯斯瓦特站位于红山嘴站上游约 30 km 处,处于低山丘陵区上部;于肯斯瓦特站上游约 17 km 处,1954 年开始建有煤窑水文站,1966 年年底撤销;另外,支流清水河于 1979 年建有清水河水文站。各水文站流域特征及年径流量见表 2.6,由表 2.6 可计算出,煤窑站以上年径流深为 253.70 mm,肯斯瓦特站以上为 252.30 mm,红山嘴以上为 245.30 mm,径流深递减说明高、中山区产流多,而低山丘陵区产流相对较少。支流清水河站年径流深达 358.40 mm,为最大,这说明清水河河源为一降水中心。肯斯瓦特站以上径流系数为 0.416,而红山嘴站以上为 0.427,说明肯斯瓦特站到红山嘴站之间的峡谷河段区,暴雨汇入径流较多,故径流系数有所提高。

玛纳斯河各站径流系数在 0.4 以上,其值较高,这与玛纳斯河上游河源呈扇形散布,并分布有大量冰川有关。分割日流量过程线,可知冰川融水补给量为 4.422 亿 m^3,占玛纳斯河年径流量的 34.90%;红山嘴站基流量为 5.53 亿 m^3,占年径流量的 43.7%,所以冰川融水和地下基流补给共占红山嘴站年径流量的 78.60%,余下则为中、低山区夏季保育与冬季雪融化补给河流的水量。

表 2.7 反映了玛纳斯河各测站径流量年内分布及年际变化情况,可以看出玛纳斯河夏季水量相当集中,占全年径流量的 70% 左右,春季水量不及年径流量的 10%,而冬季不及 7%,秋季水量比冬、春季多些,但也不及年径流量的 18%。玛纳斯河夏季水量集中的原因一是山区降雨集中于夏季,二是高山冰雪融化也集中于夏季的缘故。径流量的年际变化比较平稳,最大年径流量与最小年径流量的比值仅 1.5 左右,年径流量变差系数 C_v 值仅 0.12 左右。

表 2.7　玛纳斯河各站径流量年内分布及年际变化

站名	年径流量（亿 m^3）	四季分布（%）				最大年与最小年径流量之比	年径流量变差系数 C_v
		春（3—5 月）	夏（6—8 月）	秋（9—11 月）	冬（12 月—次年 2 月）		
煤窑	9.9	8.3	71.1	15.9	4.7	1.59	0.133
肯斯瓦特	11.7	8.7	69.8	16.5	5.0	1.53	0.115
红山嘴	12.8	9.8	66.5	17.2	6.5	1.49	0.125
清水河	1.33	10.7	66.2	16.7	6.4	1.81	0.130

图 2.4 为玛纳斯河流域肯斯瓦特站与红山嘴站 1954—2000 年来年径流量变化情况,可以得出以下结论:①1954—1957 年,玛纳斯河年径流量基本稳定;1958—1992 年,年径流量有下降趋势;1992—1999 年,年径流量逐年增加,1999 年达历史最高;2000 年比 1999 年有所下降,但仍明显高于多年平均值。②从玛纳斯河历年径流量变化过程可看出,该河有连续两年枯水

年现象,比如 1956 与 1957 年、1976 与 1977 年、1983 与 1984 年等,但也有连续几年丰水年现象,比如 1958 与 1959 年、1962—1966 年及 1987 与 1988 年等。③玛纳斯河年径流量逐年增加的原因,一是山区降水量增多;二是气温升高,山区冰雪融水增多,使河流年径流量增大。刘潮海等(1998)讨论了西北干旱区冰川变化情况及径流效应,指出天山山区冰川以长度缩短、面积缩小和冰储量减少为主要趋势,20 世纪 50 年代末到 70 年代初,后退冰川数量多,退缩幅度大;70 年代初到 80 年代末,冰川退缩速度减缓;进入 90 年代,冰川退缩又有加剧趋势。这一变化趋势与图 2.4 反映的玛纳斯河年径流量变化趋势完全一致。前面已经分析过,冰雪融水在河流径流量中占的比重较大,故冰雪融水对河流的补给作用及冰川的退缩过程和退缩速度都具有重要的影响,天山冰川退缩过程与河流径流量之间的相互影响问题是目前全球环境变化研究的热点问题。

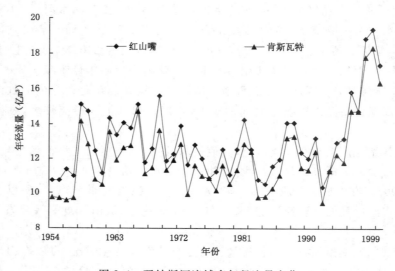

图 2.4　玛纳斯河流域多年径流量变化

(4)玛纳斯河洪水

洪水反映了干旱区河流流量集中于夏季的特点,玛纳斯河洪水,依其成因可分为四种类型:

①冰雪融水洪水。玛纳斯河高山冰川面积较大,冰川融水径流量占年径流量的 34.90%。每年 5 月高山区气温回升,冰雪融水径流量不断增大,至 7 月或 8 月融水径流量达最大。由于气温波动变化,在升温较快或较高气温持续时间较长时,便形成冰雪融水洪水。其特点是洪水流量随气温的日变化有明显的日变化现象,每日洪峰出现时间较有规律。这种洪水洪峰不高,但历时较长,洪量较大。

②暴雨洪水。夏季是玛纳斯河山区降水集中季节,受局部天气和地形影响,中低山区常有暴雨、冰雹发生,由于暴雨强度大,但笼罩面积较小,所以形成的暴雨洪水常是陡涨陡落,历时较短,峰高但量不大。暴雨、洪水在较大的冰雪融水径流的基础上,就形成玛纳斯河大洪水或特大洪水。有资料的 40 a 来最大的一次洪水发生于 1966 年 7 月 28 日,红山嘴站洪峰流量 650 m³/s,据调查就是在山区森林带下缘(海拔高度 1 500 m 以下)发生了暴雨、冰雹现象,62.5% 的洪峰流量由干流煤窑站至肯斯瓦特站之间 4 条支流所形成。

③雨雪混合洪水。当夏季大尺度天气系统形成山区大面积降水时,中低山区降雨,而较高山区降雪,流域临时性积雪很快融化汇入河流,形成雨雪混合洪水,洪水多为双峰或多峰型。由于这类降水笼罩面积大、历时长(2~3 d)、降水量大,所以形成的洪水洪峰较高、洪量亦大。在洪水发生前期如有高温天气,则高山冰雪融水洪水和雨雪洪水叠加在一起,形成峰高量大的雨雪混合洪水,如玛纳斯河 1953 年 8 月 4 日、1958 年 8 月 13 日及 1963 年 8 月 5 日的洪水等。这类洪水与相邻近的流域洪水的出现常有同步性。

④春季积雪融化形成洪水。每年 4 和 5 月份,位于低山区的冬季积雪开始消融,由于气温回升非常快,导致大量积雪在短时间内融化,且低山区为第四纪黄土所覆盖,因此,融雪水只有少量渗入低山带,大部分汇入河道,并携带着大量泥沙,成为春季的主要洪水。

根据多年统计,玛纳斯河红山嘴站年最大洪峰都发生在 6 月下旬至 8 月中旬之间,特别是 7 月份发生几率为 55%,8 月为 40%,而在 8 月份中,70% 发生于 8 月上旬。据调查,1980 年 7 月 27 日玛纳斯河发生的第三大洪峰流量是因为上游林木自然堆积形成小水库而后冲溃的溃坝型洪水与融水洪水相加形成,洪峰部分陡涨陡落,沿河衰减很快,干流煤窑站洪峰流量 709 m^3/s,而至红山嘴站削减为 452 m^3/s。玛纳斯河洪水过程多呈双峰或多峰型,洪水持续时间较长,少则 3~5 d,多则近 30 d,最大一次 15 d 洪水总量可占多年平均年径流量的 27%(表 2.8)。

表 2.8 玛纳斯河各站历年最大洪量均值 单位:$10^6 m^3$

名称	历年最大洪量均值				
时间	年	1 d	3 d	7 d	15 d
红山嘴	317	20.8	56.3	115	220
肯斯瓦特	312	20.4	53.9	111	211
煤窑	270	17.8	46.8	96.3	184
清水河	48.1	2.49	6.27	12.1	22.5

曾对玛纳斯河的历史洪水做过多次调查,最早是 1956 年铁道部第一设计院在玛纳斯河乌伊公路大桥处调查得 1931 年洪峰流量达 843 m^3/s,并认为 1923 年的一次洪水比 1931 年的还要大。后来新疆维吾尔自治区公路局在玛纳斯河大桥下游 3.2 km 处调查得到 1932 年洪峰流量为 740 m^3/s。1977 年新疆农垦总局设计院和石河子水文分站联合组织调查,得到玛纳斯河历史洪水大小排位为 1906(最大),1940,1923,1931,1945 年等。根据洪峰计算得到红山嘴站 1931 年洪峰流量为 870 m^3/s,经多人认定,1940 年洪水大于 1931 年;计算知 1940 年红沟大桥处洪峰流量为 820 m^3/s,而肯斯瓦特桥下为 1 320 m^3/s;推算红山嘴站洪峰流量可达 1 440 m^3/s。历史洪水调查证明,近百年来,玛纳斯河发生的大洪水要比实测到的最大洪水还要大许多。

(5)地下水

玛纳斯河流域平原区第四纪松散沉积物分布广、厚度大,含水层的补给较好。截至 2004 年农八师石河子市辖区内各类可利用的水井为 2 085 眼,年均开采量为 3.56 亿 m^3/a。位于中下游的石河子市区由于长期开采地下水,据 1964 年与 1999 年水位资料对比,其地下水位已下降 11.9~17.06 m,但在溢出带及其下游的集中开采区(如石总场、147 团)平均年降幅为 0.09~0.11 m。在细土平原灌区,地下水的开采不仅增加了水源,还降低了地下水位,起到灌溉和改良盐碱地的双重作用,这充分说明垦区内地下水的开发利用程度已具规模。据本次对玛纳斯河干流区内(包含农八师石河子市的大部分和沙湾县、玛纳斯县的部分乡镇)的地下水开采量调查结果,现年玛纳斯河干流区地下水开发利用总量约为 2.96 亿 m³。

（6）玛纳斯河泥沙

河流不仅从山区给平原带来水资源,也将低山区的化学物质、大量黄土或第四纪沉积物带向平原。由于平原水库的修建,大量河水被引入平原水库,同时泥沙也被带入到平原水库中,这些物质对下游环境具有重要的影响。玛纳斯河肯斯瓦特站和红山嘴站分别于 1957 和 1959年开始实测悬移质泥沙,至 1989 年已分别有 30 和 28 a 悬移质泥沙资料,而煤窑站和清水河站分别于 1980 和 1984 年开始实测悬移质泥沙,至 1989 年亦已分别有 10 和 6 a 资料。由于各站资料系列长短不同,经过玛纳斯河上下游站年输沙量相关方程进行插补延长到 30 a 系列,清水河站用夏季水量（6—8 月）相关延长（以上相关系数均在 0.9 以上）,延长系列后各站年输沙量、年平均含沙量等资料列入表 2.9。

表 2.9　玛纳斯河各站年输沙量及侵蚀模数

站名	流域面积（km²）	年径流量（亿 m³）	年平均含沙量（kg/m³）	年输沙量（延长序列后）（万 t）	实测年输沙量				年侵蚀模数（t/km²）
					实测年平均值（万 t）	年数（a）	最大年输沙量（万 t）	年份	
清水河	437	1.33	2.19	30.4	28.8	6	75.8	1987	659
煤窑	3 902	9.9	2.42	190	238	9	458	1980	610
肯斯瓦特	4 637	11.7	2.05	8 238	240	30	547	1987	518
红山嘴	5 156	12.65	2.28	288	270	24	491	1966	559

由表 2.9 可以看出,玛纳斯河从煤窑站到红山嘴站之间,年平均含沙量和年输沙量不断增大。干流煤窑站和支流清水河站以上合计集水面积 4 339 km²,年输沙量 220.4 万 t,为红山嘴站年输沙量 288 万 t 的 76.5%。对肯斯瓦特站来说,煤窑站以上输沙量占 79.8%,清水河站输沙量占 12.8%,煤—清—肯区间产沙量占 7.4%,煤—清—肯区间的侵蚀模数为 591 t/km²,与清水河站及煤窑站两站侵蚀模数相近。对红山嘴站来说,肯斯瓦特站以上输沙量占该站的 82.6%,肯—红区间产沙量占 17.4%,肯—红区间的侵蚀模数高达 1 560 t/km²,这说明玛纳斯河低山丘陵区单位面积产沙较多,暴雨对这个地区的地表侵蚀作用严重。

2.5　土地利用特征

2.5.1　绿洲开发

上面从自然因素角度分别讨论了玛纳斯河流域地质构造和地形地貌、土壤和植被、水文和水资源分布及气候特征。除了自然因素外,人类活动对玛纳斯河流域也具有重要的影响,下面分析人类活动和流域土地利用现状。

玛纳斯河流域在古代长期属于以牧业为主的区域,其农业的发展相当晚。20 世纪 40 年代末,全流域人口仅为 5.91 万人,耕地面积 156.385 万 km²,粮食总产量不足 1 500 万 kg。耕地主要分布在玛纳斯河的洪积冲积扇中下部、干三角洲及部分前山盆地或宽谷中,呈不连续的片状分布。当时玛纳斯河西岸耕地较少,除老沙湾外,石河子仅有 6 户农民,安集海仅有 20 余户农民,山区的农民都以牧业为主。自新中国成立后的 50 多年里,新疆生产建设兵团遵照党中央"屯垦戍边"指示,和当地农民携手,一边剿匪平叛,一边屯垦生产,在经济、技术极其困难条件下,节衣缩食,节省军饷,开荒造田,兴修水利。经过 50 多年的建设,该流域从以畜牧业为主的状况发展成为引、蓄、输、配比较完整的灌溉体系网,大面积的荒漠和荒漠草原被开发成为人工绿洲,成为现代化的新型农业区。到 2001 年人工绿洲内的耕地面积已发展到 4 568.254 万 km^2,约为新中国成立初期的 30 倍;2000 年人口为 95.23 万人,是 1949 年的 16.11 倍,玛纳斯河流域已成为新疆维吾尔自治区粮、油、棉生产基地。

2.5.2　土地利用

近 50 a 来,玛纳斯河流域土地利用的变化过程是人类高强度活动的结果,图 2.5(附彩图 2.5)和表2.10为利用 2001 年的 ETM 遥感影像做出的玛纳斯河流域土地利用/土地覆被现状

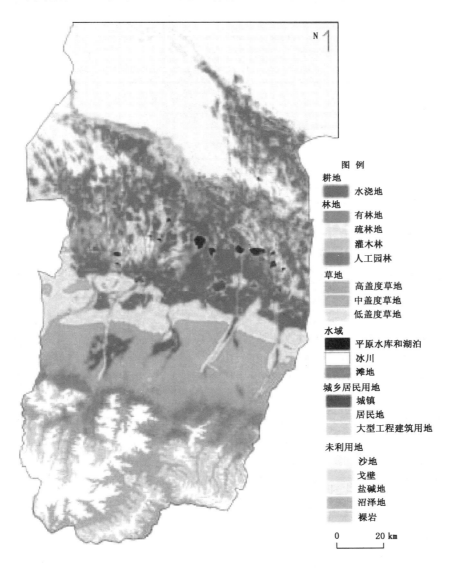

图 2.5　玛纳斯河流域土地利用/土地覆被现状分布(2001 年)

分布及现状面积对比。分析表明,目前人类活动主要集中在山前倾斜平原区,农业(耕地)和工业等主要分布在山前平原区,相比而言,人类对高、中山区和盆地内部沙漠区利用较少。

表 2.10　玛纳斯河流域土地利用/土地覆被现状面积对比(2001 年)

土地利用类型		面积(km²)	占流域面积百分比(%)
耕地	水浇地	4 427.38	19.27
林地	有林地	678.80	2.95
	疏林地	11.51	0.05
	灌木林	200.00	0.87
	人工园林	29.60	0.13
	合计	919.91	4.00
草地	高盖度草地	2 705.60	11.78
	中盖度草地	2 517.65	10.96
	低盖度草地	2 732.58	11.89
	合计	7 955.83	34.63
水域	平原水库和湖泊	84.04	0.37
	冰川	1 320.06	5.75
	滩地	87.58	0.38
	合计	1 491.68	6.50
城乡居民用地	城镇	70.54	0.31
	居民地	245.11	1.07
	大型工程建筑用地	6.00	0.03
	合计	321.65	1.41
未利用地	沙地	5 293.78	23.04
	戈壁	12.48	0.05
	盐碱地	1 254.60	5.46
	沼泽地	18.91	0.08
	裸岩	1 275.64	5.55
	合计	7 855.41	34.18

山区是畜牧业发展的理想场所,如高山草甸和山地草原为夏季放牧提供了原料。森林带以下的侏罗纪地层中含有煤、黄金和碧玉等矿床,因而这一带采矿业比较发达。山地针叶林是新疆珍贵的优质木材基地,过去几十年里,局部地区曾受强烈采伐,目前在新疆维吾尔自治区政府的号召下,这些过去以砍伐山地森林为生的林业工人现在已开始转向保护森林。低山带荒漠草原是畜牧业的春、秋草场分布区,在低山带平坦宽阔的河谷和山间谷地中,分布有农业,是山区人类活动最活跃的地带,近年来,由于过度放牧,这一带的草场质量在持续退化,严重影响着畜牧业的发展。

从山前冲洪积扇扇顶到沙漠边缘,已成为绿洲的精华区域。河流下游的湖积平原和三角洲区域,分布着盐类沼泽,植被稀疏,几乎没有人类活动,尾闾湖泊(如老玛纳斯湖)因河水被引入灌区长期得不到水源补给而干涸,现已发展成为新疆采盐业的三大基地之一。沙漠内部因远离绿洲而人类活动非常稀少,但沙漠边缘一带仍然是冬季牧场或辅助牧场。

从表 2.10 可以看出,全流域面积最大的土地利用类型为草地,占流域面积的 34.63%;其次为未利用地,占 34.18%;再次为耕地,占 19.27%,三者总计达 88.08%。其余三类包括林地、水域和城乡居民用地,共占 11.91%。草地利用类型中三类草地的面积几乎相等,高盖度草地主要分布在中山带;中盖度草地主要分布在低山带,绿洲内部也有少量分布,主要是盐化草地;低盖度草地主要分布在山前冲洪积扇上或绿洲内部或外围。与草地不同的是,四类林地分布比例差异较大,有林地比例最大,最少的为山前荒漠区的疏林地,人工园林地面积也比较小。在大规模开发前,山前平原区分布着大片的疏林和灌木,在绿洲开发过程中,这些林地被砍伐作为燃料或被焚烧,使它们的面积急剧减少。

水域类型中,冰川面积最大,为整个流域的 5.75%,滩地较小,仅为 0.38%,冰川和滩地是目前人类活动较少的土地类型。未利用的土地类型中,沙地的面积最大,约占整个流域的25%,戈壁和沼泽地的面积最小,其原因也是大片的沼泽地甚至戈壁已被开发利用。

过去 50 a 来,随着人类对玛纳斯河流域土地利用状况的持续改变,该流域的生态环境发生了巨大的变化,荒漠变成了绿洲,沙漠与绿洲之间的生态交错带被破坏,绿洲内部盐碱化问题和草场退化问题等严重地威胁着绿洲的发展。

2.5.3　景观要素综合分析

景观影响要素按形成原因可划分为两大类,即自然因素和人为因素,这些因素相互作用,共同造就了玛纳斯河流域的景观特征。

分析表明,地质构造的分布格局揭示了大区域景观形成的环境背景。按照地质历史可将其分为第四纪以前和第四纪以来两大类,除低山区山涧洼地内分布有第四纪沉积物外,其余山地为第四纪以前的古老地层,而山前平原区出露的地层基本都为第四纪松散沉积物。

地质构造决定了地形地貌的外部形态特征和相对海拔高差,即险峻的山地和平缓的盆地。同样,地形地貌分布格局决定了气候的明显差异,从高山区的极地寒温带到盆地内部的温带,气候上明显存在垂直分带现象,也决定了气温和降水的差异。山区降水丰富,气温相对较低,蒸发量小,成为全流域的径流形成区;相反,盆地内降水稀少,气温较高,蒸发强烈,降水基本不会形成径流,是水资源的耗散区。地质构造和地貌也决定着水文地质的明显差异。山区基岩含水性和透水性都比较差,地下水基本以裂隙水形式存储;而山前巨厚的第四纪沉积物为地下水的存储和运移创造了良好的条件,地下水基本以孔隙水的形式赋存于地层中。因沉积物颗粒大小的差异和地层分布规律决定了盆地内潜水和承压水二元结构的分布规律,山前冲洪积扇区为潜水分布区,而冲积平原区为潜水与承压水共同分布的区域。

地貌和气候的垂直分带现象决定了土壤的分带差异性。从高山到尾闾湖泊,土壤分布从原始土→灰漠土→沙土→盐化土,反映了土壤的演化过程。同样,地质和地貌、土壤和气候的垂直分带格局决定了植被的垂直分异规律,从高山到尾闾湖泊,植被分布从高寒类型→草甸→针叶林→草原→荒漠→沙漠植被,具有明显的垂直带特征。

气候和水资源的分布、地貌形态和植被格局决定了人类的活动范围及土地的可利用状况。山前倾斜平原区有丰富的水资源、土地资源和适宜的气候环境,人类的大部分活动都集中在这一带。相比而言,寒冷的高山区和极端干旱的盆地内部不适宜于人类活动,大部分区域仍没有或无法被人类所利用,而中、低山区的草地资源成为畜牧业的优良基地,这里分布着丰富的矿产资源,成为采矿业的基地。沙漠和绿洲过渡带也被人类所利用,成为辅助牧场,尾闾湖泊成为盐业基地。

从要素的变化速率和变化结果来看,地质、地形地貌、土壤变化速率相对缓慢,在较短的时间内,人类很难感觉到它们的变化过程,因而被认为是稳定的。一旦这些要素发生了质的变化,将会完全改变原始环境。相比而言,气候和植被都具有周期性和异常变化的特征。周期性变化表现为气候的季节性变化和植被的正常演替过程。不规则的气候变化将会造成植被的异常变化,也造成水文(地表水)的快速变化,如暴雨将产生洪水、滑坡、泥石流等。因此说,异常气候造成的水文变化是最活跃的动态因素。从大区域、较长的历史过程而言,人类活动和土地利用过程造成的环境变化是较小的,但对于短时间尺度的小区域而言,高强度的人类活动或土地利用方式将会对环境产生巨大影响,玛纳斯河流域的绿洲扩张过程就是典型的例子。

　　分析表明,地质构造和地形地貌决定了大区域、较长时间尺度内的环境背景,也造成了土壤、植被和水文地质的区域分布规律,这些因素对于研究玛纳斯河流域乃至整个干旱区山地、绿洲和荒漠景观的分布格局具有重要的意义。相比而言,周期性和非周期性气候变异造成的植被、水文变化及人类活动和土地利用过程反映了短时间尺度上小区域环境变迁。

　　因此,在景观研究中,地貌和植被是最主要的因素,其他均为补充因素;在研究短时间尺度上的景观变化过程中,植被和土地利用可视为主要因素,气候和水文变化是指示剂,其他都为补充因素。

第 3 章　玛纳斯河流域蒸散的时空变化

　　蒸散是干旱内陆水循环中水分消耗的最终途径,也是区域水量平衡和能量平衡的最活跃的因子(Ma 2003;Kustas 等 1996,1999)。干旱区 90％的降水通过蒸散作用回到大气中(郭晓寅 等 2004),并伴随着地表物质和能量的交换,由于其参与的水循环及能量平衡过程非常复杂,如何准确地估算地表区域蒸散,已成为水文学、气候学和环境科学研究中的一个重要课题。在全球气候变暖、淡水资源短缺等全球环境问题日益受到关注的今天,蒸散研究也在不断深入,并成为国际气候变化、水资源动态和环境监测等重大项目的研究内容(于贵瑞 等 2006)。

　　蒸散计算方法主要包括温度法、辐射法和基于两者结合的彭曼法等,后来发展到基于农田生态尺度的水分循环模型,最后出现了区域尺度下的基于地表能量平衡方程的区域地表蒸散模型。蒸散模型反演尺度不断扩大,精度不断提高。然而,由于干旱区蒸散过程的复杂性,目前针对干旱区蒸散的研究还不够深入,尤其对干旱区不同地表类型条件下的蒸散过程与格局的研究还比较薄弱,一般只是通过蒸发潜力(气象站蒸发皿观测记录)来说明该区的蒸发情况,但实际蒸散量与其蒸发能力有很大差异,因此反演干旱区实际蒸散过程,探讨其格局的影响,对干旱区水循环和水平衡过程的研究具有重要意义。

3.1　蒸散估算模型简介

　　自 1820 年 Dolton 提出著名的蒸发定律以来,后续的蒸散理论不断发展:Maury 于 1861 年提出能量平衡的概念,Bowen 于 1926 年在其基础上创建了波文比的方法;随着流体力学理论和近地边界层相似理论的发展,以及湍流输送现象的发现,Penman 于 1948 年基于能量平衡与大气湍流相似性理论提出了“蒸发力”的概念和著名的 Penman 蒸发计算公式;随后 Swinbank 于 1951 年提出了涡度相关法用于直接测量计算各种湍流通量,该方法是目前精度最高的地面测量方法;Monteith 于 1965 年引入表面阻力的概念,从而改进了 Penman 模型,使原先的基于自由水面蒸发的估算方法扩展到非饱和下垫面的情况,奠定了后续陆面蒸散模型发展的基础(司建华 等 2005)。

3.1.1　基于遥感的蒸散估算模型

(1)区域蒸散量计算原理

　　区域蒸散量计算一般先计算地表净辐射、土壤热通量和显热通量,分别建立裸土和全植被覆盖蒸散模型,然后计算植被覆盖度和区域瞬时蒸散量,最后推算区域日蒸散量。在遥感估算中一般基于能量平衡余项法,该方法依据能量守恒定律,地表接收的能量以不同的方式转换为其他运动形式,使能量保持平衡(Monteith 1973)。通过估算净辐射通量(R_n)、土壤热通量(G)和显热通量(H),然后推算潜热通量(λE)。

$$R_n = \lambda E + H + G + PH \tag{3.1}$$

式中:λ 为常量 2.49×10^6 W/(m² · mm);E 为蒸散量(mm);H 为显热通量,是空气动力学地表温度的函数,但通常用地表温度(T_s)代替,一般有 2~3 ℃的误差;PH 为用于植被光合作用和生物量增加的能量,一般在实际计算中由于其值较小,不予考虑。

余项法的思路是:先用地表-大气间的温度梯度和空气动力学阻抗计算显热通量 H,然后将潜热通量作为能量平衡方程的剩余项得出

$$\lambda E = R_n - G - H \tag{3.2}$$

其要点是显热通量的计算精度要高,同时可以用观测或简单的计算方法确定地表净辐射和土壤热通量。

(2)基于遥感估算区域蒸散量

20 世纪 70 年代后期,随着遥感技术的发展,应用多时相、多分辨率、多光谱及多角度的遥感信息,根据遥感影像的空间上连续和时间上动态变化的特征与蒸散时空变异性特征一致性的特点,为蒸散模型提供包括辐射信息(太阳辐射、地表反照率和净辐射等)、地表植被覆盖信息(植被类型和覆盖率、叶面积指数、冠层结构等)、表面水分状况和温度信息等相关参数的反演,为其在大尺度上的研究提供了重要数据基础(武夏宁 等 2006,姜红 等 2006,郭晓寅 2005)。

在遥感估算区域蒸散量的模型发展中,基于地表热平衡原理首先发展了单层模型,随后又发展了针对非均匀地表的双层模型和多层模型(王娅娟 等 2005)。

①单层模型。单层模型又称为大叶模型,是将整个下垫面(包括土壤-植被)看作一个整体,能够反映大气和下垫面间的总的能量和物质的交换。著名的模型有 SEBS(Surface Energy Balance System)模型(Su 2000,占车生 2005,王黎明 2005,詹志明 等 2004,周云轩 等 2005)、SEBAL(Surface Energy Balance Algorithm for Land)(Bastiaanssen 等 1998)单层迭代反馈的数学算法模型、植被指数-地表温度关系法模型和地表温度(Land Surface Temperature,LST)-反照率(α)关系法模型等。在单层模型中表面阻抗不易获取,表面阻抗应该包含冠层及其下垫面土壤对蒸发的所有阻力,表面阻抗在水分不足和表面不均匀时会变得非常复杂,难以准确计算,而剩余阻抗法避免了表面阻抗计算不确定性带来的误差,可间接计算出地表蒸散量。另外,单层模型仅考虑土壤-植被系统与大气层的相互作用,而没有考虑土壤-植被内部的能量及水分的相互作用过程,忽略了植被冠层与土壤之间的水热特性差异。而且模型对表面粗糙度、空气动力学温度和辐射温度的敏感程度很高,只适用于均质下垫面条件下的蒸散估算,在地表不完全覆盖时(自然界中普遍现象),它的效果受到限制。

植被指数-地表温度关系法的原理是:随着植被指数的增加,潜热传输增加时地表温度呈减小趋势。Gillies 等(1997)分析得到不同分辨率的传感器得到的 NDVI 和地表温度具有明显的负相关。Price(1990)、Carlson(1995)、Sandholt 等(2002)发现当研究区域的植被覆盖和土壤湿度变化范围较大时,NDVI 和地表辐射温度构成的散点图呈三角形,如图 3.1 所示。

地表温度、NDVI 值与地表蒸散率有一定的函数关系,并可以用来计算空气温度。Boegh 等(1999)根据遥感获得的各种植被类型的 NDVI 与地表温度的线性关系,将 LST 分解为稀疏植被条件下的叶温度和土壤温度;Nemain 等(1998)建立了 LST/NDVI 与气孔阻力及蒸散之间的关系,并指出 LST/NDVI 构成的空间受多种因素影响,其斜率随季节的变化而变化,并与植被湿度指数呈指数关系;Le 等(1999,2001)利用 NDVI 和地表温度的空间分布估计出

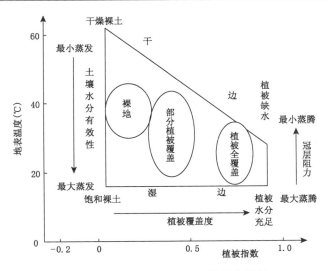

图 3.1　植被指数-地表温度特征空间图

Priestley-Taylor 方程中的土壤湿度参数，从而计算地表蒸散。Moron 等(1994)利用植被指数及地表温度和空气温度差值构成的梯形，解释了 Jackson 等(1977)提出的作物缺水指数(Crop Water Stress Index，CWSI)算法，并提出了水分亏缺系数(Water Deficit Index，WDI)及其计算方法，其梯形的四边通过站点气象数据计算，区域地表蒸散量通过 WDI 与潜热通量计算。该方法使得研究部分植被覆盖的地表状况时可以避开叶面温度的测量。Carlson 等(1994)结合土壤植被大气传输模式，利用地表温度和 NDVI 之间的关系，得到区域上的土壤水含量和地表植被覆盖。

在国内，王鹏新(2001,2003)在 NDVI-Ts 构成的三角形的基础上，提出了以条件植被温度指数(Vegetation Temperature Condition Index，VTCI)模型来监测干旱；刘树华等(2004)利用土壤-植被-大气耦合数值模式，研究西北干旱地区夏季不同植被盖度近地面层的水分蒸散过程；杨邦杰等(1999)在 NDVI 和作物冠层温度构成的矢量空间，描述了小麦的长势并进一步诊断水分的胁迫情况；江东等(2005)研究了 NDVI/Ts 比率与干旱、半干旱地区农作物产量之间的响应关系；韩丽娟等(2005)研究了 NDVI 和 LAI(Leaf Area Index)与地表蒸散的关系，利用 LAI-Ts 构成的三角形特征空间，解释 NDVI 达到饱和以后的情况；田国良(2006)等用 AVHRR 数字图像和地面气象站资料估算了作物蒸散量和土壤含水量；张仁华等(2004)在山东禹城做了大量的遥感试验，运用遥感手段在区域蒸发量的计算和土壤含水量的监测方面取得了大量的资料，对蒸发的单层阻抗模型的空气动力阻抗提出了修正。在国内外运用遥感技术来计算区域蒸散量基础上，依靠遥感信息反演地表通量的定量模型是今后定量遥感模型的主要发展趋势(程玉菲 等 2007)。

地表温度(Land Surface Temperature，LST)-反照率(α)关系法模型主要应用于欧洲通量观测中的蒸散量的估算，是 Willem 于 2005 年提出的，其根据反照率与地表温度的三角关系(如图 3.2)，建立基于蒸发比的反演模型。地表反照率是确定地表有效辐射能的控制因子，不同像元上的反照率信息反映地表吸收太阳能的分布状况，地表温度体现了地表有效辐射能的分配方式，反映地表输入输出能量通量的动态平衡状态。一般土壤反照率取决于土壤湿度、土壤类型和粗糙度等，变化幅度较大；植被反照率取决于叶色、冠层结构等，变化幅度较小，其反照率-地表温度呈三角关系。在较低反照率条件下,地表温度随着地表反照率的升高不变或变化很小(水面或灌溉农田表面),此时所有的能量都用于蒸发;在较高的地表反照率时,地表温度随着地表反照率的升高而升高,此时能量一方面用于蒸发,另一方面用于感热;当地表反照率超过某一阈值时,地表温度随着反照率的升高而降低,此时土壤含水量极低,对蒸发阻力极大,没有蒸发发生。

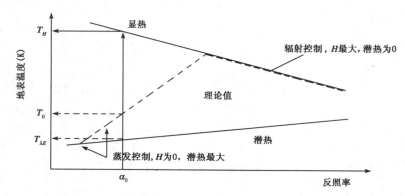

图 3.2　湿润和干旱地表估算蒸发比概念图

　②双层模型。双层模型是由 Shuttleworth 等(1985)首先提出来的,也叫系统双源模型,Norman 等(1995)提出了独立平行双层模型。Lhommee 等(1999)对这两种方法的比较结果表明这两种模型的相对精度与稀疏指数(植被裸露土壤的斑块尺度和植被高度的比值)有关。稀疏指数越高,独立的双源模型的精度越高;反之,则系统双源模型的精度较高。双层模型的优点在于分别建立了土壤表层和植被的能量平衡方程式,假设在非平流条件下,利用遥感反演的地表特征参数结合必要的气象辅助数据,能够把能量平衡方程中四个分量(净辐射、土壤热通量、显热通量和潜热通量)中的后三个分量对土壤和植被分别考虑(Anderson 等 1997)。经典的双层蒸散模型主要有 Shuttleworth-Wallace 模型和 MOD16 模型(Nishida 等 2003,Venturini 等 2004)。由于双层模型需要更多的模型参数,Kustas 等(1999)、辛晓洲(2003)对模型进行了简化,张仁华等(2001,2002)利用分解组分温度的技术解决模型中的温度参数。

3.1.2　基于水文学、气象学和生态学的蒸散估算模型

　蒸散估算模型主要包括:Penman-Monteith 模型(Li 等 1999)、水量平衡法、互补相关法、作物系数法、SPAC(Soil-Plant-Atmosphere Continuum)理论法等。

　(1)水量平衡法

　水量平衡原理的基本思想是先明确均衡体及各水平衡要素,然后测定或估算各计算时段内除蒸散外的其他水均衡要素,最后求出水平衡余项蒸散量。在一个闭合流域内,在不考虑相邻区域的水量调入与调出时,其水量平衡方程可以表示为:

$$E = P - R \pm \Delta W \tag{3.3}$$

式中:E 为陆面蒸发量;P 为降水量;R 为径流量;ΔW 为蓄变量(土壤含水量)。

　对于多年平均情况,$\Delta W \approx 0$,则

$$E = P - R \tag{3.4}$$

　因此,只需知道多年平均降水量和径流量,就可以求得多年平均陆面蒸发量。其降水量和

径流量都可实测,因此该方法在计算区域的多年平均陆面蒸发量时较为可靠。当以日、旬和月为研究时段时,其 ΔW 不可忽视。当土层含水量处于增加状态时,ΔW 为正值;当土层含水量处于消耗状态时,ΔW 为负值。当式(3.3)中 $P=0$ 且 $R=0$ 时,土层水分消耗,则 $E=-\Delta W$,即土层水分的消耗量就是陆面蒸发量。由于很难精确测量水平衡方程中除蒸散外的其他要素,因而不得不简化求解,这使得水平衡各项的估算误差及测量手段的误差都集中到余项蒸散上,影响了该方法的估算精度。该方法对于长时间段蒸散量的计算精度较高,对于短时间段下垫面情况较复杂区域的结果不可靠(孙昌禹 等 2006)。

(2)互补相关法

互补相关法假说认为区域陆面蒸散量与其蒸散能力之间存在一种互补关系,即陆面蒸散量增加或减少的速率与其相应的蒸散能力的减少或增加的速率相等。在 $1\sim10$ km^2 大面积均匀的表面,当水分充足时,表面上的实际蒸散量与可能蒸散量相等(刘绍民 2004)。随着土壤水分的减少,实际蒸散量也将减少,近地面空气温度、湿度、湍流强度等发生变化,导致可能的蒸散量增加。若无平流存在,辐射能量保持不变,实际蒸散量的减少与可能蒸散量的增加相等。其包括三种模型:①平流-干旱模型。Brutsaert 等(1979)依据互补原理,用 Penman 公式计算可能的蒸散,用 Priestly-Taylor 公式计算湿润表面的蒸散。②CRAE(Complementary Relationship Areal Evapotranspiration)模型。Morton(1983)根据互补相关理论引入平衡温度概念,即在此温度下,对于一个湿润的陆面,由能量平衡方程求得的蒸散量与由水汽输送方程求算的蒸散量结果相同。③Granger 模型(1989)。是选择表面饱和、大气参量和表面温度变化时的蒸散量为潜在蒸散,选择表面饱和、大气参量和能量不变时的蒸散为湿润环境蒸散,然后估算实际蒸散量的方程。互补相关模型的最大特点是简化了蒸散机理,只需要常规气象观测资料就可计算旬、月、年的陆面蒸发量,其不足是忽略了大尺度天气系统和平流的影响,对短历时的气象要素随机变化的反映不太灵敏,模型中各项的公式和公式中的一些重要参数需要结合流域的特点,利用实际资料进行优选推求。国内司希礼等(2003)考虑了用该模型计算陆面不同区划类型区域的综合计算方法。冯国章(1994)根据陕西省资料建立了互补相关模型计算区域蒸散量,精度较高。

(3)作物系数法

作物系数法是基于参考作物蒸腾量的思想而提出的,它通过参考作物蒸腾量直接乘以相关的影响因子或系数估算出作物蒸腾量。其优点是计算简便,仅需要一些常规气象要素估算参考作物蒸腾量,然后由地面常规试验或者遥感手段获取影响因子;不足的是由试验确定的影响因子具有地域气候和作物种类的局限性,不适用于土地利用复杂的区域。SPAC 理论法是建立在对大气-植被-土壤三者之间水分传输过程与机理认识基础上提出的一种区域蒸散量的估算方法。在 SPAC 系统中,由于植物受太阳辐射、大气温度、大气中 CO_2 浓度、土壤水和土壤中养分等诸多因素的影响,使得精确描述 SPAC 系统水分的传输非常困难,但随着大量相关研究的开展,人们对大气-植被-土壤之间水热传输的机理认识不断深刻,这些进展都推进了基于 SPAC 思想的蒸散估算方法的发展。很多分布式水文模型的单元产流都是基于这一理论来计算蒸散的(Arnold 等 1998),但这些模型中,只是把植被作为一个参数,而没有作为一个整体来进行研究。植被蒸腾通常用从根部到叶面的一系列经验性的阻抗系数来确定(崔亚莉 等 2005),而蒸散的生物控制完全是被动的,只依赖于物理变量,忽略了光合作用、土壤湿度和蒸腾之间的反馈关系。另外,叶面积指数在这些模型中都只是一个固定的参数,通常与植被类型有关,这种处理方式限制了这些模型对蒸散机理性的表达。因此,将植被的结构与功能动态地耦合到水文循环的模拟中会推动我们对区域水文过程对全球变化(土地利用变化、气候变化等)响应的认识。

3.1.3　其他模型

(1)SVAT 模型

土壤-植被-大气传输(Soil-Vegetation-Atmosphere Transfer,SVAT)模型,它综合考虑了土壤-植被-大气系统中发生在各个界面上的辐射、能量及水分的传输过程,从系统中水热通量的传输机制出发来研究蒸散过程。SVAT 模型主要用于植被覆盖区域的蒸散估算,分为单层模型、双层模型和多层模型(辛晓洲 2003)。单层模型将整个下垫面看作植被冠层,没有考虑土壤-植被系统内部的水热相互作用过程,如 Penman-Monteith 模型;双层模型分别对冠层和土壤进行考虑,如 Shuttleworth-Wallace 模型;多层模型根据植被冠层内部微气候特性的差异把冠层又分成多层,由于模型复杂,参数获取困难,遥感方面的研究不多。多层模型(Choudhury 等 1988)是在双层模型的基础上将土壤-植被系统分为若干层来描述冠层气候、辐射分布及水热交换过程,分别计算各层的通量并累加得出整个冠层的通量。根据冠层的结构特征和冠层内部的风速、温度和水汽压廓线计算各层的辐射、显热和潜热等通量,各层通量积分得到冠层总通量,再加上土壤的通量就是总的单位地表面积的通量。这需要知道模型参数和小气候特征(如冠层内各层的叶面积、叶方向、辐射、温度、湿度、风速等)的空间分布状况。

多层模型的建立是受到双层模型的启发,并且基于对冠层内部廓线的一定知识,在理论上是一种进步。这类模型的复杂性在于需要详细描述冠层的结构特征(叶倾角分布、叶面积密度等随高度的变化),以及风速、气温和水汽压在冠层中的垂直廓线,在遥感中的应用还比较困难。

(2)三温模型

三温模型是由邱国玉等(2006)提出的一种测算蒸散量和评价环境质量的方法,因为该模型的核心是表面温度、参考表面温度和气温,所以称为"三温模型"。主要包括 5 个基本模型:土壤蒸发模型、土壤蒸发扩散系数(评价土壤的水分状况和土壤环境质量)、植被蒸腾模型、植被蒸腾扩散系数(评价植被的水分状况和植被环境质量)和作物水分亏缺系数。其中土壤蒸发模型应用较好,其计算土壤蒸发量公式如下:

$$\lambda E = R_n - G_0 - (R_{nd} - G_d) \frac{T_s - T_a}{T_{sd} - T_a} \tag{3.5}$$

式中:R_n 和 R_{nd} 分别为蒸发土壤面和参考土壤面的净辐射;G_0 和 G_d 分别为蒸发土壤和参考土壤热通量;T_s,T_{sd},T_a 分别为蒸发土壤的表面温度、参考土壤表面温度、气温。

该模型在计算土壤蒸发量时,所需要的参数种类较少(净辐射、土壤热通量、温度),不含经验系数,不需要空气动力学阻抗和表面阻抗等参数,容易遥感反演。但是由于该模型依赖的无植被裸土像元的温度(作为参考土壤表面温度),有时在影像中很难找到;并且受植被干扰的混合像元表面温度会影响三温模型估算的准确性。因此,该模型还在进一步的完善中。

综上所述,在遥感区域蒸散研究中,地表能量平衡方程是其模型反演的基础(郭晓寅 2005)。随着遥感技术和数据处理算法的不断发展,基于遥感的蒸散估算将成为一个重要手段,应用也会越来越广泛。但目前该类方法仍存在一些问题,如地表温度的反演问题、尺度问题(包括时间延拓和空间延拓)等。另外,目前最早的遥感数据只能追溯到 20 世纪 70 年末、80 年代初,时间序列相对较短,这对于旨在揭示全球变化对区域蒸散影响的研究来说显然是不够的。由于一般水文气象数据观测序列相对较长,因此,基于水文学、气象学和生态学的蒸散估算方法对于研究长时间序列的区域蒸散动态变化是非常必要的。区域蒸散所受到的影响因素较多,还有一些参数需地面观测数据提供,如下垫面表面的风速、空气湿度、气温、冠层阻力等,这极大阻碍了遥感在区域蒸散领域中的应用,对于蒸散的遥感反演还需要更深入广泛的研究。

3.2　蒸散的遥感反演模型研究及验证

蒸散是一种水分传输的过程,水分从土壤组分或植被覆盖层传输到大气中,蒸散是裸土蒸发和植物蒸腾的总和,蒸散也代表了这一过程中的物质和能量流。因此,对蒸散的估算需要遵循物质或能量守恒定律。地表温度-反照率模型主要应用于欧洲通量观测中的蒸散量的估算,其根据反照率与地表温度的三角关系,建立基于蒸发比反演模型。

3.2.1　蒸发比反演模型

该算法是以能量平衡条件为基础,其地表能量平衡方程可用下面的方程式来表达:

$$R_n - G_0 - H - \lambda E = 0 \tag{3.6}$$

式中:R_n 为净辐射量(包括净短波辐射和净长波辐射,W/m^2);G_0 为土壤热通量(W/m^2);H 为显热通量(W/m^2);λE 为潜热通量(W/m^2);λ 为蒸发潜热[$W/(m^2 \cdot mm)$];E 为蒸散量(mm/d)。

式(3.6)中各项均有可能出现负值。夜晚地表的有效长波辐射一般较地表吸收到的太阳总辐射大,R_n 为负值;当空气较地表暖时,热量由空气流向地表,显热通量为负值;当土壤内部温度较地表高时,热量自下而上传至地表,此时土壤热通量为负值;如果地表处水汽凝结(露珠),此时放出潜热,λE 为负值。

(1)净辐射量

根据普朗克定律可以得知,任何物体温度都比 0 ℃的开尔文发射体的温度要高,因此在计算发射出的长波辐射量的时候,反射的主体地表温度是一个必要条件。地球表面的净辐射量是指在某一特定区域的某一时间段内入射到地表的太阳辐射能量与地表向上反射回去的辐射能量的差值。R_n 表示太阳辐射积累下来的能量。其中一部分的短波太阳辐射($\alpha_0 K \downarrow$)由于地表的作用向上反射回太空,这部分反射主要是由地球表面的一些特征所决定的。

$$R_n = (1 - \alpha_0)K \downarrow + L \downarrow - \varepsilon_0 \sigma LST_0^4 \tag{3.7}$$

式中:α_0 为地表反照率;$K \downarrow$ 为入射的短波辐射量(W/m^2);$L \downarrow$ 为入射的长波辐射量(W/m^2);ε_0 为地表发射率;σ 为斯蒂芬-玻尔兹曼(Stefan-Boltzmann)常数[$W/(m^2 \cdot K^4)$],$\sigma = 5.6697 \times 10^{-8} W/(m^2 \cdot K^4)$;$LST_0$ 为地表温度(K)。

(2)土壤热通量

土壤热通量是指到达地球表面的太阳辐射量中,被土壤所吸收的那部分能量。上层土壤中的热量梯度的影响因素有植被覆盖情况(光能拦截)、土壤质地(热能传导)和土壤含水量(热能传导)。由于土壤湿度与土壤吸收太阳辐射的能力成正比,土壤含水量越小,则其吸收的太阳辐射能量也就越少,因此,干土壤的热传导能力比湿土壤的热传导能力要强。土壤热通量是估算地表净辐射的因素之一，其反演公式如式（3.8）所示。

$$G_0 = R_n \left[\frac{LST_0 - 273.15}{\alpha_0} (0.0032 c_1 a_0 + 0.0062 c_1^2 a_0^2)(1 - 0.978 NDVI^4) \right] \quad (3.8)$$

式中：c_1 为由瞬时值中转换到每日平均地表反照率的系数（默认值为 1.1）；α_0 为地表反照率；LST_0 为地表温度（包括裸土地区和植被覆盖区）（K）；$NDVI$ 为归一化植被指数。

（3）蒸发比

在模型中一般通过蒸发比（EF）求得地表实际蒸散量。蒸发比是潜热（λE）与潜热和显热通量（H）之和的比值，在一天的变化当中，蒸发比相对是一个恒量，可以从遥感影像中获得所需的反照率和地表温度相关参数进行反演，具体算法如下：

$$\Lambda_{EF} = \frac{\lambda E}{H + \lambda E} \approx \frac{LST_H - LST_0}{LST_H - LST_{\lambda E}} \approx \frac{a_H \alpha_0 b_H - LST_0}{(a_H - a_{\lambda E}) \alpha_0 + (b_H - b_{\lambda E})} \quad (3.9)$$

式中：LST_H 为干燥区域像元的地表温度（K）；$LST_{\lambda E}$ 为湿润区域像元的地表温度（K）；$a_H, a_{\lambda E}$ 分别为最高温度和最低温度与地表反照率比值线的梯度温度（K）；$b_H, b_{\lambda E}$ 分别为最高温度和最低温度与地表反照率比值线的中值温度（K）。

联立式（3.8）和式（3.9），得到公式（3.10），该公式可计算瞬时潜热通量：

$$\lambda E = \Lambda_{EF} (R_n - G_0) \quad (3.10)$$

日蒸散量由公式（3.11）求得：

$$ET_{day} = 8.64 \times 10^7 \cdot \Lambda_{ins} \cdot R_{nday} / \lambda \quad (3.11)$$

式中：ET_{day} 为每日蒸散量（mm/d）；R_{nday} 为每日净辐射量（W/m²）；λ 为汽化潜热，表示在常温常压下，单位体积水转化为水蒸气所需要的能量 [W/(m²·mm)]，高温时汽化所需的能量少于低温时汽化所需的能量，其是温度 T_a（℃）的函数：

$$\lambda = (2.501 - 2.361 \times 10^{-3} T_a) \times 10^6 \quad (3.12)$$

在 $T_a = 20$ ℃时，$\lambda = 2.454 \times 10^6$ W/(m²·mm)。超过常温时的 λ 只是在 2.454×10^6 W/(m²·mm)附近小幅度变化。该模型所需参数较少，不需气象参数输入，并先反演潜热通量，然后得到显热通量。该模型较为简单，对均一地表蒸散量的计算精度较高；但在干旱区，由于其地表类型复杂，土壤含水量变化较大，模型的精度受到影响。

3.2.2　SEBS 模型

地表能量平衡系统模型由苏中波在 2000 年提出，是基于地表能量平衡模型，利用遥感方法计算蒸发量，即地球表面任意点处的能量平衡如公式（3.6）所示，其净辐射量（R_n）和土壤热通量（G_0）的反演分别如公式（3.7）和（3.8）所示。在地表全部被植被覆盖时，土壤热通量（G_0）与净辐射量（R_n）的比值为 0.05，裸土时为 0.315。模型在显热通量（H）和潜热通量（λE）的计算上详细考虑了干限（极端干旱状态）和湿限（极端湿润状态）情况下的风速（u）、空气动力学阻抗（r_a）和近地表势温（θ_0）。

该模型主要包括四个方面的理论：①通过对遥感图像的处理获得一系列地表物理参数，如反照率、比辐射率、温度、植被覆盖度等；②建立热传导粗糙度模型；③利用总体相似理论（Bulk Atmospheric Similarity，BAS）确定摩擦速度、显热通量和奥布霍夫稳定度；④利用地表能量平衡指数（Surface Energy Balance Index，SEBI）计算蒸发比。

（1）模型参数

该模型基于能量平衡原理,通过感热通量反演潜热通量。模型基于 MOS(Monin-Obukhov Similarity)相似性理论的整体参数化方案求解摩擦风速(u^*)、奥布霍夫长度(L)和感热通量(H),在近地面大气层,其分别表示为公式(3.13)、(3.14)和(3.15),其相关参数反演如公式(3.13)~(3.32)所示:

$$u = \frac{u^*}{k}\left[\ln\left(\frac{z-d_0}{z_{0m}}\right) - \Psi_m\left(\frac{z-d_0}{L}\right) + \Psi_m\left(\frac{z_{0m}}{L}\right)\right] \tag{3.13}$$

$$L = -\frac{\rho\, C_P u^{*3}\theta_v}{kgH} \tag{3.14}$$

$$\theta_0 - \theta_a = \frac{H}{ku^*\rho\, C_P}\left[\ln\left(\frac{z-d_0}{z_{0h}}\right) - \Psi_h\left(\frac{z-d_0}{L}\right) + \Psi_h\left(\frac{z_{0h}}{L}\right)\right] \tag{3.15}$$

$$\theta_0 = T_s(P_0/P_s)^{0.286} \tag{3.16}$$

$$\theta_a = T_a(P_r/P_0)^{0.286} \tag{3.17}$$

$$\theta_v = T_s(1+0.61q) \tag{3.18}$$

$$q = 5.0/8.0 \cdot e_a/P_s \tag{3.19}$$

$$e_a = \frac{e_s(T_{\min})\dfrac{RH_{\max}}{100} + e_s(T_{\max})\dfrac{RH_{\min}}{100}}{2} \tag{3.20}$$

$$e_s(T) = 0.6108 \cdot \exp\left[\frac{17.27 \cdot (T_a - T_0)}{T_a}\right] \tag{3.21}$$

$$\rho = \frac{P_r}{R_d \cdot T_a \cdot \left(1 + 0.378 \cdot \dfrac{e_a}{P_r}\right)} \tag{3.22}$$

$$RH = \frac{\exp(17.27T_a) \cdot (T_{dew})^2}{\exp(17.27T_{dew}) \cdot (T_a)^2} \tag{3.23}$$

$$z_{0h} = z_{0m}/\exp(kB^{-1}) \tag{3.24}$$

$$kB^{-1} = \frac{kC_d}{4C_t\dfrac{u^*}{u(h)}(1-e^{-n_{ec}/2})}f_c^2 + \frac{k \cdot \dfrac{u^*}{u(h)} \cdot \dfrac{z_{0m}}{h}}{C_t^*}f_c^2 f_s^2 + [2.46(Re^*)^{1/4} - \ln(7.4)]f_s^2 \tag{3.25}$$

$$C_t^* = Pr^{-2/3}Re^{*-1/2} \tag{3.26}$$

$$Re^* = h_s u^*/v \tag{3.27}$$

$$v = 1.327 \cdot 10^{-5}(P_0/P_r)(T_a/T_0)^{1.81} \tag{3.28}$$

$$n_{ec} = \frac{C_d \cdot LAI}{2u^{*2}/u(h)^2} \tag{3.29}$$

$$LAI = \ln(1-f_c)/(-0.5) \tag{3.30}$$

$$\begin{aligned}
\Psi_m =\ & \ln(a_m + |-z/L|) - 3 \cdot b_m \cdot (|-z/L|^{1/3}) + b_m \cdot a_m^{1/3}/2 \cdot \\
& \ln\left\{\frac{\{+[(-z/L)/a_m]^{1/3}\}^2}{1 - [(-z/L)/c]^{1/3} + \{[(-z/L)/a_m]^{1/3}\}^2}\right\} + 3^{1/2} \cdot b_m \cdot a_m^{1/3} \cdot \\
& ATAN\left\{\frac{2 \cdot [(-z/L)/a_m]^{1/3} - 1}{3^{1/2}}\right\} + [-\ln(a_m)] + 3^{1/2} \cdot b_m \cdot a_m^{1/3} \cdot \pi/6.0
\end{aligned} \tag{3.31}$$

$$\Psi_h = \left(\frac{1-d_h}{n}\right) \cdot \ln\left[\frac{c_h + (|-z/L|)^n}{c_h}\right] \tag{3.32}$$

式中：u 为平均风速（m/s）；u^* 为摩擦风速（m/s）；k 为卡门常数，取 0.41；z 为参数测量高度（m）；d_0 为零平面位移高度（m）；z_{0m} 为动量交换粗糙度长度（m）；z_{0h} 为热量交换粗糙度长度（m）；L 为奥布霍夫长度（m）；Ψ_m 和 Ψ_h 分别为动量交换和热量交换稳定度订正函数；ρ 为空气密度（kg/m³）；C_P 为定压比热容[J/(kg·k)]，一般取 1 005；θ_0 为地表位温（K）；θ_a 为高度 z 处的大气位温（K）；T_s 为地表温度（K）；T_a 为大气温度（K）；T_{dew} 为露点温度（K）；T_0 为绝对温度（K），一般取 273.15 K；P_0 为标准大气压（kPa），一般取 101.3 kPa；P_s 为地表气压（kPa）；P_r 为参考高度处气压（kPa）；g 为重力加速度（m/s²），一般取 9.81 m/s²；q 为大气比湿（kg/kg）；e_a 为实际水汽压（kPa）；e_s 为饱和水汽压（kPa）；RH 为相对湿度（%）；B^{-1} 为 Stanton 倒数；f_c 为冠层覆盖度；$f_s = 1 - f_c$，为裸土覆盖度；C_d 为叶片的拖拽系数，一般取 0.2；C_t 为 0.005～0.075，是参与热量交换的叶面数目；C_t^* 为土壤热交换系数；Pr 为 Prandtl 数，取 0.71；Re^* 为粗糙度 Reynolds 数；h_s 为土壤粗糙度长度（m），一般取 0.009 m；v 为大气动力学黏度；LAI 为叶面积指数；a_m 为常数 0.33；b_m 为常数 0.41；π 为 3.141 5；c_h 为0.33d_0；d_h 为 0.057；n 为 0.78。

（2）模型假设

在蒸发比（Λ）的计算过程中，模型假设三种状态：

①极端干旱状态下，地表无蒸散，潜热通量 λE_{dry} 为 0，所有有效能量用于感热交换，使大气升温，其极端干旱条件下的感热通量 H_d、干限条件下的奥布霍夫长度 L_d（m）、极端干旱条件下外部阻抗 r_{ed}（s/m）、地表势温（θ_0）与高度 z 处的大气势温（θ_a）温差 $\Delta\theta_d$（K）的计算方法如公式（3.33）～（3.36）所示：

$$H_d = R_n - G \tag{3.33}$$

$$L_d = -\frac{\rho C_P u^{*3} \theta_0}{kg(R_n - G)} \tag{3.34}$$

$$r_{ed} = \frac{1}{ku^*}\left[\ln\left(\frac{z-d_0}{z_{0h}}\right) - \Psi_h\left(\frac{z-d_0}{L_d}\right) + \Psi_h\left(\frac{z_{0h}}{L_d}\right)\right] \tag{3.35}$$

$$\Delta\theta_d = r_{ed}\frac{R_n - G}{\rho C_P} \tag{3.36}$$

②极端湿润状态下，感热通量（H_w）趋近于 0，此时蒸散速率最大，湿限条件下的奥布霍夫长度 L_w（m）、湿限外部阻抗 r_{ew}（s/m）、干湿度计算常数 γ（kPa/℃）（j 为水蒸气分子量与干燥空气分子量之比，一般取 0.662）、汽化潜热 λ，（MJ/kg）（在地表温度 20 ℃时，取2.454）、饱和水汽压曲线斜率 Δ（kPa/℃）、地表势温 θ_0 与高度 z 处的大气势温 θ_a 的温差为 $\Delta\theta_w$（K）的计算方法如公式（3.37）～（3.43）所示：

$$H_w = R_n - G - \lambda E_w \tag{3.37}$$

$$L_w = -\frac{\rho u^{*3}}{kg \cdot 0.61 \cdot (R_n - G)/\lambda} \tag{3.38}$$

$$r_{ew} = \frac{1}{ku^*}\left[\ln\left(\frac{z-d_0}{z_{0h}}\right) - \Psi_h\left(\frac{z-d_0}{L_w}\right) + \Psi_h\left(\frac{z_{0h}}{L_w}\right)\right] \tag{3.39}$$

$$\gamma = \frac{C_P P_r}{j\lambda} \tag{3.40}$$

$$\Delta\theta_w = \frac{r_{ew} \cdot \dfrac{R_n - G}{\rho C_P} - \dfrac{e_s - e_a}{\gamma}}{1 + \dfrac{o}{\gamma}} \tag{3.41}$$

$$\lambda = 2.501 - (2.361 \times 10^{-3})T_s \tag{3.42}$$

$$o = \frac{4098 \times \left[0.6108 \times \exp\dfrac{17.27(T_a - T_0)}{T_a}\right]}{T_a^2} \tag{3.43}$$

③一般状态下,外部阻抗 r_{ed}(s/m)的计算方法如公式(3.44)所示:

$$r_{ed} = \frac{1}{ku^*}\left[\ln\left(\frac{z - d_0}{z_{0h}}\right) - \Psi_h\left(\frac{z - d_0}{L_d}\right) + \Psi_h\left(\frac{z_{0h}}{L_d}\right)\right] \tag{3.44}$$

(3)蒸发比的计算

根据模型的三点假设,相对蒸发比(Λ_r)如公式(3.45)所示,其相当于实际蒸散与湿限蒸散之比;蒸发比(Λ)可由公式(3.46)反演:

$$\Lambda_r = 1 - \frac{H - H_{wet}}{H_{dry} - H_{wet}} = 1 - \frac{\dfrac{\theta_0 - \theta_a}{r_e} - \dfrac{(\theta_0 - \theta_a)_w}{r_{ew}}}{\dfrac{(\theta_0 - \theta_a)_d}{r_{ed}} - \dfrac{(\theta_0 - \theta_a)_w}{r_{ew}}} \tag{3.45}$$

$$\Lambda = \frac{\lambda E}{R_n - G} = \frac{\Lambda_r \cdot \lambda E_w}{R_n - G} \tag{3.46}$$

$$\lambda E_w = \frac{o \cdot r_e \cdot (R_n - G) + \rho C_P(e_s - e_a)}{r_e \cdot (o + \gamma)} \tag{3.47}$$

最后通过瞬时蒸散量(E)求得日蒸散(ET_{day}),可由公式(3.11)反演。

相比其他模型,SEBS 模型是专门为遥感地表蒸散反演而设计的,其主要创新和特点在于:①实际外部阻抗的确定是基于感热交换粗糙度长度的测定;②极端干旱和极端湿润状态是基于能量平衡的,考虑了大气稳定度的影响和地-气的相互作用;③利用表层尺度或行星边界层尺度,使定义地表温度和参考高度处温度的最大、最小值更加合理。SEBS 模型需要的输入参数可分为三类:地表参数(地表温度、反照率、覆盖度、植被粗糙度长度等)、参考高度处的气象场(气温、气压、风速、湿度)及土地利用/土地覆被数据。SEBS 模型的主要理论依据仍是能量平衡原理,只是在处理非遥感参数如风速、湿度时利用了相似理论,并且在求阻抗时利用了一系列经验公式,从而使得利用遥感数据和少量的气象站资料计算的区域蒸发量有较高的精度。该模型适合大尺度非均匀地表复合地形,已成功应用于欧洲和亚洲的多个地区。

由于 SEBS 模型开发时的最初设计是用于模拟欧洲地区的蒸散量,其地表多为覆盖均匀的低矮植被,地形起伏不大,没有平流效应。而在中亚和中国新疆地区,作为干旱区,其地形起伏从海拔-155~7 233 m,其中天山山脉纵跨整个研究区,地表植被稀疏,干旱少雨,平流影响较大。因此,对于 SEBS 模型,以研究区 20 世纪 80 年代和 2004 年土地利用与土地覆被专题图为基础,并根据美国 Land Data Assimilation System (LDAS)网站发布的不同地类、不同月份的植被高度(h)、动量粗糙度(z_{0m})和零平面位移(d_0),提出适合于研究区的不同时空上的植被高度(h)、动量粗糙度(z_{0m})和零平面位移(d_0),如表 3.1~表 3.3 所示。

3.2.3　SEBAL 模型

SEBAL 模型是由荷兰 Water-Watch 公司开发的基于遥感的陆面能量平衡模型,该模型物理概念清楚,是 SVAT 单层蒸散模型的典范。SEBAL 已成为遥感蒸散计算的最重要方法之一,并获得了大量的试验验证与应用。

表 3.1　各地类冠层高度(h)月平均值　　　　　单位:m

地类	耕地	林地	草地	水域	城镇用地	未利用地
1 月	0.06	7.09	0.29	0	3.6	0.05
2 月	0.06	7.09	0.29	0	3.6	0.05
3 月	0.06	7.09	0.29	0	3.6	0.05
4 月	0.55	18.3	0.56	0	6	0.2
5 月	0.55	18.3	0.56	0	6	0.2
6 月	0.55	18.3	0.56	0	6	0.2
7 月	0.55	18.3	0.56	0	6	0.2
8 月	0.55	18.3	0.56	0	6	0.2
9 月	0.55	18.3	0.56	0	6	0.2
10 月	0.55	18.3	0.56	0	6	0.2
11 月	0.06	7.09	0.29	0	3.6	0.05
12 月	0.06	7.09	0.29	0	3.6	0.05

表 3.2　各地类零平面位移(d_0)月平均值　　　　　单位:m

地类	耕地	林地	草地	水域	城镇用地	未利用地
1 月	0.22	14.00	0.25	0	2.61	0
2 月	0.23	14.02	0.25	0	2.62	0
3 月	0.23	14.31	0.25	0	2.73	0
4 月	0.24	14.6	0.24	0	2.85	0
5 月	0.26	14.78	0.25	0	2.93	0
6 月	0.30	14.88	0.27	0	2.99	0
7 月	0.33	14.88	0.28	0	3.02	0
8 月	0.31	14.86	0.30	0	3.01	0
9 月	0.27	14.8	0.29	0	2.95	0
10 月	0.24	14.6	0.27	0	2.86	0
11 月	0.23	14.28	0.26	0	2.73	0
12 月	0.23	14.00	0.25	0	2.62	0

表 3.3　各地类动量交换粗糙度长度月平均值　　　　　单位:m

地类	耕地	林地	草地	水域	城镇用地	未利用地
1 月	0.08	1.05	0.06	0	0.19	0.01
2 月	0.08	1.04	0.06	0	0.19	0.01
3 月	0.08	1.07	0.06	0	0.21	0.01
4 月	0.08	1.14	0.05	0	0.23	0.01
5 月	0.08	1.17	0.05	0	0.25	0.01
6 月	0.08	1.17	0.05	0	0.25	0.01
7 月	0.08	1.17	0.05	0	0.25	0.01
8 月	0.08	1.17	0.06	0	0.25	0.01
9 月	0.08	1.17	0.06	0	0.25	0.01
10 月	0.08	1.14	0.06	0	0.24	0.01
11 月	0.08	1.08	0.06	0	0.21	0.01
12 月	0.08	1.05	0.06	0	0.19	0.01

SEBAL 模型的求解过程为：首先利用遥感数据地表反照率、植被指数、地表温度与比辐射率，并结合风速、气温等资料计算卫星过境时刻像元的瞬时地表净辐射、土壤热通量；然后利用 SEBAL 模型提出的感热通量计算方法得到感热通量；最后利用能量平衡的余项法计算潜热通量。感热通量在 SEBAL 模型中较难计算，需要求得地表与空气的温差及空气动力学阻抗，而温差及空气动力学阻抗需要建立地面温度和地面与空气温差的经验公式，并利用 Monin-Obukhov 理论迭代运算，以确定区域内各像元点的感热通量。感热通量的计算是 SEBAL 模型的重点，也是其创新之处，其计算公式为：

$$H = \rho C_P \frac{T_{z_1} - T_{z_2}}{r_a} \qquad (3.48)$$

式中：ρ 为空气密度（kg/m³）；C_P 为空气定压比热容[J/(kg·K)]；T_{z_1} 和 T_{z_2} 分别为地面 z_1 与 z_2 高度处的空气温度；r_a 为空气动力学阻力（s/m）。T_{z_1}，T_{z_2} 和 r_a 为未知量且彼此相关，为此模型引入 Monin-Obukhov 理论，通过复杂的循环递归算法进行求解，计算步骤如下：

首先假设在地表上空（200 m）存在一个掺混层，在该高度风速因不再受地面粗糙度的影响而达到相等，从而求得中性稳定度下的摩擦速度 u^* 与空气动力学阻力 r_a：

$$r_a = \frac{\ln(z_2/z_1)}{u^* \cdot k} \qquad (3.49)$$

式中：u^* 为摩擦速度（m/s）；Karman 常数 $k = 0.41$；z_1 和 z_2 分别为距离地面高度（m）。

为求得 $T_{z_1} - T_{z_2}$，SEBAL 模型假设该值与地面温度呈线性关系：$T_{z_1} - T_{z_2} = aT_s + b$，为此在研究区域的卫星图像上确定两个极端点——一个"冷点"与一个"热点"。"冷点"是指该点植被较密、水分供应充足、蒸散量处于潜在蒸散的水平；"热点"是指非常干燥的没有植被覆盖的闲置农地，其蒸散量基本为零。通过对"冷点"与"热点"dT 的计算，可以建立与地面温度的关系，粗略求得研究区域各像元点的感热通量。

因为近地层大气并不是稳定的，所以模型中利用 Monin-Obukhov 理论对空气动力学阻力 r_a 进行校正，校正过程中又需要感热通量，模型采用迭代法进行求解，通过多次（5 次以上）重复计算，即可得到稳定的感热通量。

3.3　蒸散反演

3.3.1　地表温度（LST）和比辐射率（ε）

20 世纪 80 年代，地表温度反演是基于卫星 NOAA-7 的 NOAA-AVHRR 遥感影像，反演公式为：

$$LST = T_4 + 3.33(T_4 - T_5) \cdot \frac{5.5 - \varepsilon_4}{4.5} + 0.75 T_5(\varepsilon_4 - \varepsilon_5) \qquad (3.50)$$

式中：T_4 和 T_5 分别为两个热红外通道——通道 4（10.5～11.3 μm）和通道 5（11.5～12.5 μm）的亮温（K）；ε_4 和 ε_5 分别为相应的比辐射率。

20 世纪 90 年代，基于卫星 NOAA-9，采用分裂窗计算：

$$LST = 1.274 + \frac{T_4 + T_5}{2 \cdot \left[1 + \left(0.15616 \cdot \frac{1 - \varepsilon}{\varepsilon} \right) - 0.482 \cdot \frac{\Delta \varepsilon}{\varepsilon^2} \right]} +$$

$$\frac{T_4 - T_5}{2 \cdot \left[6.26 + \left(3.98 \cdot \dfrac{1-\varepsilon}{\varepsilon}\right) + 38.33 \cdot \dfrac{\Delta\varepsilon}{\varepsilon^2}\right]} \tag{3.51}$$

式中：ε 为比辐射率（K），$\varepsilon = (\varepsilon_4 + \varepsilon_5)/2$，$\Delta\varepsilon = \varepsilon_4 - \varepsilon_5$；$T_4$ 和 T_5 分别为通道 4 和通道 5 的亮温（K）；ε_4 和 ε_5 分别为相应的比辐射率。

3.3.2　地表反照率

地表反照率（α）是指地表对入射的太阳辐射的反射通量与入射的太阳辐射通量的比值，反映了有多少辐射能被下垫面所吸收，因而是地表能量平衡研究中的一个重要参数。它不仅依赖于地表的物理性质，而且还与太阳光的入射方式（直射和散射）、太阳高度角及太阳光谱等因素有关。一般土壤反照率取决于土壤湿度、土壤类型和粗糙度等，变化幅度较大；植被反照率取决于叶色、冠层结构等，变化幅度较小。在较低反照率条件下，地面温度随着地表反照率的升高不变或变化很小（水面或灌溉农田表面），此时所有的能量都用于蒸发；在较高的地表反照率时，地面温度随着地表反照率的升高而升高，此时能量一方面用于蒸发，另一方面用于感热；当地表反照率超过某一阈值时，地面温度随着反照率的升高而降低，此时土壤含水量极低，对蒸发阻力极大，无蒸发发生。不同下垫面反照率不同，具体数值如表 3.4 所示。一般而言，地表反照率随地表类型不同而不同：水面为 0.05，盐渍地为 0.50～0.60，沙漠为 0.30～0.40，农作物为 0.15～0.25，森林为 0.10～0.15。

表 3.4　不同下垫面下平均地表反照率

下垫面类型	平均反照率
水体	0.04～0.08
农田或湿地	0.05～0.15
灰土或裸地	0.15～0.25
干土或沙漠	0.20～0.35
石灰石	0.30～0.40
绿草和其他短命植物	0.15～0.25
干草	0.15～0.20
草原	0.20～0.30
杉松森林	0.10～0.15
落叶森林	0.15～0.25
化雪森林	0.20～0.30
新雪	0.80～0.90
终年积雪	0.60～0.75
干雪	0.20

对于 NOAA-AVHRR 遥感影像，本研究采用 Valiente 于 1995 年提出的地表反照率计算公式：

$$\alpha = 0.545r_1 + 0.320r_2 + 0.035 \tag{3.52}$$

式中：r_1 和 r_2 分别为第 1 和第 2 通道窄波段反射率。其反演结果如图 3.4（附彩图 3.4）所示。

对于 MODIS 数据产品，其反照率公式为：

$$\alpha_{short} = 0.160\alpha_1 + 0.291\alpha_2 + 0.243\alpha_3 + 0.116\alpha_4 + 0.112\alpha_5 + 0.081\alpha_7 - 0.0015 \tag{3.53}$$

式中：$\alpha_1, \alpha_2, \alpha_3, \alpha_4, \alpha_5, \alpha_7$ 分别是 1，2，3，4，5，7 波段反射率。

3.3.3　归一化植被指数(NDVI)

归一化植被指数(NDVI)反映了地表植被覆盖密度及土壤湿度等特征,其变化直接影响到地面辐射平衡最敏感的参数——地表反照率,进而影响地表能量平衡。对于 NOAA-AVHRR 遥感影像,NDVI 主要由第 1 和第 2 通道的反射率联合求得:

$$NDVI = \frac{r_2 - r_1}{r_2 + r_1} \tag{3.54}$$

式中:r_1 和 r_2 分别为第 1 和第 2 通道窄波段反射率。

对于 MODIS,r_1 取红外波段,r_2 取近红外波段,不同地类的 NDVI 全年变化如图 3.3。

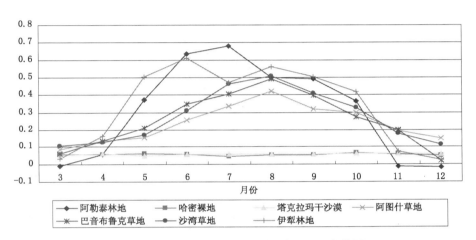

图 3.3　2005 年 3—12 月不同地类 NDVI 变化图

在生长季内,阿图什草地 NDVI 值由 0.15 升至最高时(8 月)达 0.56,然后开始回落到春季水平;对于林地,以阿勒泰和伊犁地区为例,在 11 月至次年 3 月间 NDVI 值在 0.05 左右变化,有积雪覆盖时值会降至 0 以下,在生长季内,其 NDVI 在 6 和 7 月份最大,达 0.67。

3.4　蒸散时空分布

3.4.1　基于 SEBS 模型模拟的蒸散量

基于 SEBS 模型反演研究区 1980,1990 和 2005 年三期蒸散量,其各期旬蒸散量时空变化如图 3.4～图 3.6(附彩图 3.4～附彩图 3.6)所示,蒸散量在植被覆盖区随植被生长季的变化而变化,在空间上随地表覆盖类型的不同而不同;而裸土区特别是裸土、沙漠和戈壁地表,蒸散量长期在比较低的水平。

3.4.2　模型参数敏感性分析

蒸散输入参数的精度决定了蒸散模型对地表辐射通量的反演精度。在 SEBS 模型中,比辐射率、地表温度、地表反照率和植被指数是作为影响蒸散的关键因子。

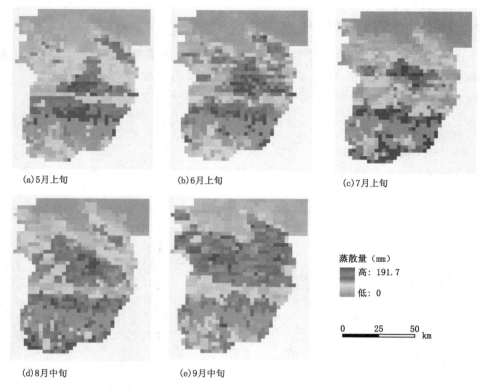

(a)5月上旬　　　　　(b)6月上旬　　　　　(c)7月上旬

(d)8月中旬　　　　　(e)9月中旬

图 3.4　1980 年 5—9 月蒸散量时空分布

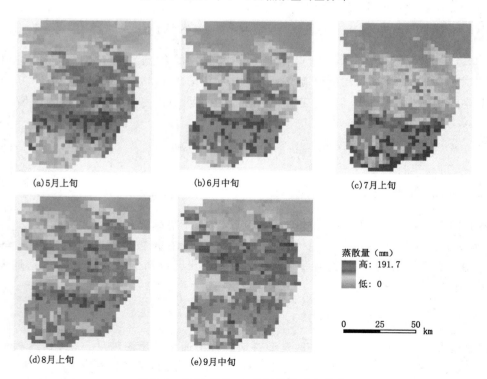

(a)5月上旬　　　　　(b)6月中旬　　　　　(c)7月上旬

(d)8月上旬　　　　　(e)9月中旬

图 3.5　1990 年 5—9 月蒸散量时空分布

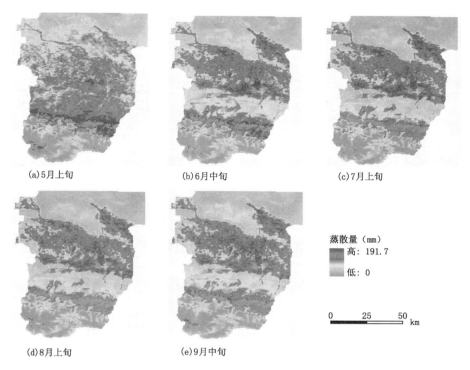

图 3.6　2005 年 5—9 月蒸散量时空分布

对于植被指数,日蒸散量与 NDVI 呈正相关,除水体反演不受 NDVI 变化影响外,其他地类均对该参数有响应,其中草地和耕地与日蒸散量相关性较高,较未利用地敏感。在模型中植被指数的变化会带来土壤热通量的变化,且蒸发面阻抗也会发生改变,植被越浓密,蒸散量越大。

第4章　气候波动条件下流域固态水资源变化

　　玛纳斯河流域是新疆境内典型的内陆河流域,在上游山区有着比较丰富的雪水资源。自 20 世纪 80 年代以来流域升温加速,根据流域内气象站观测资料,20 世纪 90 年代比 60 年代平均升温 1.2 ℃,而 IPCC 的研究显示,1905—2005 年间全球气温平均升高了 0.74 ℃(IPCC 2007b),流域升温趋势明显高于全球平均水平。气温的大幅升高势必影响到积雪消融,引起融雪径流水资源年际与年内分配的变化,促使水资源管理模式的改变。

4.1　时间序列分析与积雪遥感数据处理

4.1.1　时间序列分析方法

　　(1)线性趋势分析

　　线性趋势可定量描述变量随时间序列的变化趋势,一般用一次线性方程表示,即:

$$Y = a_0 + a_1 t \tag{4.1}$$

式中:Y 为年平均降水量或年平均气温;t 为年份序列号($t=1,2,\cdots,n$);a_1 为回归系数,当 a_1 为正(负)时,表示气候要素在计算时间段内线性增加(减少),$10a_1$ 表示可降水量(气温)每10 a 的气候倾向率。

　　(2)时间序列代表性分析

　　时间序列的代表性分析是指选取要计算与分析的样本资料。本节中的数据资料包括年平均气温、年累计降水量、初雪日、积雪日数及年径流总量,为了反映各变量随时间序列的变化特征,选择多年平均值、模比系数与差积值进行各变量的代表性分析,表达式(武汉水利水电学院等 1983)如下:

$$\overline{x} = \sum_{i=1}^{n} x_i / n$$

$$k_i = x_i / \overline{x}$$

$$k_{ci} = \sum_{n=1}^{i} (k_n - 1) \tag{4.2}$$

式中:x_i 为变量(mm);$\overline{x}$ 为变量的多年平均值(mm);k_i 为变量的模比系数;k_{ci} 为变量的差积值。

　　(3)时间序列突变点检验

　　Mann-Kendall 方法(Hirsch 等 1984)是一种非参数统计检验方法,其优点是不遵从一定的分布,也不受少数异常值的干扰,更适合于类型变量和顺序变量,计算也比较方便。其统计函数(聂中青 等 2009)为:

$$UF_k = \frac{\delta_k - E(\delta_k)}{\sqrt{Var(\delta_k)}}, k = 1, 2, \cdots, n \tag{4.3}$$

式中：δ_k 为第 i 时刻数值大于 j 时刻数值个数的累计数；$UF_1 = 0$；$E(\delta_k)$ 和 $Var(\delta_k)$ 分别为累计数 δ_k 的均值和方差；UF 为标准正态分布，它是按时间序列 x 顺序 $x_1, x_2, \cdots, x_n$ 计算出的统计量序列。给定显著性水平 α，查正态分布表，若 $|UF_i| > |UF_\alpha|$，则表明序列存在明显的趋势变化。

滑动 t 检验法是通过考察两组样本平均值的差异是否显著来检验突变，本研究中用来检验时间序列突变点的合理性。以 Mann-Kendall 检验所得到的时间序列突变点为基准点，取前后长度分别为 n_1 和 n_2 的两个子序列，进行连续的滑动计算，得到 t 的统计量序列。给定显著性水平 α，确定临界值 t_α，若 $|t| < t_\alpha$，则认为基准点前后的两个子序列均值无显著差异，否则认为在基准点时刻出现了突变。t 的统计量计算公式（李珍 等 2007）为：

$$t = \frac{\overline{x_1} - \overline{x_2}}{s \cdot \sqrt{1/n_1 + 1/n_2}}, s = \sqrt{\frac{n_1 s_1^2 + n_2 s_2^2}{n_1 + n_2 - 2}} \tag{4.4}$$

式中：s_1 和 s_2 分别为序列 1 和序列 2 的标准差。本研究中显著性水平 α 均取值 0.05，则 $|UF_\alpha| = 1.96$。

4.1.2　积雪遥感数据处理

（1）MODIS 积雪数据

中分辨率成像光谱仪（MODIS）是美国宇航局研制的大型空间遥感仪器，它有 36 个相互配准的光谱波段，中等分辨率水平（$0.25 \sim 1$ km）。Terra 和 Aqua 卫星上都携带 MODIS 传感器，其中 Terra 卫星每天在地方时上午 10:30 过境，Aqua 卫星在地方时下午 1:30 过境。MODIS 在积雪监测方面具有独特的优势，兼顾了空间分辨率和时间分辨率。MODIS 自动积雪提取采用归一化雪被指数（Normalized Difference Snow Index，NDSI）阈值法，计算公式为：

$$NDSI = (b_4 - b_6)/(b_4 + b_6) \tag{4.5}$$

式中：b_4 和 b_6 分别是 MODIS 1B 的 4 波段和 6 波段的反射率。全球雪面积产品算法采用的 NDSI 阈值为 0.4，同时用 $b_2 > 0.11$ 和 $b_4 > 0.1$ 来剔除水体和一些暗目标的影响。

目前 MODIS 提供了如表 4.1 所示的积雪数据。

表 4.1　MODIS 积雪数据

文件名	数据类型	空间分辨率
MODIS/Terra snow cover 5-Min L2 Swath 500 m	MOD10_L2	500 m
MODIS/Terra snow cover daily L3 Global 500 m	MOD10A1	500 m
MODIS/Terra snow cover 8-day L3 Global 500 m	MOD10A2	500 m
MODIS/Terra snow cover daily L3 Global 0.05°	MOD10C1	0.05°
MODIS/Terra snow cover 8-day L3 Global 0.05°	MOD10C2	0.05°
MODIS/Terra snow cover monthly L3 Global 0.05°	MOD10CM	0.05°

注：表中为 Terra 卫星的积雪数据，Aqua 与之完全对应，故未列出。

式（4.1）中 MOD10A1 为逐日雪盖数据，由于受大范围云覆盖的影响，实际应用中受到很大限制。MOD10A2 为 8 d 合成雪盖产品，该数据基于 MOD10A1，为 8 d 内最大雪盖，其算法是：

①连续 8 d 中只要有一天地表覆盖为积雪,那么该像元就判为积雪;

②8 d 中完全被云覆盖则判为云,否则判为其他的类型。

目前关于 MOD/Terra 卫星的雪盖数据质量已有很多分析与研究(Hall 等 2002,Hall 等 2007,黄晓东 等 2007),对其精度与优缺点也从不同角度进行了探讨(Zhou 等 2005,Ault 等 2006,Liang 等 2008)。比较一致的结论是,MOD/Terra 每日积雪产品 MOD10A1 受天气状况的严重影响,同时也受到下垫面的影响,积雪识别率非常低;而 MOD10A2 积雪分类产品反映 8 d 内最大的积雪覆盖范围,具有较高的积雪分类精度,平均积雪识别率为 87.3%,可较好地消除云层对地表积雪分类精度的影响,极大地提高了积雪的分类精度。MYD10A1 与 MYD10A2 分别是 Aqua 卫星的逐日雪盖与 8 d 合成雪盖,其数据质量实际上没有进行过详细的评价(Hall 等 2007)。

(2)MODIS 积雪数据去云处理

尽管 MOD10A2 数据最大化地消除了云的影响,但实际应用中仍有个别期的数据云覆盖量比较大。纵然遥感图像中云的识别和分类已有许多方法,但是云层覆盖下的信息恢复却是比较难解决的问题。

Lichtenegger 等(1981)和 Baumgartner 等(1986)提出并发展了一种 RS 结合 GIS 对云覆盖下的信息缺失部分进行数据插补的方法。该方法使用高程、坡度和坡向三个地形因子作为控制变量,结合积雪分类专题图,确定积雪类和非积雪类所满足的地形条件;然后,根据地形条件,在图像数据缺失部分逐像元地进行判别和确定积雪的类别,从而达到云覆盖下图像数据缺失插补的目的。

Terra 卫星过境时间为上午 10:30,而 Aqua 卫星过境时间为下午 1:30,两卫星过境时间间隔 3 h,而云是移动的,根据这一特点可以对云下信息进行恢复。本研究根据这一特性联合上午星和下午星数据进行了积雪产品去云处理,事实上 MODIS 的两卫星联合去云在其他方面也有应用,如植被指数(Yang 等 2006)、地表反照率(Salomon 等 2006)。

具体去云方法为:某个像元只要在两种卫星数据中有一个被判为积雪,那么就判断该像元为积雪;某个像元在两种卫星数据中都是云像元,才能判为云像元。

本文采用 2005 年 3 月 31 日—4 月 7 日的积雪数据对去云方法进行验证,上午星和下午星的数据如图 4.1(附彩图 4.1)。

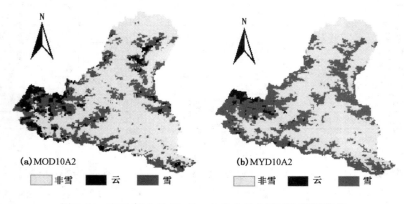

图 4.1　2005 年 3 月 31 日—4 月 7 日 MODIS 积雪数据

去云结果如图 4.2(附彩图 4.2)。

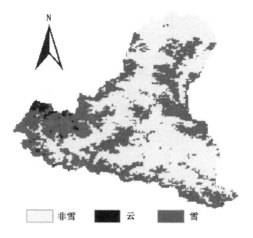

图 4.2　去云结果图

去云前,MOD10A2 与 MYD10A2 中云像元数分别为 1 858 和 548,去云后,云像元数变为 201,通过对比可以看出去云后影像中云像元数量大为减少,也说明了本文的去云算法是有效的。

4.2　近 50 a 流域气候变化特征

年平均气温与年累计降水量变化是气候变化的两个主要方面,下面以 1960—2006 年玛纳斯河流域年平均气温与年累计降水量的变化特点来阐明长时间序列玛纳斯河流域的气候变化特征。

4.2.1　年平均气温变化

国内外大量研究表明,近百年来,地球气候系统正经历着一次以全球变暖为特点的显著变化,1860 年以来全球平均气温升高了 0.6 ℃左右,我国气温上升了 0.4～0.5 ℃(邵爱军 等 2008)。从图 4.3 中可以看出,近 50 a 来玛纳斯河流域气温基本呈上升趋势,多项式模拟曲线

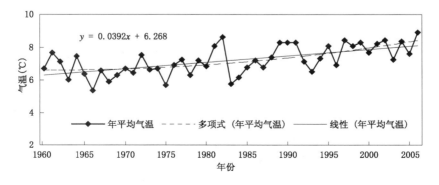

图 4.3　1960—2006 年玛纳斯河流域年平均气温变化

（$R^2=0.41$）波动较小。玛纳斯河流域年平均气温与时间线性回归方程的回归系数为 0.40（$P<0.05$），年平均气温倾向率为 0.43 ℃/（10a），该趋势大于施雅风等（李珍 等 2007）认为的西部地区平均升温速度 0.2 ℃/（10a）。

对 1960—2006 年平均气温进行 Mann-Kendall 检验，结果表明流域平均气温在 1980 与 1988 年左右发生显著突变。将突变点代入滑动 t 检验，可以发现 1980 年为伪突变点，结合流域年平均气温变化趋势，可以得出 1960—2006 年间玛纳斯河流域气温呈升高趋势，且在 1988 年左右流域气温出现突变的结论。

4.2.2　年累计降水量变化

大气降水是形成地表水资源的重要途径，对内陆干旱区来说，年降水量的变化直接影响到水资源的分配管理及流域内工农业的发展。从图 4.4 中可以看出，玛纳斯河流域年降水量在波动变化中呈减小趋势，且多项式模拟得到了一个开口朝外的抛物曲线（$R^2=0.18$）。研究区 20 世纪 60 年代和 90 年代及 21 世纪初为相对多雨期，20 世纪 70 年代相对少雨。玛纳斯河流域年降水量与时间线性回归方程的回归系数为 0.10（$P<0.05$），年降水量倾向率为 8.5 mm/（10a）。

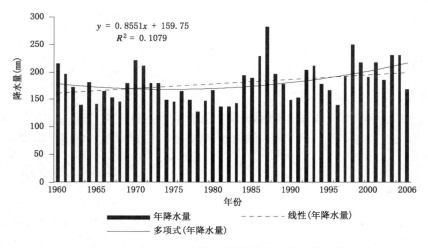

图 4.4　1960—2006 年玛纳斯河流域年降水量变化

对 1960—2006 年流域累计降水量进行 Mann-Kendall 检验，结果表明年累计降水量在 1998 年左右发生显著突变。将突变点代入滑动 t 检验，可以发现 1960—1998 年流域年累计降水量平均值与 1999—2006 年流域年累计降水量平均值显著不同，即 1998 年为流域年累计降水量时间序列突变点。

对比图 4.3 与图 4.4 可以发现，1960—2006 年间玛纳斯河流域的年平均气温与年累计降水量均呈上升趋势，且年累计降水量增加的幅度大于年平均气温增大的幅度，这与施雅风等（2003）西北干旱区气候向暖湿转型的论调是一致的。对干旱区背景下的玛纳斯河流域来说，该趋势对流域工农业生产与社会生活可持续发展非常有利。然而，1960—2006 年间流域平均气温与累计降水量的变化并不一致，这说明气温与水资源的变化在时间序列上呈现一定的不同步性。

4.3　流域积雪时间变化特征

积雪是干旱区宝贵的淡水资源,天山北坡的大部分流域通常都在 10 月开始降雪,11 月到次年 2 月进入积雪的累积期,4—5 月则是积雪的消融期。积雪分布的变化是气候变化的结果,对积雪分布变化的研究有助于分析气候对积雪的影响程度,同时也有助于分析融雪径流变化的原因和融雪径流变化的趋势。

4.3.1　山区初雪日期与积雪日数的年际变化

气温决定降水的形式,通常 0 ℃以下降水以雪的形式降落,自 1970 年以来,玛纳斯河流域初雪日期有推后的趋势。由于肯斯瓦特站与清水河站没有积雪监测数据,因此,本节主要利用研究区中部山区附近的小渠子气象站资料分析积雪的时间变化。山区降雪日期通常从 10 月到次年 4 月。长序列的监测资料(图 4.5)表明:初雪日期有微弱的后移趋势;终雪日期明显提前,与 20 世纪 70 年代相比,2000 年后的终雪日期约提前了 16 d 左右;相应的年降雪日数和积雪日数都有趋于减少,分别为 10 和 20 d 左右。而一年内积雪日数的变化主要是由于 4 和 10 月份积雪日数减少,其他月份变化不大。

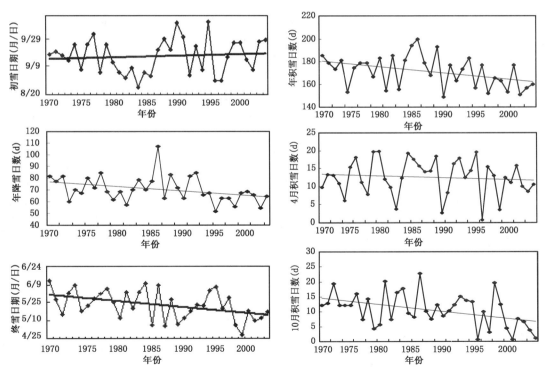

图 4.5　积雪的时间变化

4.3.2　山区积雪深度的年际变化

根据气象站的监测资料,流域月积雪累计深度变化如图 4.6 所示,1970—2005 年间流域年积雪累计深度有增加趋势,另外冬季各月份积雪累计深度也同样出现增加的趋势,而 3 和 4 月及积雪预积累期的 10 和 11 月积雪累计深度则呈现出下降的趋势。积雪累计深度的变化也表明了降雪日期推后,而融雪日期有所提前。

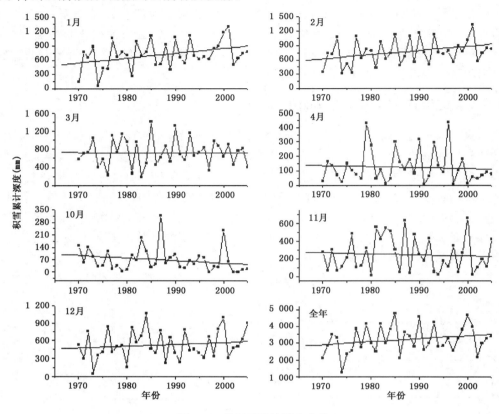

图 4.6　月积雪累计深度变化

另外积雪的最大深度有增加的倾向,20 世纪 70 年代最大雪深均值为 38.7 mm,2000 年以后升为 41.25 mm,增加了 2.55 mm,其中最大雪深 57.0 mm,出现在 2001 年。上一节中提到流域降雪日数减少 10 d 左右,而全年积雪累计深度是增加的,这表明流域降雪强度增大,最大雪深的变化趋势(图 4.7)也证明了这个结论。

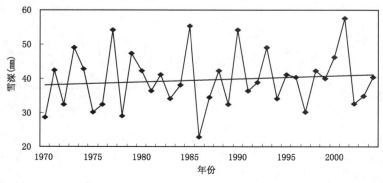

图 4.7　最大雪深年变化

4.3.3　流域积雪覆盖的年际变化

根据前文提到的方法,对 MOD10A2 数据进行去云处理。以 9 月到次年 8 月为一个水文年计算,流域多年 8 d 积雪序列如图 4.8。

由图 4.8 可知,玛纳斯河流域通常在 11 和 12 月积雪覆盖范围比较大,最大积雪量出现在 12 月。3 月底季节性积雪开始消融,4 和 5 月进入积雪快速消融阶段,7 和 8 月基本没有季节性的积雪覆盖,冰川消融加快。自 2000—2001 至 2007—2008 年的 8 个水文年中,流域最大积雪覆盖度出现在 2000—2001 年,为 99.6%;融雪开始以后瞬时降雪次数也有所减少;最小雪盖出现日期略微提前(图 4.9),表明流域积雪消融速度加快;最大积雪出现日期也有所提前(图 4.10);不考虑夏季瞬时降雪的影响,7 和 8 月积雪覆盖量基本没有发生变化,即在 MODIS

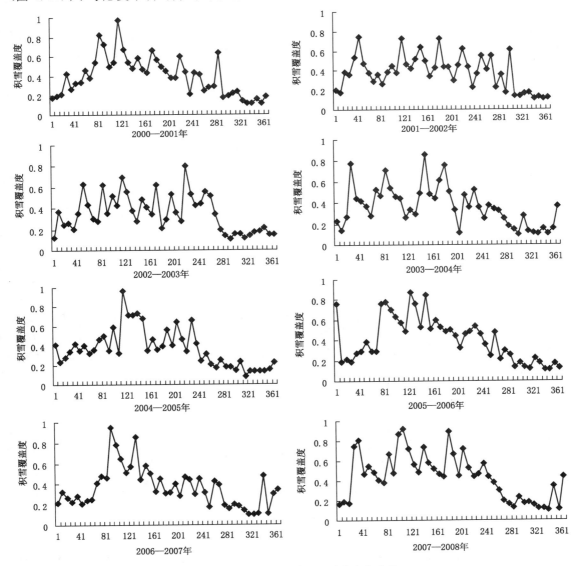

图 4.8　玛纳斯河流域 8 d 雪盖变化曲线

数据的分辨率精度范围内,2000—2008年流域冰川基本没有监测出变化。

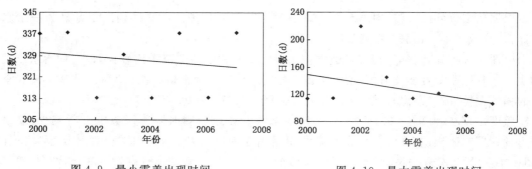

图 4.9　最小雪盖出现时间　　　　　图 4.10　最大雪盖出现时间

　　为分析玛纳斯河流域的冰川积雪变化特征,进一步分析提取的 MODIS 冰川积雪遥感信息,并计算积雪面积大小,计算过程在 ArcMap 空间分析模块中完成,结果如图 4.11 所示。

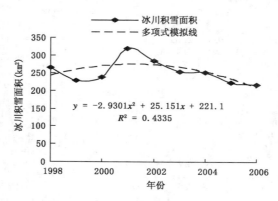

图 4.11　冰川积雪面积的年际变化

　　图 4.11 表明,玛纳斯河流域冰川积雪面积在 $217\sim320\ \mathrm{km^2}$ 之间波动,最大值出现在 2001 年,高于平均值 26.05%,而最小值出现在 1999 年,低于平均值 9.65%,年际之间的波动幅度在 0.55%~33.49%之间。从时间段来看,1998—2001 年之间冰川积雪面积有一个缓慢增大的过程,而自 2001 年以后,出现了稳步减小的过程,减小的幅度稳定在 $8\ \mathrm{km^2}$ 左右。

4.3.4　流域积雪覆盖的季节变化

　　根据 8 d 积雪曲线整理出玛纳斯河流域季节积雪覆盖度,流域 2001—2008 年各季节积雪覆盖度如图 4.12,可以看出玛纳斯河流域冬季雪盖呈波动增加的趋势,而夏季雪盖则呈现出不明显的下降趋势,春季与秋季雪盖处于波动变化,没有明显趋势。

4.4　流域积雪空间变化特征

　　气象站对积雪的监测只是点尺度上积雪特征的反映,由于干旱区流域山区气象站稀少,很难依靠气象站的监测来研究流域尺度上积雪的分布及变化情况。因此,MODIS 遥感数据以

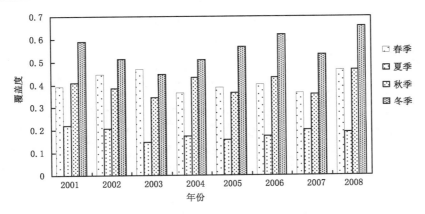

图 4.12　玛纳斯河流域积雪季节变化

其覆盖范围广、时效性强、免费接收等优势在积雪监测中发挥着举足轻重的作用。

4.4.1　流域积雪的空间分布变化

(1)积雪消融期的空间变化

玛纳斯河流域季节性积雪消融主要集中在 4 和 5 月,图 4.13(附彩图 4.13)列出了 2005 年积雪消融期内的流域积雪空间分布变化情况,可以看出:融雪首先从山脚处的积雪开始,逐步延伸到高海拔山区,融雪开始后流域仍然会发生新降雪(表 4.2)。流域在 5 月底季节性积雪消融基本结束,影像中剩余部分为冰川水资源,事实上 5 月之后仍然可能会有瞬时降雪产生。

表 4.2　天山北坡垂直带积雪情况

海拔(m)	稳定积雪日数(d)	最大雪深(cm)	融雪终止时间
1 500	140～150	50	4 月底
2 000	170～180	80	5 月底
2 500	200～220	80	6 月底
3 000	240～270	100	6 月底
3 500	300～320	100	7 月底

引自:胡汝骥,2004

(2)积雪的垂直梯度变化特征

天山降水主要集中在夏季,5—8 月降水量可占全年降水量的 70% 左右。冬半年,气温比较低,降水主要以降雪的形式出现,降水量占全年降水量的 30% 左右。在山区一般年降雪在 200 mm 以上,高山地区降雪则在 400 mm 以上。

天山山地的积雪平均密度在 $0.10～0.28$ g/cm³ 之间,稳定积雪平均密度在 $0.06～0.24$ g/cm³ 之间,随着积雪季节的时间演替,平均积雪密度出现一定程度的增加,最大积雪密度一般为 0.30 g/cm³。各月平均积雪密度如表 4.3。

表 4.3　天山积雪密度

月份	10	11	12	1	2	3	4
积雪密度(g/cm³)	0.11	0.16	0.18	0.19	0.2	0.22	0.26

引自:仇家琪,1997

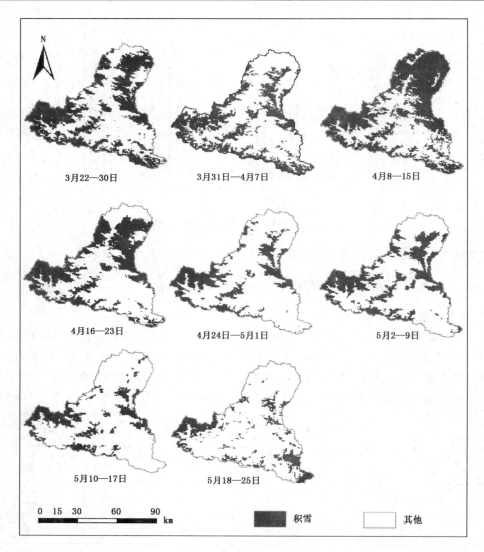

图 4.13　2005 年季节性积雪消融期间雪盖变化

　　为进一步考察冰川积雪与海拔高度的关系,以及近年来冰川积雪雪线高度的变化情况,我们基于数字高程模型(Digital Elevation Model,DEM),通过叠加分析,对 1998—2006 年每年冰川积雪覆盖区域的平均海拔高度进行了统计,结果如图 4.14 所示。

　　结果表明,年际冰川积雪平均海拔高度在 3 950~4 100 m 之间变动,总体来看,平均海拔高度逐渐下降。其中 1998—1999 年偏高明显,这与 1998—1999 年玛纳斯河流域的重大洪涝灾害相一致。整个变化过程中,又可以分为 1998—2002 年的下降过程和 2002—2006 年的上升过程。近几年来,由于气候变暖,雪线高度逐渐缓慢提升,导致冰川融雪径流量进一步增大,这与平均海拔高度的变化一致。因此,年际冰川积雪平均海拔高度的变化特征,反映了气候变化的对玛纳斯河流域冰川积雪的影响,这也说明进一步研究区域水资源变化的迫切性。

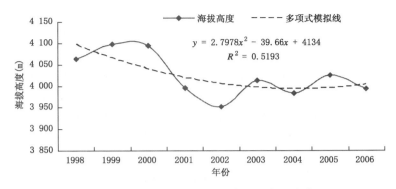

图 4.14　冰川积雪平均海拔高度的年际变化

4.4.2　流域年积雪日数的空间分布

根据 MOD10A2 数据统计的流域积雪最大可能的覆盖天数,如果在 MOD10A2 中某像元为积雪,则假设该像元在连续 8 d 中都为积雪,则 2008 年流域雪盖累计天数空间分布情况如图 4.15。

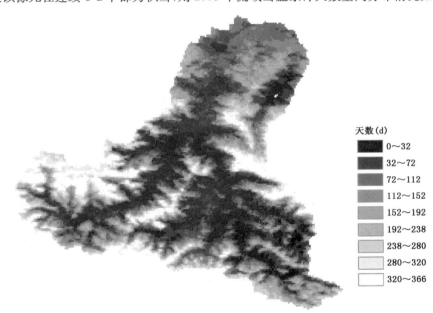

图 4.15　2008 年流域积雪累计天数空间分布

由图 4.15 可以看出,年积雪累计天数在流域空间上变化比较大,与海拔高度表现出很好的相关关系。高海拔区终年被积雪覆盖,海拔 4 000 m 以上的区域覆盖天数在 320～366 d 之间,积雪覆盖时间最短的区域位于流域海拔 1 200 m 以下,集中在 30 d 以内,多为瞬时积雪,而积雪覆盖为 70 d 左右的区域占了流域的绝大部分。

对 2008 年积雪累计天数与 2001 年进行了对比分析,结果表明 2008 年研究区的绝大部分积雪累计天数减少了 8 d,流域冰川边缘附近积雪累计天数有明显增加,而在海拔比较低的河谷附近,积雪累计天数有所减少。

4.5　流域积雪时空变化的成因分析

冰川积雪覆盖变化的直接影响因素为气象因子,其中主要的相关的因子为温度和降水。由于山区缺乏气象观测站,因此为揭示其内在的关系,我们选择距离山区冰川积雪区域最近的水文观测站肯斯瓦特的气象观测资料为基础,肯斯瓦特位于玛纳斯河流域出山口位置,根据其同期气象观测资料与研究区冰川积雪覆盖面积进行了相关性分析。

宏观上说,低温(≤0 ℃)与降雪是积雪得以形成和维持的天气气候条件,积雪的年际波动自然与冬季降水量的变化密不可分。流域冬季积雪累计深度与冬季降水量的关系如图4.16～图4.18,可以看出二者呈明显的正相关关系。事实上,玛纳斯河流域一般从10月份开始积雪,一般在11月份降水量比较大,对积雪累积有重要的贡献,由图4.17可以看出流域冬季积雪累计深度与11月—次年2月份之间的降水量相关性更大。根据冬季降水量增加趋势可推测:流域的积雪量是增加的。

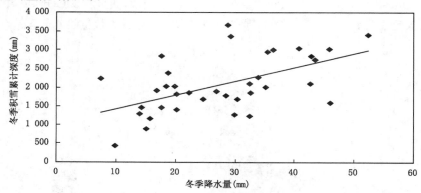

图 4.16　冬季积雪累计深度与冬季降水量的关系(1971—2006 年)

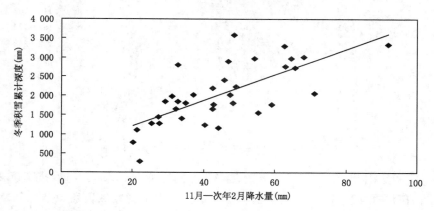

图 4.17　冬季积雪累计深度与11月—次年2月降水量的关系(1971—2006 年)

观测站积雪累计天数与年平均气温的关系如图4.19,可以看出气温在积雪维持方面有重要意义,根据二者的相关关系可以推测年平均气温每升高1 ℃积雪累计天数将减少5 d,这与2001 年与2008 年遥感监测的积雪累计天数的变化基本是一致的。流域月雪盖与月平均气温的关系如图4.20,月雪盖与月平均气温呈明显的负相关关系。

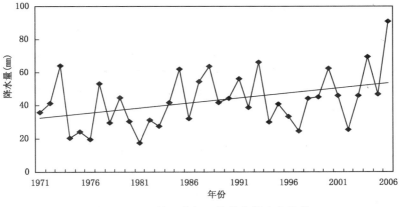

图 4.18　11 月—次年 2 月降水量变化趋势

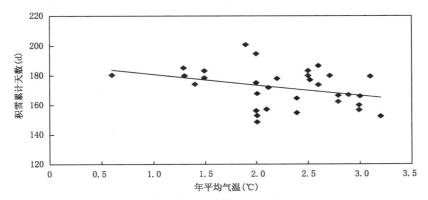

图 4.19　积雪累计天数与年平均气温的关系(1971—2006 年)

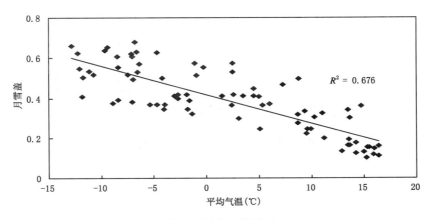

图 4.20　月雪盖与月平均气温的关系(1971—2006 年)

　　以月平均为基础,通过统计计算,分别得到 1998—2006 年的月平均温度序列和月降水序列。通过分析得到平均温度与冰川积雪覆盖面积的相关系数为－0.807 6,降水量与冰川积雪覆盖面积的相关系数为 0.532 5,都通过了 0.01 的显著性检验。结果表明,冰川积雪面积与平均温度呈负相关,与降水呈正相关,即冰川积雪随着温度的升高而减小,随着降水的增加而增大,且冰川积雪面积的变化与温度和降水密切相关,达到显著相关的水平。这进一步说明由于气候变暖,对山区冰川积雪消融有促进作用。

在站点尺度上,20 世纪 70 年代至 2006 年的连续积雪监测表明首次降雪和末次降雪日期发生了变化,积雪的累积时间每 10 a 缩短 6 d 左右;在流域尺度上,根据近 10 a 的遥感监测数据,流域最大雪盖、最小雪盖出现时间有所提前。积雪累积消融在时间点上发生的变化主要跟气温的变化密切相关。气温升高,使得流域积雪累积时间缩短,最大雪盖提前;而融雪期间,由于温度升高,融雪率增加,流域雪盖消融速度加快,必将导致融雪提前结束。

4.6　流域冰川变化特征

4.6.1　冰川储量变化

据统计,整个天山山系有现代冰川 15 933 条,冰储量 1 048.247 km³(刘潮海 等 1998),是世界上山地冰川分布比较集中的山地。其中,我国境内天山有冰川 9 081 条,冰储量 1 011.748 km³(施雅风 2000),约占天山冰川总量的 96.5%,是天山冰川主要发育地区。准噶尔盆地的各河源分布有冰川 3 391 条,占我国天山冰川总条数的 37.3%,为最多。玛纳斯河河源位于依连哈比尔尕山 43 号冰川,上源有冰川 800 多条,是天山西北部准噶尔内陆流域冰川数量最多、规模最大的一条河流。

根据不同时间的地形图或遥感影像(图 4.21、附彩图 4.21 和表 4.4),1964 年流域冰川面积 605 km²,2000 年冰川面积 518 km²,2006 年冰川面积 529 km²。事实上,2000—2006 年流域冰川面积变化比较小,流域中部冰川略有减少,边缘冰川略有增加,以下将主要分析 1964—2000 年流域冰川的变化情况(表 4.5)。

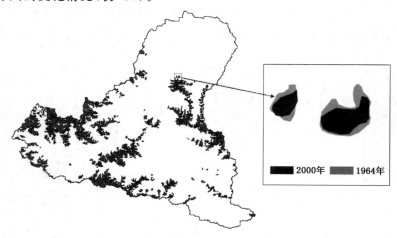

图 4.21　玛纳斯河流域冰川分布(1964 年)与边缘变化示意图

表 4.4　研究中所用数据

数据源	时间	简介
地形图	1964	1 : 50 000
ETM	2000-08-07	144/030,分辨率 30 m
TM	2006-07-31	144/030,分辨率 28.5 m

1964—2000 年冰川退缩了 87 km²，退缩幅度达到 14.4%（图 4.21），对比以往对天山冰川的研究，陈建明等（1999）认为乌鲁木齐河流域 1964—1993 年冰川减少 13.8%，李忠勤等（2003）认为乌鲁木齐 1 号冰川 1962—2000 年减少 11%，玛纳斯地区冰川退缩速度相对而言比较快，主要原因可能是较低海拔地区的冰川比较零碎，对气温的升高更敏感。

对流域内几条相对较大冰川的对比研究结果如表 4.5，5 条冰川末端呈现出一致的退缩现象，退缩最大的为 114 m，最小的为 63 m。其中 5y736E0023 退缩程度最大，冰川前段分化为两部分。相比 1 号冰川 1962—1992 年退缩大约 140 m（李江风 2002）而言，玛纳斯河流域几条比较大的冰川消融速度是比较慢的。

表 4.5 1964—2000 年冰川末端变化

冰川编号	5y736E0023	5y736C0034	5y736D0011	5y735F0053	5y735B0026
末端变化（m）	−105	−114	−63	−98	−75

注：冰川编号取自《简明中国冰川目录》（施雅风 2008）

4.6.2 冰川变化成因

山地高度是现代冰川发育的重要地形条件。天山山地的现代冰川大体上形成在雪线以上，雪线以上山地高度越高、面积越大，就越有利于雪冰的储存，发育的冰川规模也越大。冰川的变化取决于气温和降水条件，冬季降水决定冰川积累量，气温决定冰川消融情况。杨针娘（1992）等对我国寒旱区其他流域的研究表明：冰川融水与气温呈指数关系，而流域中山带夏季平均气温趋势（图 4.22），基本可以表明流域山区温度 1965—2000 年相比 1964 年升高了 0.5 ℃，气温的升高是冰川退缩的主要原因。同时苏珍等（1999）的研究表明，大陆性冰川对气候变化的响应具有 10～20 a 的滞后期，据此推断冰川退缩可能主要发生在 20 世纪 80 年代中后期，主要由于 1974 年夏季高温的影响，而 1993 年的夏季低温可能是 2006 年冰川范围小幅上升的主要原因。

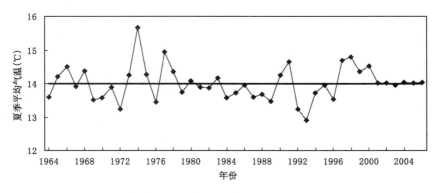

图 4.22 流域中山带夏季平均气温变化趋势

第 5 章　玛纳斯河流域径流量变化及其过程模拟

气候变化导致积雪时空分布产生相应的波动,必将引起有季节性雪盖区域的水文过程的改变,影响到社会经济发展乃至脆弱生态系统,甚至会导致旱涝灾害的频繁发生,影响到区域水资源的重新分配和新的用水管理模式与策略的产生。

在我国三大积雪区——青藏高原地区、北疆和天山地区、东北和内蒙古地区(秦大河 2005),北疆和天山地区季节性积雪水资源对流域生态环境和社会经济发展有着更为重要的意义,主要原因是北疆和天山地区属于西北干旱半干旱区,地表水资源匮乏,而冬季严寒漫长,降雪在降水总量中比例较高,平原地区降雪量占年降水量的 30% 以上,高山地区高达 80% 以上(李江风 1991);在春季融雪径流占总径流量的 75% 以上(裴欢 等 2008)。由于这里降水稀少、生态环境一般比较脆弱,水分条件严重制约着植被的生长,而大量的季节性积雪为春季提供了重要的水资源,对生态环境的保护及农牧业的发展都比较重要。在新疆气候存在着明显的变暖趋势下(张家宝 等 2002b),模拟水资源的变化对干旱区经济和脆弱的生态环境有举足轻重的影响。

玛纳斯河流域是位于新疆境内的典型的干旱区内陆河,在流域上游山区有着比较丰富的雪水资源,冰雪融水占流域径流量的 45% 左右。近年来,玛纳斯河流域气温、降水等气候要素都发生了明显的变化,直接影响流域的径流过程。自 20 世纪 80 年代以来流域升温更加迅速,根据流域内气象站观测资料,20 世纪 90 年代比 60 年代平均升温 1.2 ℃,而 IPCC 的研究显示,1905—2005 年间全球气温平均升高了 0.74 ℃(IPCC 2007a),流域升温趋势明显高于全球平均水平。气温的大幅升高势必影响到积雪的累积与消融,引起的融雪径流水资源年际与年内分配变化,促使水资源管理模式的改变。因而,研究玛纳斯河流域山区的径流量变化过程对新疆干旱区具有代表性和典型性,对流域而言也具有重要的理论意义和实用价值。

5.1　基于 SRM 模型的流域融雪径流模拟

与其他融雪径流模型相比,SRM(Snow Runoff Model)融雪径流模型的优点在于该模型结合了遥感手段以获取关键的积雪面积变量,同时在整体上把握住了融雪径流的过程,适用于以融雪径流为主,且气象水文数据稀少的高山高寒流域(李弘毅 等 2008)。玛纳斯河流域为天山北坡典型的内陆河流域,流域内仅低海拔地区有气象站点分布,900 m 以上中、高海拔地区无实测气象站点分布,且仅出山口肯斯瓦特水文站有实测径流数据。该条件不能满足对具有精细物理分布特征的分布式融雪径流模型的模拟,对玛纳斯河流域来说,半分布式融雪径流模型更为适用。

考虑到玛纳斯河流域的地形特点和现有数据情况,并结合 SRM 模型的结构特点(SRM

模型是目前为数不多的将积雪遥感数据作为输入变量的径流模拟模型,且模型率定仅需出山口水文站点数据),本文选择 SRM 模型进行玛纳斯河流域融雪径流的模拟与预测。

5.1.1　SRM 融雪径流模型

SRM 模型为可操作性半经验模型,该模型是由 Martinec 等于 1975 年提出,已在 25 个国家的近 80 个不同流域得到应用,大都取得了比较理想的效果。该模型成功地通过了世界气象组织进行的模型比较评价测试和实时的预报测试;模型版本也由最初的 DOS 1.0 版本发展到 Windows 平台下的 WinSRM 1.10 版本。当前结合遥感技术,SRM 模型继续在世界各地广泛使用。

SRM 模型的计算原理是将每天的融雪和降水所产生的水量,叠加到所计算的退水流量上,从而得到每天的日径流量。日积雪面积覆盖率、日降水量与日平均气温是 SRM 模型的三个基本输入变量。

当流域的海拔高度不超过 500 m 时,SRM 模型的基本表达式(Dewalle 等 2008)如下:

$$Q_{n+1} = [C_{Sn}a_n(T_n + \Delta T_n)S_n + C_{Rn}P_n](A \cdot 10000/86400) \cdot (1 - k_{n+1}) + Q_n k_{n+1} \quad (5.1)$$

当海拔高度超过了 500 m 时,SRM 模型必须进行分带处理,以保证模拟精度和预报精度。分带处理的情况下,SRM 模型的公式具体表示为:

$$Q_{n+1} = \left\{ [C_{SAn} \cdot a_{An}(T_n + \Delta T_{An})S_{An} + C_{RAn} \cdot P_{An}] \frac{A_C \cdot 10000}{86400} + \right.$$
$$[C_{SBn} \cdot a_{Bn}(T_n + \Delta T_{Bn})S_{Bn} + C_{RBn} \cdot P_{Bn}] \frac{A_B \cdot 10000}{86400} +$$
$$\left. [C_{SCn} \cdot a_{Cn}(T_n + \Delta T_{Cn})S_{Cn} + C_{RCn} \cdot P_{Cn}] \frac{A_C \cdot 10000}{86400} \right\} (1 - k_{n+1}) + Q_n k_{n+1} \quad (5.2)$$

式中:Q 为平均日流量(m^3/s);C 为径流系数;C_S 为融雪径流系数;C_R 为降雨径流系数;a 为度-日因子[$cm/(℃ \cdot d)$];T 为度-日数($℃ \cdot d$);S 为雪盖面积百分比;P 为降水量(cm);A 为流域面积(km^2);k 为衰退系数;n 为模拟径流量计算的天数;$10000/86400$ 为从 $cm/(℃ \cdot d)$ 转换为 m^3/s 的系数。降水、气温和积雪覆盖率是模型的三个驱动变量,其他为模型参数。

5.1.2　数据准备

(1)积雪遥感数据

积雪消融是融雪径流产生的前提条件。研究所需积雪遥感数据主要为了监测研究区积雪覆盖状况,并用来计算融雪期内研究区积雪面积覆盖率。考虑到与气象、水文数据时间尺度的匹配性,本文选择 EOS/MODIS 系列卫星数据中 MOD10A1 日积雪覆盖数据与 MOD10A2 的 8 d 最大化合成的积雪覆盖数据为本文日积雪面积覆盖率计算的数据源。

MOD10A1 是 NASA(National Aeronautics and Space Administration)陆地产品组按照 SNOMAP 算法多次处理后应用到全球的积雪数据产品(李弘毅 等 2008),是现阶段积雪遥感产品中唯一的高时间分辨率(1 d)数据,是无资料区或少资料区积雪水文研究的有效数据源,对 SRM 和其他将日积雪覆盖数据作为输入参数的融雪径流模型来说至关重要(邵爱军 等 2008)。在 SNOMAP 算法中,陆地产品组通过在北美的验证以 0.4 为 NDSI 阈值进行全球积雪覆盖图的制作(Hall 等 2001)。其物理基础体现在:①积雪在可见光波段有较高的反射率,在短波红外波段有较强的吸收特征;②大部分云在可见光波段有较高的反射率,在短波红外波段反射率依然很高。MODIS 积雪检测算法充分利用了这种特殊的光谱组合特点,使用 MODIS 第 4 波段(0.545～0.565 μm)和第 6 波段(1.628～1.652 μm)的反射率来计算归一化差值积雪指数 NDSI,并采用一套分组决策支持方法来检测积雪(Hall 等 2002)。其计算公式如下:

$$NDSI = \frac{\rho_{vis} - \rho_{swir}}{\rho_{vis} + \rho_{swir}} = \frac{b_4 - b_6}{b_4 + b_6} \tag{5.3}$$

式中:b_4 和 b_6 分别为 MODIS 数据对积雪和云反应敏感的第 4 波段(绿波段)和第 6 波段(短波红外波段)的反射率。

研究所需 2007 年 3—6 月份玛纳斯河流域 MOD10A1 和 MOD10A2 积雪遥感数据(空间分辨率 500 m)来源于美国国家雪冰数据中心(The National Snow & Ice Data Center, NSIDC),覆盖玛纳斯地区的 Terra/MODIS 影像在正弦曲线地图投影 SIN(Sinusoidal Projection)坐标系统中的编码为 h24v04,经投影、格式转换及配准,生成 WGS84 投影坐标系下研究区积雪覆盖栅格数据。其中,MOD10A1 数据 122 幅,MOD10A2 数据由 MOD10A1 数据 8 d 最大化合成得到,共 15 幅。

为了对其进行误差分析、精度评价及下文的积雪序列图去云算法设计时研究区冰川面积提取,本文同时选用了 2006 年 7 月 31 日和 2007 年 5 月 15 日研究区 Landsat 5 TM 数据。覆盖研究区的原始 TM 影像在 UTM 坐标系统下的编码为 p144r029 与 p144r030,经辐射定标、拼接和配准,生成与 MOD10A1 数据同一坐标系下的研究区 1～7 波段反射率影像,空间分辨率为 30 m。

(2)基础地理数据

基础地理数据是基于 ArcGIS 软件进行参变量分析与计算的基础,包括流域边界、DEM、河流及气象和水文站点分布等。本文中地理信息主要通过数字化专题图得到,其中研究所需 DEM 数据源于美国国家航空航天局的航天飞机雷达地形测绘任务(Shuttle Radar Topographic Mission,SRTM)数据集(空间分辨率为 90 m),经投影及重采样,生成 WGS84 投影坐标系下研究区 500 m×500 m 的栅格数据,用于和 MODIS 数据的匹配分析;1:10 万土地利用数据源于中国科学院科学数据库及其应用系统中的新疆自然与生态环境数据库,在对其进行严格精度评价的基础上,按地类生成研究区 500 m×500 m 的栅格土地利用图。

(3)气象及水文站点数据

气象及水文数据是 SRM 融雪径流模拟所需的基本输入变量,本研究所涉及的研究区气象及水文站点如表 5.1 所示。其中,研究区气象站点数据来源于国家气象数据共享服务中心,流域出山口肯斯瓦特站实测日平均气温、日平均降水量数据来源于新疆维吾尔自治区水文水资源勘测局。为了对肯斯瓦特上游地区进行温度插值,除石河子、玛纳斯、沙湾、乌兰乌苏等气

表 5.1 玛纳斯河流域气象站点统计

站名	经度(°E)	纬度(°N)	海拔高度(m)	站名	经度(°E)	纬度(°N)	海拔高度(m)
沙湾	85.62	44.33	348.53	乌兰乌苏	85.82	44.28	469.23
石河子	86.05	44.32	443.73	乌鲁木齐	87.18	43.45	1 929.33
肯斯瓦特	86.95	43.67	900.00	大西沟	86.83	43.10	3 539.00
玛纳斯	86.20	44.32	314.83	小渠子	87.10	43.48	1 873.80

注:肯斯瓦特为玛纳斯河出山口水文站,乌鲁木齐为位于天山北坡乌鲁木齐县甘沟乡西白杨沟村的牧业气象试验站。

象站点外,本文同时引用了天山北坡同一地理单元内的乌鲁木齐、大西沟、小渠子等气象站点资料。

5.1.3　模型参数计算

5.1.3.1　模型参数

模型参数主要指模型中结合流域自身特点计算的参数,包括流域 DEM 分带与面积统计、流域面积-高程曲线、度-日因子、融雪径流与降雨径流系数,以及流域退水系数和积雪融化的临界气温值。

（1）流域 DEM 分带与面积统计

SRM 模型为半分布式融雪径流模型,高程分带是基于流域气象、水文因子空间分布异质性的考虑。高程分带的原则为高程带内气候因子与地表覆被类型相对均一。通过对玛纳斯河流域不同海拔高度积雪分布及地表覆被类型的野外考察发现,积雪分布受地形和下垫面的影响而呈现显著的地带性差异。结合天山地区自然地理分带情况（胡汝骥 2004）和研究区土地利用类型图,本文将玛纳斯河流域按海拔高度分为 A,B,C,D 四个高程带,如图 5.1（附彩图 5.1）所示,海拔 1 500 m 以下为低山丘陵区,植被以三叶草、野麦、拂子茅等禾本科为主,覆盖率 50％左右,为 A 带;海拔 1 500～3 500 m 为中山森林区,沟谷纵横,植被发育,其中海拔 1 500 ～2 700 m 之间多天山云杉、灌木,是降雨径流的主要形成区,为 B 带;海拔 2 700～3 600 m 地表植被发育较好,为高山草甸和亚高山草甸区,为 C 带;海拔 3 600 m 以上为高山积雪区,山体

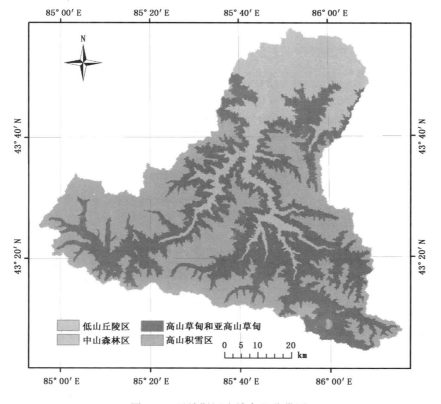

图 5.1　玛纳斯河流域高程分带图

陡峭,终年积雪,为 D 带。

高程分带后,即可通过 ArcGIS 空间分析模块统计各高程区间内的流域面积和平均高程(如表 5.2),从而确定模拟玛纳斯河融雪径流所需的计算方程,并为下文计算流域各高程带积雪覆盖率提供参数。

表 5.2　玛纳斯河流域 DEM 分带及面积统计情况

高程带	高程范围(m)	面积(km²)	占流域面积(%)	平均高程(m)
A	904～1 500	221.93	4.31	1 316
B	1 500～2 700	825.26	16.02	2 273
C	2 700～3 600	2 118.97	41.13	3 247
D	3 600～5 172	1 985.11	38.54	3 930

(2)面积-高程曲线

SRM 模型使用流域面积-高程曲线确定各高程分带的平均高程,高程分带内平均高程的选取原则是带内平均高程上、下面积相等。根据流域高程分带和面积统计情况,玛纳斯河流域面积-高程曲线如图 5.2 所示。

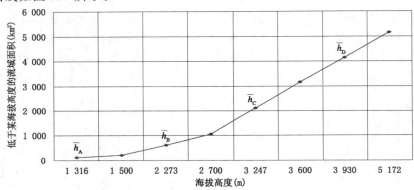

图 5.2　玛纳斯河流域面积-高程曲线和分带平均高程计算
$\overline{h_A},\overline{h_B},\overline{h_C}$ 和 $\overline{h_D}$ 分别表示 A,B,C,D 高程带的平均高程

(3)度-日因子

度-日因子是 SRM 模型中最为敏感的参数之一,定义为每日气温上升 1 ℃所融化的积雪深度,它与度-日数及融雪水深的关系为:

$$M = \alpha \cdot T \qquad (5.4)$$

式中:M 为融雪水深;α 为度-日因子;T 为度-日数。度-日因子可以用雪枕、雪槽实地观测得到。缺少试验的情况下,本研究中度-日因子用如下经验公式得到:

$$a = 1.1 \cdot \frac{p_s}{p_w} \qquad (5.5)$$

式中:p_s 为雪密度;p_w 为水密度。对流域范围而言,p_w 水密度为定值,则度-日因子的值主要取决于雪密度 p_s。

根据胡汝骥(2004)对天山东段喀尔勒克山、中段天格尔山及西段巩乃斯河谷积雪密度的观测,天山山地的积雪平均密度,六种雪型都没有超过 0.3 g/cm³,在 0.1～0.28 g/cm³ 之间(吴健平 等 1995)。从天山积雪站积雪场多年冬季积雪观测资料来看,稳定积雪平均密度为

$0.06\sim0.24$ g/cm³,积雪密度在时间变化方面比较明显。随着季节的变化,平均积雪密度出现一定程度的增加。例如各月平均积雪密度的变化数值,10 月为 0.11 g/cm³,11 月为 0.16 g/cm³,12 月为 0.18 g/cm³,1 月为 0.19 g/cm³,2 月为 0.20 g/cm³,3 月为 0.22 g/cm³,4 月为 0.26 g/cm³。同时有研究表明,在多风的天山山区草原地带内,积雪的密度较森林地带要略为高一些。

本文中玛纳斯河流域高程带 B 为森林区,高程带 C 为高山草甸和亚高山草甸区,而高程带 D 为终年稳定积雪,积雪密度较高,因此,本文高程带 C 和高程带 D 的积雪密度取值为高程带 B 的 1.2 倍(陆平 2005)。高程带 B 积雪密度则依据胡汝骥(2004)、仇家琪等(1994)所得实测资料取值,如表 5.3 所示。

表 5.3　玛纳斯河流域各高程带积雪密度　　　　　　　　　　单位:g/cm³

高程带	A	B	C	D
3 月	0.22	0.22	0.26	0.26
4 月	0.26	0.26	0.31	0.31
5 月	0.27	0.27	0.32	0.32
6 月	0.28	0.28	0.33	0.33

积雪密度确定后,即可通过公式(5.5)计算玛纳斯河流域不同高程带的度-日因子,如表 5.4。

表 5.4　玛纳斯河流域各高程带度-日因子　　　　　　　　　　单位:cm/(℃ · d)

高程带	A	B	C	D
3 月	0.242	0.242	0.286	0.286
4 月	0.286	0.286	0.341	0.341
5 月	0.297	0.297	0.352	0.352
6 月	0.308	0.308	0.363	0.363

(4)融雪径流与降雨径流系数

径流是指由于降水而从流域内地面与地下汇集到河沟,并沿河槽下泄的水流的统称,可分为地面径流、地下径流两种。其中,地面径流又分为降水径流与融雪径流。径流系数是指同一地区同一时期内的径流深度与形成该时期径流的降水量之比,其值介于 0~1 之间。与径流一样,径流系数也分为降水径流系数与融雪径流系数。而径流深度为某一段时期内径流总量与集水面积的比值。以降水径流为例,降水径流系数计算如公式(5.6)和(5.7)所示。

$$C_R = \frac{P_R}{d} \tag{5.6}$$

$$d = \frac{C}{S} \tag{5.7}$$

式中:C_R 为降水径流系数;P_R 为给定时间区间内的降水量(mm);d 为径流深度(mm);C 为径流总量;S 为流域集水面积。

在 SRM 模型中,融雪径流系数(C_S)和降水径流系数(C_R)分别用来确定各高程带所产生的径流中融雪和降水所贡献的比例。玛纳斯河集水面积为 5 151.27 km²。据高程带 A 内肯斯瓦特站实测数据记录,2007 年 3—6 月份玛纳斯河径流总量为 2.91×10^8 m³,降水总量为 256.9 mm。则计算可得,高程带 A 的降水径流系数为 0.46;高程带 B,C,D 为中高山区,产流量多,气温低,蒸发小,则降水径流系数高于高程带 A。

因资料的限制,国内没有推算融雪径流系数的相关研究,也没有类似流域的经验值可供参考,本文中融雪径流系数的确定依据玛纳斯河的径流组成确定。如上文所述,玛纳斯河肯斯瓦特水文站的径流组成为:冰雪融水 35.6%,雨水 41.8%,地下水 22.6%。则当融雪期高程带A 的降水径流系数为 0.46 时,高程带对应的融雪径流系数为 0.39。具体参数设置时根据径流模拟结果做适当调整。

(5)临界气温值

在 SRM 模型中,临界气温值是指区分降雨和降雪两种降水状况的平均气温值,临界气温值一般要高于 2 ℃,随着融雪季节的进行,临界气温值逐渐接近 0 ℃。本研究中高程带 A 的临界气温值由模型经验值给出,为 2 ℃;高程带 B,C,D 的临界气温值则通过模拟结果进行适当调节。

(6)退水系数

退水系数是 SRM 模型的重要参数,用于反映每日融水直接补给到径流的比例。退水系数通常通过分析日径流量变化得到,一般的计算方法是融雪期后一天的径流量与前一天径流量的比值。在 SRM 模型中退水系数的计算公式为:

$$k_{n+1} = x/Q_n^y \tag{5.8}$$

式中:Q_n 为日径流量;x 和 y 是两个常数,对于给定流域有确定的值。为了确定公式中的 x 和 y 值,并作为模型输入参数,可将研究期内的实际日径流量 Q_n 和 Q_{n+1} 对应绘制在对数表上,根据公式(5.9)和公式(5.10)求解。

$$k_1 = x/Q_1^y \tag{5.9}$$
$$k_2 = x/Q_2^y \tag{5.10}$$
$$\lg k_1 = \lg x - y\lg Q_1 \tag{5.11}$$
$$\lg k_2 = \lg x - y\lg Q_2 \tag{5.12}$$

图 5.3 是 2007 年 3—6 月份玛纳斯河的退水过程散点图。在一般情况下采用介于 1∶1 线和下轮廓线之间的中线来确定公式(5.11)和(5.12)中的 x 和 y 值。

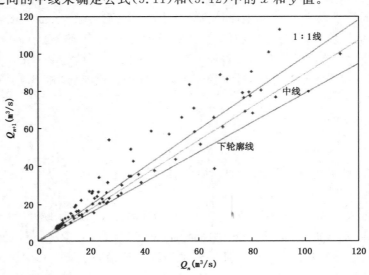

图 5.3　2007 年 3—6 月玛纳斯河流域退水过程散点图

根据玛纳斯河流域特点，选择介于 1:1 线和下轮廓线之间的中线来确定 x 和 y 值。为此根据 $k=Q_{n+1}/Q_n$，在中线上选取两个点，分别是 $Q_1=23$ m³/s，$Q_2=18.2$ m³/s，计算可得 $k_1=0.862\ 6$，$k_2=0.90$。

将 k_1，k_2 分别代入公式（5.9）与（5.10）中，可解得 $x=1.146$，$y=0.083\ 4$，则玛纳斯河流域 2007 年融雪期退水系数公式为：

$$k_{n+1}=1.146 \cdot Q_n^{-0.0834} \tag{5.13}$$

5.1.3.2　SRM 模型变量

（1）气温及度-日数

气温是 SRM 模型计算融雪的重要输入变量，气温在模型中以度-日数形式表现。度-日数按下式计算：

$$\overline{T}=\frac{T_{\max}+T_{\min}}{2} \text{ 或 } \overline{T}=T_{\text{avg}} \tag{5.14}$$

式中：$T_{\max}$，$T_{\min}$ 和 T_{avg} 分别为流域参考高程处的日最高气温、日最低气温和日平均气温。各高程带平均高程处的度-日数修正值为：

$$\Delta T=\gamma \cdot (h_{st}-\overline{h}) \cdot \frac{1}{100} \tag{5.15}$$

式中：γ 是流域的温度递减率；h_{st} 是气象基站的海拔高度（即流域参考高程）；$\overline{h}$ 是高程分带的平均高程。

温度直减率关系到测站点的气温插值到平均高程的气温，进而影响每个分带积雪消融量的计算。如表 5.5 所示，玛纳斯河流域内气象站点海拔较低，且分布相对集中。利用低海拔气象站点气温及海拔间关系难以建立起反映整个流域气温变化的直减率公式。因此，本文中温度直减率的计算援引位于天山北坡的肯斯瓦特、大西沟、小渠子等站点的实测数据。同时，为了计算高程带 C 的平均气温，本文还引入了天山南坡东经 84.15°、北纬 43.03°、海拔 2 459.9 m 的巴音布鲁克气象站的日平均气温值。

基于融雪期这 4 个气象台站的日气温和海拔高度，利用公式（5.15）计算可得到站点之间的气温直减率，然后根据公式（5.16）可得到不同分带平均高程的气温直减率，如表 5.5 所示。

$$\gamma=\frac{100 \cdot \Delta T}{h_{st1}-h_{st2}} \tag{5.16}$$

式中：γ 为温度直减率；h_{st1}，h_{st2} 为站点海拔高度。

表 5.5　玛纳斯河流域各高程带温度梯度变化

高程带	高程带海拔高度 (m)	温度梯度（ΔT,℃）				代表台站	代表台站 海拔高度(m)
		3 月	4 月	5 月	6 月		
A	904～1 500	0.50	0.64	0.78	0.77	肯斯瓦特	900
B	1 500～2 700	0.55	0.65	0.75	0.77	小渠子	1 873
C	2 700～3 600	0.60	0.65	0.73	0.78	巴音布鲁克	2 460
D	3 600～5 172	0.64	0.65	0.70	0.72	大西沟	3 539

（2）降水量

新疆属于典型的干旱气候区，水汽来源主要是西风环流携带的西来水汽和北冰洋南下的水汽。山区降雨主要受地形抬升影响较大，分布极不均匀。玛纳斯河流域南高北低，按高程分带并结合流域地貌,依次为高山积雪区、高山草甸和亚高山草甸区、中山森林区及低山丘陵区。其中,高山积雪区山体陡峭且终年积雪,年降水量为 500～1 000 mm,60％以上的降水量集中于夏季,是河川径流的主要补给源;中山区层峦叠嶂,河谷纵横,积雪呈片状不连续分布,降雨充沛,植被发育,年平均气温为 2 ℃左右,年降水量 300～500 mm,6—8 月降水量占年降水量的 60％;低山丘陵区,植被以禾本科为主,积雪呈现瞬时、斑状、不连续分布,年降水量 200～450 mm。

　　为了确定各高程带日降水量,本文中高程带 A 为肯斯瓦特站实测日降水量,高程带 B,C,D 则依据流域降水等值线分布图插值得到(图 5.4、附彩图 5.4)。

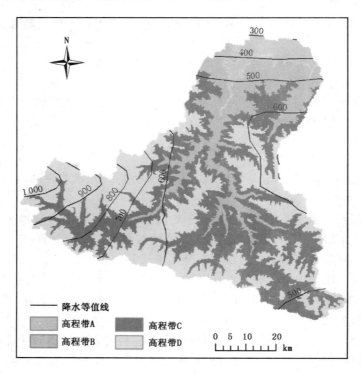

图 5.4　玛纳斯河流域降水等值线分布(单位:mm)

（3）积雪面积覆盖率

　　山区季节性积雪的典型特征表现为融雪期积雪不断消融和流域积雪覆盖率不断减小。SRM 模型以季节性积雪覆盖率作为重要输入,一般从积雪覆盖衰减曲线中获得,以融雪期间的降雪作为降水处理。因为高海拔地区瞬时性积雪对积雪面积覆盖率有影响,所以遥感影像上所得的积雪信息必须尽量排除瞬时性积雪的影响。

　　MOD10A2 影像为 MODIS 日积雪遥感数据 8 d 最大化合成得到,即 8 d 中如果有一天出现积雪,则该像元即被定义为积雪。如上文中分析,最大化合成在一定程度上排除了云对积雪覆盖的影响,但对于 SRM 等以日积雪覆盖率作为输入参数的融雪径流模型,以 MOD10A2 数据作为日积雪覆盖数据输入则会产生较大的误差,导致瞬时积雪被算入雪盖消融曲线,从而产生多余的融雪水量。

　　本文中研究区积雪覆盖率衰退曲线基于日积雪遥感数据 MOD10A1 数据制作。首先,通过第 3 章所述去云算法得到研究区无云日积雪图;其次,根据融雪期间的积雪图时间序列,若像元出现陆地,之后所有的积雪图像元都取为陆地,以达到去除临时降雪的目的;最后,在 ArcGIS 中将日积雪序列图与 DEM 叠加,计算得到各高程带日积雪覆盖率衰退曲线(图 5.5)。

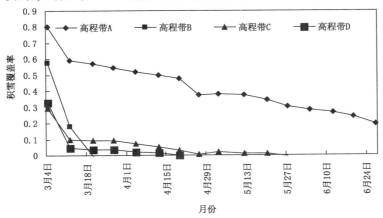

图 5.5 基于 MOD10A1 数据的玛纳斯河流域积雪消融曲线

5.1.4 融雪径流模拟

考虑到软件及硬件配置环境,本文选择 Windows 平台下 1.00.10 版本的 SRM 模型进行玛纳斯河流域 2007 年 3—6 月份融雪径流的模拟。该版本模型由其官方网站下载得到,其网址为 http://hydrolab.arsusda.gov/cgi-bin/srmhome(图 5.6)。

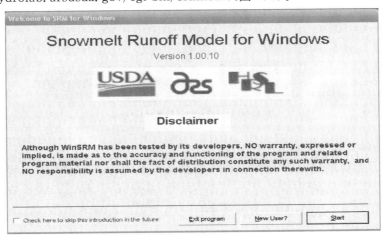

图 5.6 SRM 模型版本

按照 5.1.3 节计算的玛纳斯河流域特征参数,设定玛纳斯河流域融雪径流模拟的基本参数,如图 5.7 所示。参数设置完成后,SRM 模型通过后台运算产生相应的数据空间。

(1)SRM 模型变量输入

SRM 模型的输入变量包括日期($Date$)、日径流量($Runoff$)、日最高气温(T_{max})、日最低气温(T_{min})、日平均气温(T_{avg})、积雪面积覆盖率(Conventional Depletion Curves of Snow Coverage,CDC)、日降水量($Precip$)和太阳净辐射($NetRadiation$),如图 5.8。

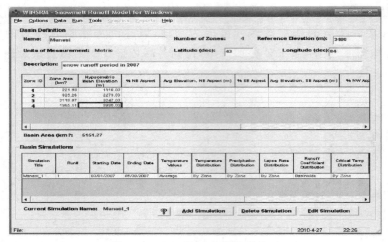

图 5.7　SRM 模型参数设置界面

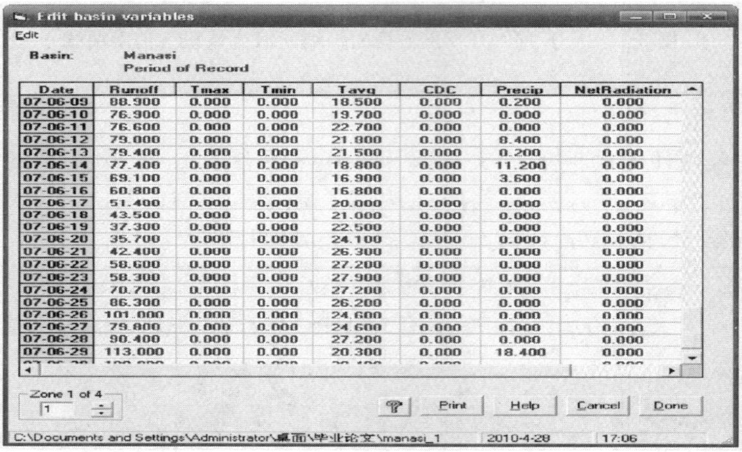

图 5.8　SRM 模型变量输入界面

（2）SRM 模型参数输入

SRM 模型的运行参数包括日期（$Date$）、气温直减率（$Temperature\ LapseRate$）、临界气温（$Tcrit$）、度日因子（AN）、滞时（$LagTime$）、降雨径流系数（Cr）、融雪径流系数（Cs）、降雨贡献面积（$Rain\ Contribute\ Area$，RCA）及流域退水速率计算时的退水系数 x（$Xcoeff$）和 y（$Ycoeff$），如图 5.9。

（3）模拟结果及精度计算

SRM 模型采用拟合优度系数 Nash-Sutcliffe（R^2）和体积差（D_v）两个参数对模拟结果的有效性进行评价。其中，R^2 是对模型拟合优度的度量，D_v 则是对实测径流量与模拟径流量的总体差异进行度量。其计算如公式（5.17）和（5.18）所示：

$$R^2 = 1 - \frac{\sum_{i=1}^{n}(Q_i - Q'_i)^2}{\sum_{i=1}^{n}(Q_i - \overline{Q})^2} \qquad (5.17)$$

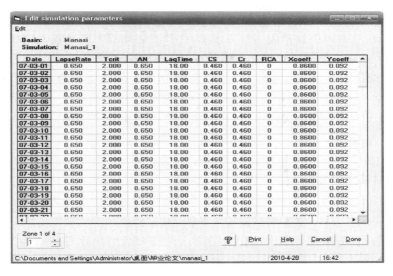

图 5.9　SRM 模型参数输入界面

式中：Q 为实测日径流量（m³/s）；Q'_i 为模拟日径流量（m³/s）；$\overline{Q}$ 为模拟时段内平均实测日径流量（m³/s）；n 为径流模拟的总日数。

$$D_v = \frac{V_R - V'_R}{V_R} \cdot 100 \tag{5.18}$$

式中：V_R 为实测径流量（m³/s）；V'_R 为模拟径流量（m³/s）。

R^2 越接近 1，D_v 越接近 0，表明模拟精度越高。

通过模型运算，可得 2007 年 3—6 月份玛纳斯河流域模拟径流量与实测径流量变化曲线，如图 5.10 所示。

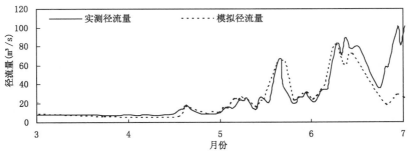

图 5.10　SRM 模型输出结果

从图 5.10 中可以看到：①3 月—4 月中旬，SRM 模型对径流量的模拟效果较差，模拟径流量明显低于实测径流量；②4 月中旬—6 月上旬，模拟径流量与实测径流量的拟合效果较好，其峰值基本一致；③6 月下旬以后，模拟值出现较大的误差，峰值位置与峰值大小均与实测径流量不符。

对比肯斯瓦特水文站实测气温、降水数据与流域积雪覆盖情况，分析可得，6 月中下旬，积雪消融已基本结束，此时已无融雪径流产生，流域径流量主要取决于流域降水量。按照肯斯瓦特水文站实测降水数据记录，6 月 14—28 日流域降水量均为 0 mm，6 月 29 日有少量降雨。这与实测径流量在 6 月 14 日后依然出现峰值的情况不符。这是因为,本文以肯斯瓦特水文站降水记录和流域降水分布等值线推测上游降水量,并作为各高程带降水输入数据,当肯斯瓦特水文站降水记录为 0 mm 时,流域整体降水量为 0 mm,模拟径流量受降水量的影响,迅速回到基流水平。但山区降水分布具有显著的区域性,海拔 900 m 的肯斯瓦特水文站降水量为 0 mm 时,并不能代表整个流域的降水量为 0 mm(流域中高山区年平均降水量大于低山丘陵区),这使模型变量的输入产生较大的误差,从而造成模型计算产生的径流量与实测径流量间的误差。

从总体精度来看,2007 年 3—6 月份,玛纳斯河流域融雪径流模拟得到的拟合优度 R^2 为 0.61,体积差 D_v 为 20.23%,能够反映融雪期径流变化的基本特征。将径流模拟结果与融雪期日平均气温、日降水量和融雪期积雪消融曲线对比分析发现,误差较大的日期多为降水发生的日期(肯斯瓦特水文站记录),说明本文在融雪径流模拟过程中选择的气温输入参数切实可行,具有较强的实用性;降水输入则存在较大的误差,主要原因为,降水具有明显的区域特征,本文以海拔 900 m 的肯斯瓦特水文站记录的降水数据和流域降水等值线为基础推测高海拔地区的降水量具有一定的不确定性。当肯斯瓦特水文站记录的降水数据为 0 mm 时,按照推理,流域整体降水量为 0 mm,这与山区实际的降水分布存在一定的误差。

为进一步说明 SRM 模型的适用性,本文将模拟结果出现较大误差的 6 月份剔除在外,则计算可得,模拟径流量与实测径流量的拟合优度 R^2 为 0.93,体积差 D_v 为 2.57%,能够满足应用需求。说明在该时间段内,本文选用的参数计算及变量输入方法合理有效,可以用于缺少气象、水文实测站点的玛纳斯河流域融雪径流模拟。

5.2 改进的 SRM 模型与应用

5.2.1 改进的模型介绍

针对以上 SRM 模型的不足,本文对其算法进行了修改,主要包括以下几个方面:

(1)融雪部分

平均气温不能反映实际的融雪情况,当平均气温低于 0 ℃ 而最高气温大于 0 ℃ 的时候仍可能会有融雪产生。本文假设气温高于 0 ℃ 即有融雪产生,同时引入日正积温作为融雪控制因子。积温的本来意义是某一时段内逐日平均气温之和。它是研究作物生长、发育对热量的要求和评价热量资源的一种指标,单位为℃·d。研究温度对作物生长、发育的影响,既要考虑到温度的强度,又要注意到温度的作用时间。Li 等(2002)曾经将积温用于土壤的结冻与解冻,假设土壤的结冻与解冻是逐日平均温度变化累积到一定程度的结果,分别用正积温和负积温作为控制条件,用该方法的模拟取得了非常好的结果。

假设一天中最高气温发生在 14:00,最低气温发生在 4:00,在融雪季节,一天中的气温变化可以概化成如图 5.11,正温度集中在正午。

白天的气温可用公式(5.19)进行描述:

$$T_a = (T_{mx} - T_{mn})\sin[(t-4) \cdot \pi/20] + T_{mn} \qquad (4 < t < 20) \qquad (5.19)$$

积雪则可以表达为:

$$TT = \int_X^Y T_a \qquad (5.20)$$

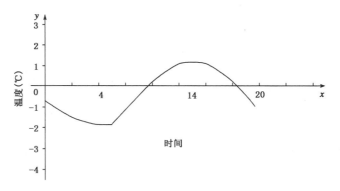

图 5.11　概化的日气温变化过程

该部分的融雪计算为：

$$SM_{1n} = a_n \cdot S_n \cdot \frac{1}{Z} \cdot TT \tag{5.21}$$

另外，在融雪的中后期，降水经常会以降雨的形式出现，而降雨本身就是一种热量输入，会引起融雪的发生，由降雨产生的融雪本文用下式计算：

$$SM_{2n} = \frac{1}{U} \cdot p \cdot T_A \tag{5.22}$$

由此融雪最终可以表达为：

$$SM = a_n \cdot S_n \cdot \frac{1}{Z} \cdot TT + \frac{1}{U} \cdot p \cdot T_A \tag{5.23}$$

式中：Z 和 U 是调节系数；T_A 代表日平均气温；TT 代表活动积温；其他参数与 SRM 模型中的意义相同。

（2）积雪消融曲线

SRM 模型要求输入积雪消融曲线，使其对于同步遥感数据的依赖性比较高，通常需要利用 MODIS 8 d 合成雪盖数据进行插值，而且需要剔除瞬时积雪的影响。对未来的积雪消融曲线它只能是根据目前的积雪消融状态进行推测，无法反映实际情况。事实上，雪盖的变化可以通过模型算法计算获取，而模型中的参数则通过遥感数据在流域中进行标定。该方法既可以充分利用遥感数据，又可以减少模型对遥感数据的依赖，而且能够反映雪盖长期实时的波动情况。本节根据雪盖与雪水当量的关系对 SRM 模型中的雪盖变量修改如下：

$$S_n = \frac{SW}{SW_{100}} \Big/ \Big[\frac{SW}{SW_{100}} + \exp \Big(COV_1 - COV_2 \cdot \frac{SW}{SW_{100}} \Big) \Big] \tag{5.24}$$

式中：S_n 为雪盖；SW 为雪水当量；SW_{100} 为雪盖 100% 时的雪水当量阈值；COV_1 与 COV_2 为系数。真实值的获取需要利用两组雪盖与雪水当量的点对，然后求解公式获取，一般采用 95% 雪盖时雪水当量阈值和 50% 雪盖时自定义的雪水当量阈值的百分比。

某日雪水当量的计算是通过其前一天的雪水当量与当日的降雪量，用公式（5.25）求得：

$$\begin{cases} SW_{n+1} = SW_n - SM_1 - SM_2 & (T_A > T_{crit}) \\ SW_{n+1} = SW_n + P - SM_1 & (T_A < T_{crit}) \end{cases} \tag{5.25}$$

式中：T_{crit} 为关键温度，可以判断降水是以降雪的形式还是以降雨的形式出现的。

SRM 核心公式则变成：

$$Q_{n+1} = \left[C_{Sn} \cdot \left(a_n \cdot S_n \cdot \frac{1}{Z} \int_X^Y T_a + \frac{1}{U} \cdot P \cdot T_A \right) + C_{Rn} P_n \right] \frac{A \cdot 10000}{86400} (1 - k_{n+1}) + Q_n k_{n+1}$$

$$(5.26)$$

　　改后的模型依然是半分布式的,允许分带操作;输入数据仅需要最高气温、最低气温、降水量;模型除了能模拟径流量之外,也能同时模拟并输出各分带雪盖的实时变化状况及雪水当量的实时变化;改后的模型通过 c♯ 开发实现,并将在下节中进行模拟测试。

5.2.2　逐日雪盖与径流量模拟

（1）模型的标定与模拟

　　为了详细地评价改后模型对积雪消融曲线与径流量的模拟效果,本文将流域重新分带,细化到 7 个分带,流域各分带面积-高程曲线如图 5.12。模型中的雪盖消融曲线部分需要率定参数:50% 雪盖时定义的雪水当量阈值的百分比,本文仍然采用 MODIS 的 8 d 雪盖产品数据作为标准。除了率定参数外,同时该数据也能反映积雪消融曲线模拟的模拟情况。

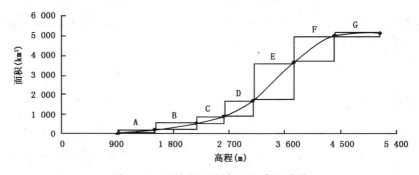

图 5.12　玛纳斯河流域面积-高程曲线

　　另外,改后的模型需要输入最高气温和最低气温,最高气温与最低气温的设置与 SWAT 模型模拟中的设置方法一样;模型减少了雪盖的输入,参数增加了 Z 和 U 两个,其敏感性将在下文分析;其他参数调节方式与 SRM 模型中的类似,不再详述。

　　模型模拟的 2005 年雪盖变化曲线与 MODIS 的 8 d 雪产品数据制作的雪盖消融曲线对比如图 5.13。

　　对积雪消融曲线的评价主要在 C,D,E,F 四个分带进行。一方面是因为 G 分带主要是冰川,变化不大,另外对模拟冰川变化而言,模型过于简单,事实上 G 分带本身占流域面积的比例也不大;而 A,B 分带积雪非常少,且基本上没有长期积雪,MODIS 雪像元由于分辨率比较低,在积雪较少的情况下由于混合像元的影响,估计的雪盖值可能会过高。从对 C,D,E,F 四个分带模拟积雪消融曲线与实测消融曲线的对比来看,模拟的雪盖变化基本能捕捉到实际的积雪消融规律,说明该算法是可行的。但同时在本流域的模拟也存在一定的问题,积雪累积与消融在时间上存在一定的后错现象,而且随着海拔的升高该问题更加明显。主要原因可能是气温数据输入的精度不够,因为站点稀少,对分带温度数据进行调节的同时引入了误差;同时,位于较低海拔的分带距离气象站比较近,调节后的气象数据与其他高海拔的分带相比,对分带的实际情况更具有代表性,也使得低海拔分带雪盖曲线模拟效果更好一些。另一方面可能的原因是风吹雪导致积雪空间分布发生了变化。

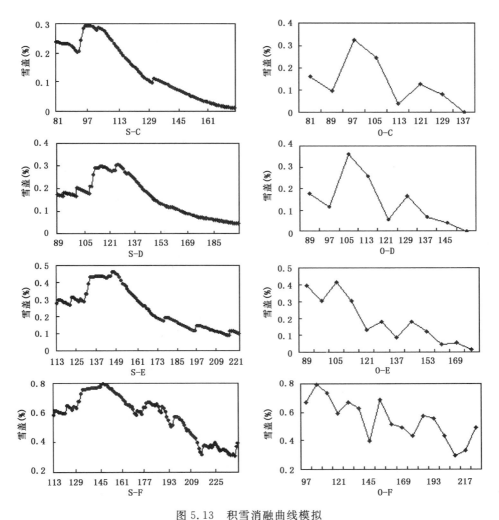

图 5.13　积雪消融曲线模拟

S-C,S-D,S-E,S-F 为模拟的积雪消融曲线;O-C,O-D,O-E,O-F 为利用 MOD10A2 获取的积雪消融曲线

　　2005 年模型率定期模拟的融雪径流过程如图 5.14,可以看出模拟的水文过程线基本能反映出流域实际流量变化情况,全年间的拟合优度系数(R^2)达到 0.826,对于融雪期间(4—5 月份)的模拟精度达到 0.905。2006 年作为模拟的评价期,模拟的水文过程如图 5.15,R^2 为 0.818。总体而言,与 SRM 相比,改后的模型除了能描述雪盖消融之外,对融雪径流的模拟精度也有明显的提高。

(2)参数的敏感性

　　本文测试了新增加的参数 Z 和 U 的敏感性,结果见表 5.6。参数 U 的敏感性分析结果表明,降雨对融雪季节的径流量变化存在较为一定的影响,即加入降雨引起的积雪消融部分能够提高融雪径流的模拟效果。积温调节参数 Z 对融雪期间的径流量影响则非常明显,该参数的调节对模拟精度起到很关键的作用。另外,关键温度对全年径流量变化的影响也比较大。

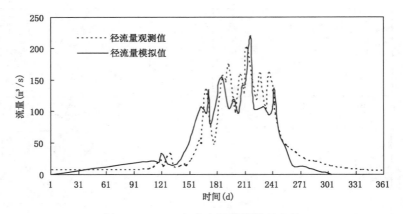

图 5.14　2005 年率定期模拟的径流量

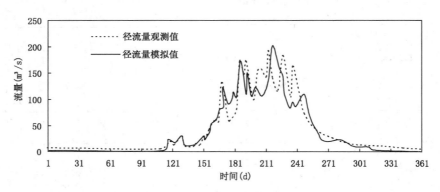

图 5.15　2006 年评价期模拟的径流量

表 5.6　模型关键参数的敏感性分析　　　　　　　　　　　　　单位：%

	T_{crit}		Z		U	
	+10%	−10%	+10%	−10%	+10%	−10%
4—5 月融雪	−0.5	13.1	−6.4	7.5	−0.8	0.9
年均流量	−0.8	0.9	−1.6	1.6	−0.07	0.1
拟合优度系数	−0.6	−1.3	−1.5	−0.8	−0.18	−0.21

（3）雪水当量部分

模型中的雪盖是通过其与雪水当量的复杂关系获取的，实际上模型能更直接地模拟雪水当量的变化状况。准确的气温降雨数据输入以及合理的关键温度值是影响雪水当量模拟精度的关键问题。图 5.16 描述了 2005 年模拟的雪水当量变化，由于在玛纳斯河流域中没进行过实测实验，因此目前无法对其进行直接验证。通过径流量的模拟效果推断雪水当量的模拟值是有效的，当然也可能是因为融雪径流系数起到的补偿作用，使得雪水当量的模拟值有误差而径流量的模拟精度仍比较高。事实上，在气象资料比较丰富的流域，该问题就大大减少了。

（4）改进的模型总结

与 SRM 模型相比，修改后的模型在玛纳斯河流域中的应用表现出更高的精度，表明积温的引入能够更好地反映融雪径流的变化；另外加入积雪消融模拟算法后，只需要通过遥感雪盖

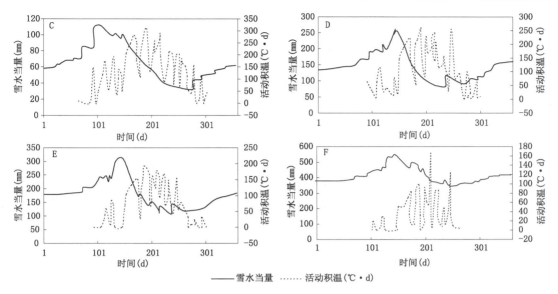

图 5.16　模拟的 2005 年的雪水当量与日活动积温

数据率定某特定流域的一个与雪盖相关的参数,减少了模型对遥感实时数据输入的依赖;应用 MODIS 监测的积雪消融变化曲线作为真实值对模拟的雪盖变化进行验证,发现模型对雪盖变化曲线的模拟基本能反映实际的消融情况,个别分带积雪累积消融在时间上存在一定的后移现象,主要的原因是流域资料短缺,对各分带气温数据的处理方式引入了误差,模型还有待于在资料比较多的流域进行进一步的验证。总体而言,模型在玛纳斯河流域对融雪及径流量的模拟都达到了比较好的效果。模型中的降雨径流系数和融雪径流系数对降雨量数据误差起到很好的补偿作用,使其对径流量的模拟精度高于对雪水当量的模拟精度。修改后的模型不依赖于输入的积雪消融曲线,使其能够很好地进行长序列的模拟。

5.2.3　流域融雪模拟中的问题

在湿润地区,大多数水文模型的模拟效果都比较好;而在西北干旱地区,由于可获取的资料的限制,模型的选择是优先要考虑的问题,通常对输入数据的要求越高,模型的模拟精度越差。基于能量平衡的融雪模型通常输入的项目比较多,时间分辨率比较高,在缺资料流域其应用受到很大限制;而全分布式模型对空间分辨率比较高,也不适用于玛纳斯河流域。

本节选用了半分布式物理模型 SRM,SRM 模型基于简单的统计计算,融雪径流系数与降雨径流系数的存在能够很好地补偿降水数据精度低的问题,较为适合干旱区资料比较缺乏的流域。

在融雪模块的描述上,SRM 模型是基于统计理论,对遥感数据的依赖性比较高,该模型将遥感获取的雪盖数据作为输入,利用度-日因子和平均气温计算融雪量。根据 SRM 的理论,在融雪的初期,根据平均气温判断融雪可能尚未开始,而中午温度比较高的情况下融雪已经发生了。事实上气温在一天内变化很大,一天内的融雪变化也比较大,采用的平均气温无法反映一天中的融雪状况。

第6章　不同气候情景下的流域水资源 变化趋势预测

气候变化已经影响到水文系统的循环,并通过水文系统循环的改变,影响到其他系统和行业。如何提高在气候变化对流域水资源的影响及不确定性方面的认识,使人类选择更加合适的技术手段和政策措施以应对气候变化的负面影响变得极为重要。目前,以全球环流模式GCMs 输出的气候数据结合水文模型是进行流域未来水文情势研究比较受欢迎的方法。一方面 GCMs 分辨率达不到区域化的精度,对径流等的模拟结果很难用到流域尺度上;另一方面,GCMs 对气温、降雨等的模拟精度要比对径流及蒸散量的模拟精度要高得多,对模拟的气候数据进行降尺度,然后驱动水文模型可以提高模拟精度。由于气候情景与 GCMs 都有不确定性,本章将利用多种气候系统模式及多种排放情景,结合融雪模型来详细分析玛纳斯河流域未来雪盖可能的变化趋势,以及对融雪径流情势和水资源的影响,并讨论其不确定性。

本章主要结合气候情景数据,模拟了三种模式结合三种情景下的 2030 年与 2040 年的雪盖累积消融趋势、逐日水文过程、月径流分配变化,同时也模拟了未来 20 a 流域的水资源量的变化情况。由于改进的模型算法缺乏时间优化,模拟长时间序列的水文过程耗时比较长,本文仅利用了 inmcm 模式在三种情景下的气候数据模拟了未来 2020—2040 年的水资源量的变化情况,主要是因为几种模式中 inmcm 输出的气候数据有效性最高。

6.1　气候情景与气候变化模拟模式

6.1.1　气候情景

观测到的过去 50 a 全球平均气温的升高,在很大程度上是由于人类活动所排放的温室气体浓度增加导致的。人类社会经济发展路径、政府政策干预程度及人类自身对环境意识的改变,都会对未来温室气体排放量产生影响,从而进一步影响到未来气候变化。IPCC 组织各国专家在对未来社会经济可能发展途径做出一定假设的基础上,定量估计了未来温室气体的排放情景,这些数据涉及未来社会、经济、技术等多方面。2000 年 IPCC 第三次评估报告公布了《排放情景特别报告》(Special Report on Emissions Scenarios,SRES),发布了一系列的排放情景。SRES 排放情景是指 IPCC《排放情景特别报告》中,在对已有温室气体排放情景进行分析的基础上设计的 4 种未来全球发展模型。主要分为 4 个情景"家族",包含 6 组温室气体排放参考情景(图 6.1,附彩图 6.1),其中 A1 和 A2 强调经济发展,但在经济和社会发展程度上有所不同;B1 和 B2 强调可持续发展,但在有关发展程度上同样存在不同。

A1:高经济发展情景。在这种发展情景下,世界经济得到充分发展,人口得到较好控制。发展中国家的经济得到快速发展,在这种情景下,又设立了 3 组子情景:

化石燃料情景——A1F1;

技术发展情景——A1T;

能源种类平衡发展情景——A1B。

A2:国内或区域资源情景。这是一个高经济增长情景。经济发展主要依赖于国内或区域资源,人口持续增长及区域化的资源利用导致能源供应依赖于能源资源的分布。

B1:全球可持续发展情景。该情景仍然是一个高经济发展情景。其主要特点是:假定世界各国对环境保护达成共识,走向可持续发展道路,则到 2100 年,发展中国家人均国民生产总值约为发达国家的一半。人口的发展与高经济发展情景一样。

B2:区域可持续发展情景。同 B1 类似,但强调区域的发展。在该情景下,世界体现出区域化倾向,同时环境问题又得到很好的认识,在各区域内实现可持续发展的目标。人口增长处于中间水平。

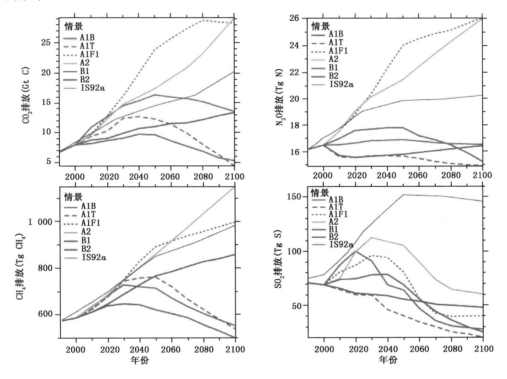

图 6.1　6 个 SRES 情景 A1B,A2,B1,B2,A1F1,A1T 中,各种气体排放量的对比

(摘自 IPCC《排放情景特别报告》)

6.1.2　气候变化模拟模式

全球气候模式(GCM)是描述大气、海洋、冰冻圈和陆地表面物理过程的模型,广泛地用于气候预测、气候变化研究中。根据气候模式复杂程度的不同,可分为简单气候模式、耦合气候系统模式及中等复杂程度的地球系统模式。耦合气候系统模式包括了发展成熟的大气模式、海洋模式、陆面模式,甚至包括海冰和碳循环等模块,并用以研究包括海洋状况、冰雪过程、土壤温湿度等在内的气候系统变化规律,是目前研究大气、海洋及陆地之间复杂相互作用的主要

工具。现阶段气候变化的预估研究均是根据不同的排放情景,借助现有的不同复杂程度的地球气候模式来模拟未来气候变化。

利用全球气候模式(GCM)预估大尺度上全球气候变化,是目前最重要也是最可行的方法,能很好地模拟出大尺度上重要的平均特征,但目前 GCM 输出的空间分辨率一般在 250~600 km 之间,无法实现对区域地形特征和陆面物理过程的详细表述,因此不能对区域气候情景做精确的预测。对 GCM 输出的气候情景进行降尺度处理是解决该问题的通用方法。目前应用的降尺度法主要有:动力降尺度法、统计降尺度法。

(1)动力降尺度法

动力降尺度法就是利用大尺度的气候模式 GCM 耦合区域气候模式 RCM(Regional Climate Model)来预估区域未来气候变化情景(Giorgi 等 1991,McGregor 1997)。它的优点就是物理意义明确,能应用于任何地方而不受观测资料的影响,也可应用于不同的分辨率;缺点是计算量大、费机时,在现有条件下不可能无限制地提高其空间分辨率,且有可能引入新的误差。

(2)统计降尺度法

统计降尺度法利用大尺度气候预报因子与区域气候预报变量间的统计关系,将大尺度信息降到站点尺度上(Wilby 1997,2000)。事实上统计降尺度法假设了大尺度气候场和区域气候要素场之间具有显著的统计关系,并且在变化的气候情景下,建立的统计关系仍然是有效的。它的优点是计算量相当小,节省机时。

6.1.3　模拟效果评价

当前很多的气候模式研究中心都发布了自己的研究模式,不同的模式输出的结果都存在着很大的差异,在应用气候模式输出的气候变化数据之前,一般需要对其模拟效果进行评价。以往的评价一般通过均方根误差和偏差等方法。

由于本节在应用气候情景数据时首先要将其降尺度处理,然后对水文模型进行驱动,结合前面的统计降尺度方法可以看出,数据序列的相关程度更能反映出选用气候模式输出在未来水文过程模拟中的有效性。假设模式模拟输出的数据序列为 X,观测站点的数据序列为 Y,根据相关性方法对模式输出的数据进行评价。本文采用 Pearson 分析方法进行评价。

6.2　流域气象数据预处理

6.2.1　数据集选择

鉴于地球气候系统的复杂性,现阶段人类对其的理解有限,因此国际上现有的各种不同复杂程度的气候模式本身亦存在着较大的不确定性;与此同时,现阶段对未来社会发展和排放情景的估计也并不准确,从而使得对未来气候变化趋势的估计存有着较大的不确定性,尤其是区域气候变化的情景及其预估中的不确定性更大。组合多种情景与气候模式进行流域水文过程模拟,确定未来水资源变化的不确定性范围对流域而言将有更大的实际意义。

目前大部分 GCMs 模型都考虑了 A2,B1,A1B 三种情景,其中 A1B 情景是众多估计中比较可能的情景。本文选用了美国国家大气研究中心模式(National Center for Atmospheric Research,NCAR)、澳大利亚气候研究中心模式(Commonwealth Scientific and Industrial Research Organization，CSIRO)与俄罗斯数值模拟研究中心模式(Institute of Numerical Mathematics Climate Model，INMCM)三种模式,应用了三种模式在三种不同情景下模拟的气候变化数据,主要包括 2000—2040 年的逐日降雨数据、最高气温与最低气温数据。

6.2.2　模拟气候数据有效性检验

根据流域内气象站的位置,提取 GCM 相应格网的气候输出数据,2000—2010 年的月平均最高气温和最低气温变化趋势分别见图 6.2(附彩图 6.2)和图 6.3(附彩图 6.3),模式输出的各月气温变化基本都能很好地反映实际的气温变化规律。

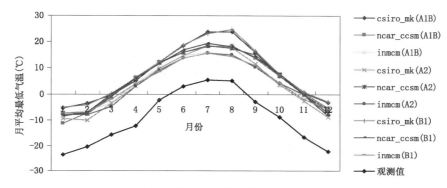

图 6.2　2000—2010 年各种模式与情景组合下月平均最低气温变化趋势

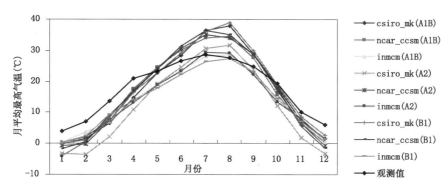

图 6.3　2000—2010 年各种模式与情景组合下月平均最高气温变化趋势

本节利用 2000—2010 年的模式输出数据序列对其应用于气候变化对水文影响模拟的有效性进行验证,评价方法是上文提到的相关性分析方法。首先对各种模式结合不同种情景模拟输出的月数据与站点数据做相关分析,然后分别平均到年尺度,最终的评价结果见图 6.4(附彩图 6.4)。

根据评价结果,在三种模式中,inmcm 模式输出的气候数据与站点数据的相关程度最高,在各种情景下,该模式在径流模拟应用中的有效性也将是最高的。

6.2.3　气候情景数据降尺度处理

本节采用统计降尺度法将各模式模拟的未来气候情景下的气温、降水格网数据降到站点尺度上。

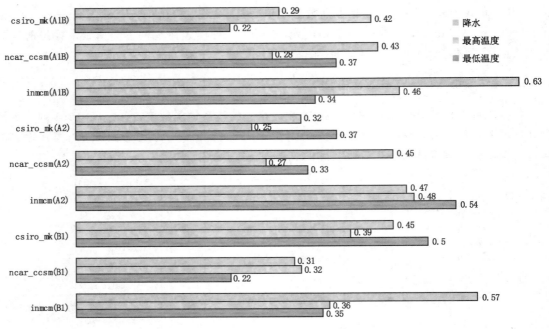

图 6.4　气候模式输出数据的有效性评价结果

对于最高温度、最低温度数据,降尺度采用以下公式:

$$T_{未来站点日数据} = T_{未来模拟日数据} + (T_{历史站点月数据} - T_{历史模拟月数据}) \tag{6.1}$$

即对每个月的日气温数据的降尺度都是基于该月增量因子进行调整,该增量因子则是通过该月历史观测值与模拟数据比较获取的。

对于降水数据,降尺度采用如下公式:

$$P_{未来站点日数据} = P_{未来模拟日数据} \cdot (P_{历史站点月数据} / P_{历史模拟月数据}) \tag{6.2}$$

即未来某个月的日降水数据的降尺度是通过比值因子进行调整,该比值因子即历史站点月数据与历史模拟月数据的比值。

6.3　不同气候情景下雪盖及径流过程模拟

利用改进的 SRM 模型及前文中率定的模型参数,基于三种气候情景三种气候模式输出数据的降尺度处理,本节模拟了 2030 年玛纳斯河流域的积雪消融变化与径流变化的过程。

6.3.1　2030 年雪盖与水文过程模拟

(1)2030 年气候变化

事实上,不同模式结合不同情景预估的未来 2020—2040 年气候变化程度有明显的差异。表 6.1 统计了 2030 年气温、降水相对于 2000—2010 年的变化情况:A1B 情景下气温升高幅度最大,降水量变化不大;B1 情景下气温增幅最小;A2 情景下三种模式预估结果一致表明降水有明显的增加。

表 6.1　2030 年气温、降水相对于 2000—2010 年的变化情况

	csiro_mk (A1B)	ncar_ccsm (A1B)	inmcm (A1B)	csiro_mk (A2)	ncar_ccsm (A2)	inmcm (A2)	csiro_mk (B1)	ncar_ccsm (B1)	inmcm (B1)
年降水量(mm)	0.82	1.06	0.99	1.01	1.13	1.17	1.19	0.83	1.08
最高气温变化(℃)	2.36	1.79	0.83	2.05	0.79	1.11	0.53	0.91	0.52
最低气温变化(℃)	1.58	1.81	1.54	1.54	1.34	2.30	1.04	0.52	−0.36

（2）2030 年雪盖变化模拟

图 6.5～图 6.8 列出了模拟的各种情景下 2030 年各分带积雪消融曲线和模拟的 2005 年各分带的积雪消融曲线。模拟的 2030 年的积雪消融变化趋势基本上是一致的,与 2005 年相比反映出消融期提前,而在消融阶段,融化速率加快;但是 B1 情景下 csiro_mk 模式数据驱动的模型输出的雪盖变化曲线中,8 月份雪盖出现累积的过程,主要原因是模式没有很好地模拟出 2030 年 8 月份气温的变化过程。

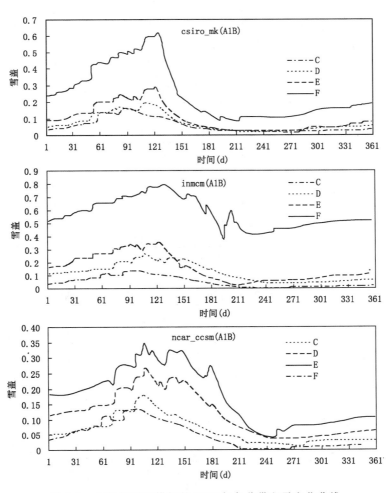

图 6.5　A1B 情景下模拟的 2030 年各分带积雪变化曲线

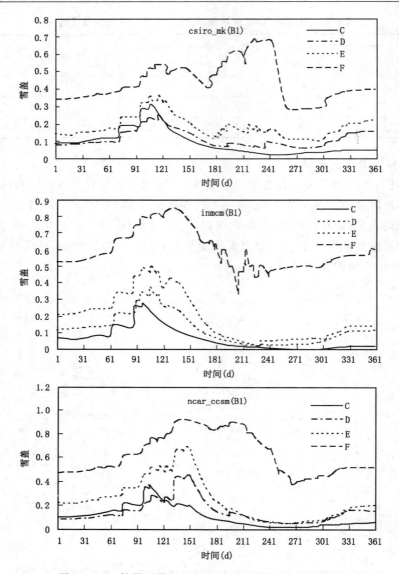

图 6.6　B1 情景下模拟的 2030 年各分带积雪变化曲线

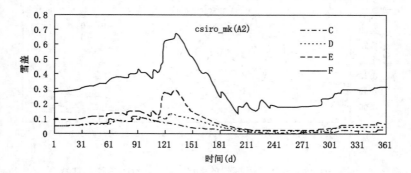

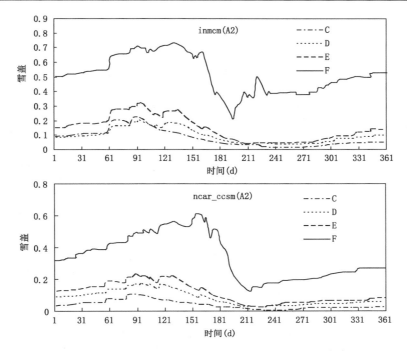

图 6.7　A2 情景下模拟的 2030 年各分带积雪变化曲线

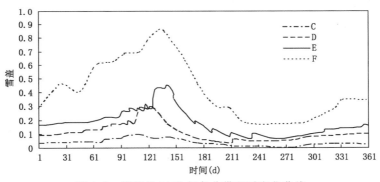

图 6.8　模拟的 2005 年各分带积雪变化曲线

　　表 6.2 对比了各种模式下的雪盖变化情况:B1 情景下利用各种模式数据模拟的最大雪盖和最小雪盖的值都比较大,另外两种情景下差别较小。

　　由于未来气候条件仍是不确定的问题,且不同模式不同情景输出的气候数据本身的差异就比较大,因此本节利用三种模式结合三种情景的输出数据模拟的玛纳斯河流域 2030 年各分带积雪的变化也就产生了不确定性的范围。利用 B1 情景下各种不同模式的数据模拟的流域积雪覆盖率都比其余两种情景下的积雪覆盖率高;而 A2 情景下模拟的积雪覆盖率是最低的。不同情景下模拟的最大雪盖不确定性范围如下:

　　C 带:海拔 2 181～2 610 m,最大雪盖 0.10～0.33;

　　D 带:海拔 2 611～3 082 m,最大雪盖 0.12～0.45;

　　E 带:海拔 3 083～3 748 m,最大雪盖 0.22～0.67;

　　F 带:海拔 3 749～4 400 m,最大雪盖 0.61～0.91。

表 6.2 2030 年雪盖变化

	最大雪盖 (C/D/E/F 分带)	最小雪盖 (C/D/E/F 分带)
csiro_mk(A1B)	0.14/0.18/0.27/0.62	0.01/0.01/0.02/0.08
csiro_mk(A2)	0.11/0.12/0.24/0.67	0.01/0.02/0.02/0.14
csiro_mk(B1)	0.22/0.30/0.34/0.67	0.02/0.05/0.10/0.27
inmcm(A1B)	0.14/0.23/0.33/0.78	0.00/0.02/0.04/0.38
inmcm(A2)	0.18/0.21/0.31/0.72	0.01/0.02/0.04/0.20
inmcm(B1)	0.29/0.35/0.48/0.84	0.01/0.03/0.03/0.31
ncar_ccsm(A1B)	0.14/0.24/0.33/0.78	0.01/0.03/0.06/0.21
ncar_ccsm(A2)	0.10/0.17/0.22/0.60	0.01/0.02/0.03/0.14
ncar_ccsm(B1)	0.33/0.45/0.67/0.91	0.02/0.05/0.05/0.38
2005 年模拟值	0.11/0.33/0.45/0.79	0.01/0.02/0.07/0.31

　　结合上一节中对模式数据的有效性做出的评价,各种情景下利用 inmcm 模式数据模拟的雪盖曲线都将是未来最可能出现的结果。另外,积雪累计消融时间也发生了明显的变化,除了个别模式和情景的结合,大部分情况下这种变化趋势基本上是一致的,最大雪盖出现时间大概提前了 20 d 左右,而最小雪盖出现时间则提前了 30 d 左右。

　　(3)2030 年逐日径流变化模拟

　　模拟的各种情景下 2030 年流域径流量变化情况如图 6.9～图 6.11,由于不同的模式对气温和降水数据模拟的差异比较大,因此模拟的径流量差异也非常明显。与另外两种情景相比,A1B 情景下径流量更多,同时 A1B 情景与 A2 情景下融雪径流有明显提前;三种气候模式中,inmcm 模式基于各种情景输出的气候数据模拟的总径流量都是最高的,csiro_mk 模式次之,最后是 ncar_ccsm 模式。

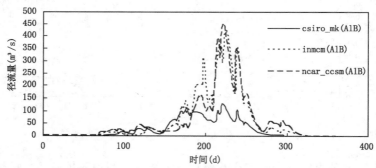

图 6.9　基于 A1B 情景下各模式数据模拟的 2030 年流域径流量曲线

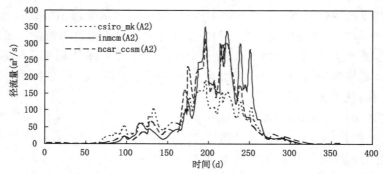

图 6.10　基于 A2 情景下各模式数据模拟的 2030 年流域径流量曲线

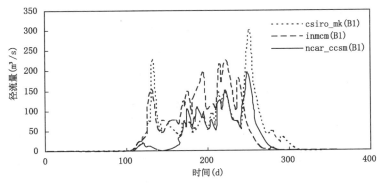

图 6.11　基于 B1 情景下各模式数据模拟的 2030 年流域径流量曲线

图 6.12～图 6.14 统计了 2030 年三种模式结合三种情景共 9 种情况下各月径流量相对于 2005 年的变化情况,所有情景都一致表明:3 月份径流出现增加的趋势,其中尤其以 A1B 情景和 A2 情景下的比值增幅比较大,径流量达到 2005 年的 6 倍以上;同时 7 种情况下,10 月份的径流量都是呈现出增加的趋势。根据第 3 章中的研究,这两个月的径流变化都跟积雪关系密切,气温升高之后,降雪期推后,导致 10 月份降水量占年降水量比例增加,径流量增加;另外温度升高也导致融雪期提前,因此 3 月份径流会呈现出大幅增加趋势。另外除了 inmcm(B1)外,其余 8 种情况一致表明,夏季(6—8 月)径流量出现下降的趋势,一方面可能是由于降水比例发生了变化,另一方面的原因则可以从模拟的雪盖消融曲线看出,2005 年 F 分带积雪从 7 月开始进入快速消融期,而 2030 年快速消融期提前了一个多月,即融雪径流在夏季也减少了。

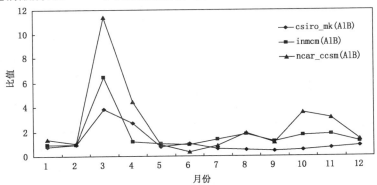

图 6.12　A1B 情景下模拟的 2030 年月径流相对于 2005 年模拟值的比值变化

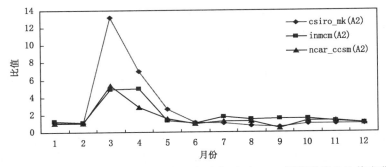

图 6.13　A2 情景下模拟的 2030 年月径流相对于 2005 年模拟值的比值变化

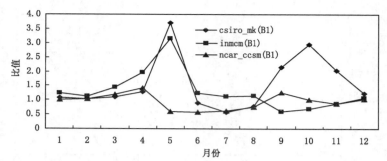

图 6.14　B1 情景下模拟的 2030 年月径流相对于 2005 年模拟值的比值变化

6.3.2　2040 年雪盖及水文过程模拟

（1）2040 年气候变化

2040 年的气温、降水相对于 2000—2010 年的变化情况如表 6.3，由表 6.3 可以看出：A1B 情景下气温升高幅度最大，降水量增加幅度也最大；B1 情景下 csiro_mk 和 ncar_ccsm 两种模式模拟的气温都出现下降趋势。与 2030 年相比，所有模式模拟的 2040 年气温值都有所下降，但降水没有表现出一致的变化趋势。

表 6.3　2040 年气温、降水相对于 2000—2010 年的变化情况

	csiro_mk （A1B）	ncar_ccsm （A1B）	inmcm （A1B）	csiro_mk （A2）	ncar_ccsm （A2）	inmcm （A2）	csiro_mk （B1）	ncar_ccsm （B1）	inmcm （B1）
年降水量变幅（%）	1.15	0.96	1.21	0.93	1.05	0.89	1.05	1.25	1.08
最高气温变化（℃）	1.25	0.30	1.76	0.71	1.76	1.15	−1.85	−0.77	1.66
最低气温变化（℃）	1.58	0.54	1.39	−0.15	1.86	0.83	−1.87	−0.27	1.55

（2）2040 年逐日雪盖变化模拟

图 6.15～图 6.17 显示了各种情景下模拟的 2040 年各分带积雪消融曲线。由于不同情景不同模式下输出的 2040 年气温差异很大，模拟的 2040 年的积雪消融变化趋势差异也比较大，尤其是积雪消融开始时间差异非常明显。与另两种情景相比，B1 情景下模拟的雪盖消融推后日数最长，最大雪盖值也是三种情景下最大的；而 A2 情景下模拟的积雪覆盖率则是最小的。不同情景下模拟的 2040 年最大雪盖不确定性范围如下：

C 带：海拔 2 181～2 610 m，最大雪盖 0.05～0.15；

D 带：海拔 2 611～3 082 m，最大雪盖 0.13～0.42；

E 带：海拔 3 083～3 748 m，最大雪盖 0.25～0.62；

F 带：海拔 3 749～4 400 m，最大雪盖 0.61～0.87。

与 2030 年相比，雪盖不确定性范围有所减小，融雪开始时间有所推后，融雪结束时间也相应地向后移。

（3）2040 年逐日径流变化模拟

模拟的各种情景下 2040 年流域径流量变化情况如图 6.18～图 6.20，由于不同的模式对气温和降水数据模拟的差异比较大，因此模拟的径流量差异也非常明显。与另外两种情景相比，A1B 情景下径流量明显要丰富。

与 2030 年相比,各种情景下融雪径流峰值出现时间都有后移。

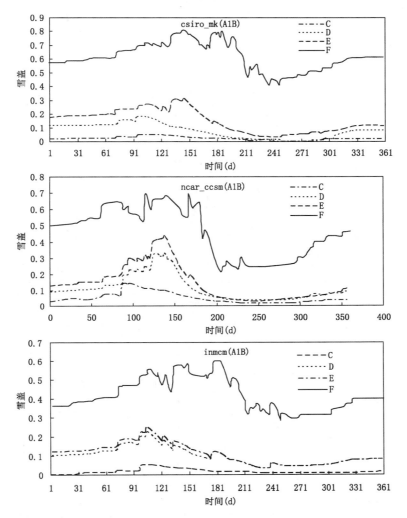

图 6.15　A1B 情景下模拟的 2040 年各分带积雪变化曲线

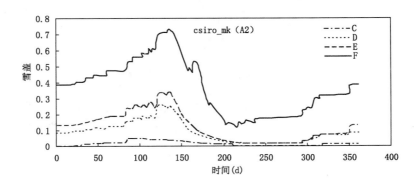

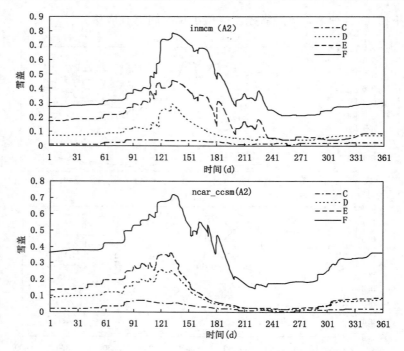

图 6.16　A2 情景下模拟的 2040 年各分带积雪变化曲线

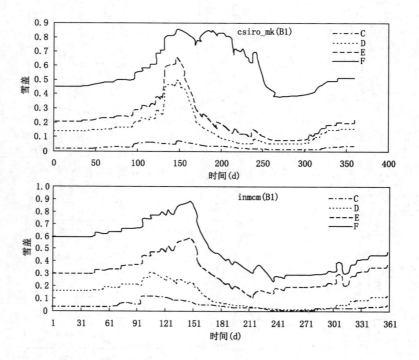

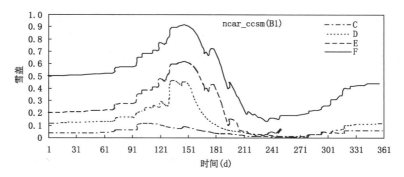

图 6.17 B1 情景下模拟的 2040 年各分带积雪变化曲线

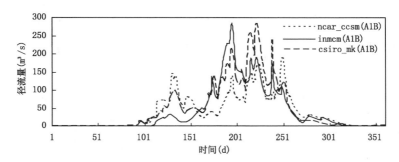

图 6.18 基于 A1B 情景下各模式数据模拟的 2040 年流域径流量变化曲线

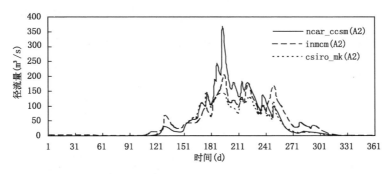

图 6.19 基于 A2 情景下各模式数据模拟的 2040 年流域径流量变化曲线

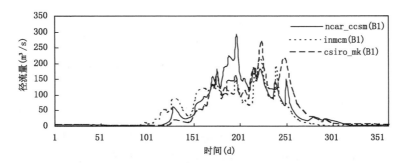

图 6.20 基于 B1 情景下各模式数据模拟的 2040 年流域径流量曲线

2040 年各月径流量的重新分配如图 6.21～图 6.23。相对于 2005 年而言，A2 情景下和 B1 情景下模拟的 2040 年各月径流量与 2005 年相比变化不大，个别模式显示冬季径流有所增加。而 A1B 情景下有两种模式的模拟结果都显示 4 月份径流量增加明显。

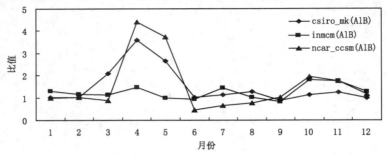

图 6.21　A1B 情景下模拟的 2040 年月径流量相对于 2005 年模拟值的比值变化

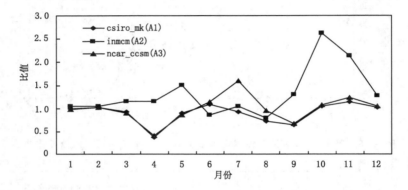

图 6.22　A2 情景下模拟的 2040 年月径流量相对于 2005 年模拟值的比值变化

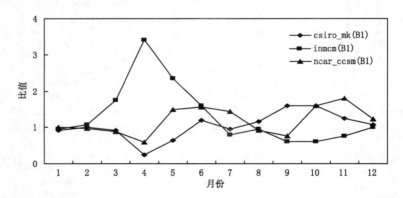

图 6.23　B1 情景下模拟的 2040 年月径流量相对于 2005 年模拟值的比值变化

6.3.3　2020—2040 年流域水资源量变化趋势

未来气候条件下流域水资源量的变化趋势是水文模拟工作中有重要意义的内容，准确地估计未来水资源量，了解未来是否有足够的水资源对于分配利用水资源有重要的作用。本节利用 2020—2040 年 inmcm 模式各种情景下输出的逐日气温、降水数据，模拟了未来连续 20 a

逐日径流量,统计得到年径流量变化如图 6.24 和表 6.4。

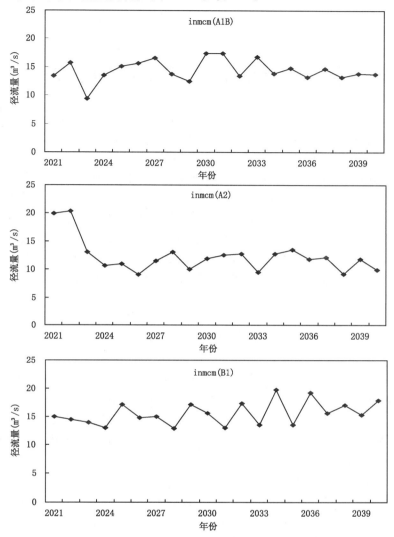

图 6.24　模拟的流域 2020—2040 年的水资源量变化

表 6.4　2020—2040 年年平均降水量及径流量相对于 2005 年的变化

名称	inmcm(A1B)	inmcm(A2)	inmcm(B1)
年平均降水量变化(%)	1.10	1.13	1.77
年平均径流量变化(%)	1.07	0.93	1.18

从模拟结果来看(表 6.4),B1 情景下 2020—2040 年玛纳斯河流域水资源量是最为丰富的,其次是 A1B 情景,A2 情景下流域水资源量最少。总体而言,模拟的 2020—2040 年中流域年内水资源量的波动范围在 10 亿～20 亿 m^3 之间,B1 情景下年平均径流量为 15.8 亿 m^3,A1B 情景下年平均径流量为 14.3 亿 m^3,A2 情景下年平均径流量为 12.43 亿 m^3,三种情景下模拟的 2020—2040 年年平均径流量均高于目前的平均水平 12.4 亿 m^3。

第 7 章　流域水文灾害模拟与评估

近年来,随着全国水利信息化工作的持续深入,为洪水灾害损失评估系统的研究和实现提供了更好的软硬件环境支持(王志坚 等 2001)。但是,由于我国对洪水灾害评估的研究起步比较晚,同时由于洪水灾害本身具有的时空复杂性、不确定性等特点,再加上用于灾害损失研究的基础资料太薄弱,我国对洪水灾害损失评估处于比较初步的阶段,目前还没有一种评估方法和评估模型被普遍采用和推广,存在洪水灾害评估计算模型不实用、不适用的问题(张成才 等 2005)。因此,根据防灾减灾的实际需要,在利用遥感、地理信息系统和计算机技术的基础上,研究如何建立实用、适用的洪水评估系统,以便迅速、全面地收集和处理水情、水工和灾情信息,实现科学预测和评估洪灾损失,对防洪减灾决策和减少社会损失具有十分重大的理论和实际意义。

7.1　洪水灾害评估研究进展

自 20 世纪 90 年代以来,快速发展的遥感(Remote Sensing,RS)和地理信息系统(Geographic Information System,GIS)等空间信息技术在洪水灾害评估和风险分析领域得到了广泛的应用,使得洪灾评估从传统的统计手段向更加准确和科学的手段转变。

美国突发事件管理委员会(Federal Emergency Management Agency, FEMA)已把 GIS 技术用于淹没灾害管理,灾害期间可以辅助预测洪灾危害,灾后可以辅助政府部门和保险公司进行损失评估和灾后重建(王艳艳 等 2001)。遥感技术也是近十几年来洪水灾害监测及损失评估研究中最重要也是最常见的方法。洪灾遥感监测与损失风险评价在 RS 和 GIS 技术平台的支撑下将数据库与模型库集成,通过强大的数据处理和分析能力,快速、及时地提供洪水淹没范围并进行灾害损失估算(赵雪莲 等 2003)。

另外,我国先后在一些流域,利用 RS 和 GIS 在洪水监测评估方面进行了很多的运用。如对 1981 年东北三江平原大水、1984 年合肥大水、1985 年辽河大水等的监测都通过气象卫星取得了很好的应用效果(王艳艳 等 2001)。近几年,李娜等(2002)运用 GIS 技术对黄河流域的洪水灾害评估与管理进行了实证研究;陈秀万等(1999)运用 GIS 技术通过对长江流域进行研究,对洪水灾害评估的原则、方法及损失量化指标进行了深入研究;陈丙咸等(1996)从流域数据设计、洪水预警数字模拟、河道洪水演进数字模拟、洪泛区洪水演进数字模拟、灾民疏散模型和洪水灾情评估等六个方面,系统地阐述了 GIS 在流域洪涝数字模拟和灾情损失评估上的应用。

总的来说,遥感和 GIS 等空间信息技术的运用为灾害评估提供了新思路和新方法,使洪灾损失评估朝着实用性和准确性方向发展。

7.1.1　洪灾损失评估概念研究

要认识洪涝灾害,首先要有一套科学的描述洪涝灾害的方法,开展洪涝灾害评估指标的研究有助于全面、准确地反映洪涝灾害情况,从而为系统、科学地评估洪水灾情提供理论依据,因此从 20 世纪 70 年代开始,国内外学者就此问题开展了大量的研究。

一般来讲,国内外学者普遍把洪灾损失分为直接损失、间接损失及无形损失(James 等1971),其中无形损失主要包括生命的损失和由于环境及灾害发生时造成的潜在影响。我国学者马宗晋(1993)对自然灾害损失的概念和内涵进行了定性分析,给出了自然灾害损失分类,他在自然灾害损失构成中提出了间接伤亡损失的概念。魏庆朝(1996)根据灾害损失的空间特征,提出了内部经济损失和外部经济损失的概念。内部经济损失指受灾地区或行业所蒙受的经济损失;外部经济损失指由于受灾地区或行业因灾停产使其他行业或地区所蒙受的经济损失,洪灾损失构成概念为评估洪灾损失奠定了基础。于庆东等(1996)对自然灾害经济损失的构成进行了分类和界定,给出了自然灾害经济损失的分类,将灾害损失评估的指标分为属性指标和经济损失两部分。虽然这一划分比较全面合理,但是从整个洪灾的损失来看,没有考虑到非经济损失。傅湘等(2000)将灾害损失表述为洪水对一个地区综合经济实力的打击程度,并用统一的灾损率来计算,在灾损率这个总指标下又划分为人员伤亡、财产经济损失、生态环境损失及灾害救援损失,但该划分方法都以区域经济受损这一个方面作为最后的评估指标。

7.1.2　洪灾模拟研究

自 20 世纪 90 年代以来,快速发展的空间信息技术等高新技术在洪水灾害评估和风险分析领域得到了广泛的应用。喻光明等(1996)提出将遥感与数字高程模型进行复合,通过比较洪灾发生前后的遥感图像,估算出淹没区的面积。郑伟等(2007)利用 ASAR(Advanced Synthetic Aperture Radar)与 TM 影像复合的方法,对洪水淹没范围的提取方法进行了研究。翟宜峰(2003)、裴致远等(1999)利用 NOAA(National Oceanic and Atmospheric Administration)气象卫星数据对洪水进行动态监测研究,分析了利用高时间分辨率 NOAA 数据进行洪水动态监测和范围提取的方法。吴塞等(2005)、马丹(2008)、王净等(2009)分别对基于 MODIS 数据的水体提取方法进行了研究,建立了基于 MODIS 数据的水体(洪水)提取模型。

洪水淹没范围除了可以通过遥感监测获得外,还可以通过水动力学模型模拟获得。美国在城市降雨径流模型及城市排水系统的数值计算模型的开发研究上取得了显著成绩,最具有代表性的是城市暴雨雨水管理模型(Storm Water Management Model, SWMM),对城市排水系统有很强的模拟计算功能(Zahloul 1998)。苏布达等(2005)利用 Flood Area 模型对洪泛区的洪水风险进行了动态模拟,分析了不同分洪方案下的洪水淹没范围、水深和相应的洪水淹没地物面积及其可能损失。葛小平等(2002)采用 GIS 与水力演进模型结合,对浙江奉化流域洪水淹没范围进行了模拟。王艳艳(2001)等基于洪水模拟演进的洪涝灾害评估,从洪水演进模拟的角度出发,对洪水淹没进行预评估,得到洪水的淹没范围、流场分布及具有受淹区的社会经济信息(赵雪莲 等 2003)。Chen 等(1999)通过本底水体与洪水期水体符合程度获取淹没范围及洪水淹没的时空演变。基于 GIS 的洪水淹没分析,我国学者刘仁义等(2001)提出了运用有源淹没和无源淹没的种子蔓延算法对淹没区进行计算;宋敦江等(2004)提出了运用地图代数进行洪水模拟与分析的方法;丁志雄等(2004)基于 RS 和 GIS 应用 DEM 生成的格网模型来进行淹没分析；李发文等（2005）根据数学形态学原理，利用膨胀算子和体积法计算出洪水淹没区水深及淹没范围；郭利华（2002）等对基于 DEM 的洪水淹没进行了研究，胡瑞鹏等（2007）对洪水淹没范围进行了研究，介绍了基于 GIS 的洪水淹没范围计算原理及算法实现，利用 DEM 模拟夯川水库泛洪区的淹没水深。

总结以上研究，目前洪水的淹没模拟研究主要应用二维水动力学原理或模型。二维水动力学模型主要用来模拟蓄洪区等不具有一维特征的区域，可以提供更加详细的流动信息。国外知名软件如美国 Brigham Young University 的 SMS，荷兰 Delft Hydraulics Institute 研制的 Delft-3D，丹麦 DHI 研究开发的 MIKE 21 和 MIKE FLOOD 系列等。MIKE FLOOD 是一维和二维动态耦合的洪水模拟软件包。这种新方法集合了目前广泛使用的洪水模型软件 MIKE 11 和 MIKE 21 中的元素，并且专门为了洪水模拟改进了功能。这种组合保证了很高的灵活性，使用户能够在模型的一部分区域中使用二维的细化分析，同时在其他区域用一维模型模拟，增加模拟的精度。

7.1.3　洪灾损失评估方法研究

关于洪水灾害损失评估，20 世纪 60—70 年代国内外已有很多的研究，但是基本方法变化不大。由于洪水灾害系统的复杂性及各地区的差异性，目前尚没有综合预测评估洪水灾害损失的方法，较为通用的方法仍是采用水深-损失率曲线法。冯民权（2002）讨论了三种财产损失率与水深的函数关系式：多项式函数、指数函数和分式函数。多项式函数和指数函数只适用于水深较浅的财产损失率计算，而分式函数则能够完整地反映出财产损失率随水深变化的特点，适用范围较广（Das 等 1998）。泰国 1992 年对曼谷的住宅区、工业、农业和商业区进行了 3 000 多个单元的调查，得出洪水灾害损失与研究水深和历时的函数关系（冯民权 等 2002）。

荷兰水力学、河流、航运和结构实验室的研究人员，利用 GIS 进行了洪水模拟和损失评估，提出了洪灾损失评估的原理（Herath 等 2009）。我国对洪水灾害损失评估的研究起步较晚，从 20 世纪 80 年代以来开始对长江、淮河、松辽河等流域的灾害经济损失进行评估（王志杰 等 2002）。陈秀万（1999）利用 RS 和 GIS 对洪水灾害损失进行了评估，利用遥感水体提取模型计算淹没范围，并运用社会经济统计资料进行损失评估（Vrisou 等 2001）；李纪人等（2003）提出基于遥感与空间展布式社会经济数据库的洪灾遥感监测评估，该方法主要从洪水遥感监测角度出发，在基础背景数据库支持下，实现了对洪水灾害的灾中评估；王艳艳等（2001）做了基于洪水模拟演进的洪水灾害评估；程涛等（2002）提出了区域洪水灾害直接经济损失评估模型，该方法主要从历史洪灾灾情资料的角度出发，给出了不同频率洪水灾害损失随财产变化的关系曲线，建立了以县为单位的洪灾经济损失统计评估模型；黄涛珍等（2003）采用 BP 神经网络结构，构造了洪灾损失计算的人工神经网络，它可以较好地拟合损失率与影响因素之间的非线性函数关系，避免动用大量的人力、物力；为了解决受淹区社会经济指标和洪水分布的合理性问题，丁志雄等（2004）提出了基于空间信息格网的洪灾损失评估模型，曹永强等（2006）、李红英等（2007）根据此模型做了相关的损失评估。

7.2　洪水遥感监测原理与信息提取

7.2.1　水体遥感原理

近年来,RS 和 GIS 技术已经成为人类解决人口、资源、环境和灾害重大问题的关键技术之一。卫星遥感记载了地表物体对电磁波的反射信息及其物体本身的辐射信息。相对于其他地物而言,在大部分遥感传感器的波长范围内,水体总体呈现较弱的反射率(丁凤 2009)。在可见光波段 0.6 μm 之前,水的吸收少、反射率较低、大量透射;在 0.7 μm 以后,由于水体对红外光吸收严重,反射率很低,在 1.0 μm 左右处有强烈的吸收峰(图 7.1),随着水体泥沙含量的增强,水体在可见光部分的反射率也增强,但反射曲线基本相似(赵英时 等 2003)。

自然界中,水体在近红外和中红外波段内几乎能吸收全部的入射能量,利用水体在整个反射红外波段相对于植物和土壤来说具有突出的低反射特性,可以把水体识别出来,并根据不同时相的遥感影像计算监测水体的变化及淹没面积。

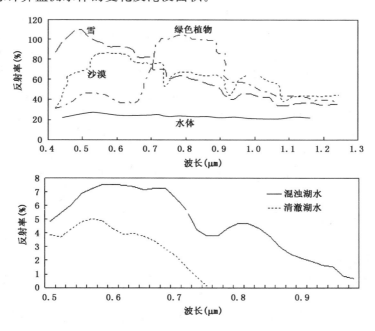

图 7.1　常见地物光谱曲线和水体的反射光谱特征

虽然水体在可见光波段和其他地物具有较大差异的光谱特征,但是实际水体在遥感影像上的表现受多方面因素的影响,对水体的识别造成了一定程度的影响,如水体的面积、形状、水深、地理位置等。另外,受空间传感器光谱分辨率和空间分辨率的限制,决定了最小可识别目标水体的大小。

水体信息的遥感提取是对遥感影像进行专题解译和分类的过程,是将影像二值化的过程(1 为水体,0 为非水体)。因此,需要对水体的光谱特征进行分析,建立适合玛纳斯河流域的水体遥感自动提取模型,用于监测玛纳斯河流域洪水的演进过程。

7.2.2　水体遥感监测模型

水体在可见光和近红外波段内与其他地物光谱差异较大,TM/ETM 数据均提供了常见的对地观测中可见光到近红外的 7 个光学反射通道。本文选取 2007 年 8 月 3 日 Landsat TM(144PATH,029ROW)资料,对流域水体光谱特征进行分析。

(1)归一化植被指数(NDVI)

NDVI 被定义为近红外波段(BNIR)与可见光红波段(BR)数值之差和这两个波段数值之和的比值,即 $NDVI=(BNIR-BR)/(BNIR+BR)$。它是植被生长状态及植被覆盖度的最佳指示因子,对于陆地表面主要覆盖而言,云、水、雪在可见光波段比近红外波段具有更高的反射作用,因而其 NDVI 值为负值,岩石、裸土在两波段有相似的反射作用,其 NDVI 值近似等于 0;而在有植被覆盖的情况下,NDVI 值为正值。

(2)TM 影像水体及其他地物光谱分析

为了得到水体及其他地物在 TM 影像上的光谱特征,对试验影像进行区域典型地物采样,并对每一种地物各波段的光谱反射率进行统计分析,结果见表 7.1。

表 7.1 表明,在波段 1,2,3 和 6 上,除云外,水体和其他地物的光谱反射率差异性较小,各单波段无法很好地实现水体识别;在波段 4,5 和 7 上,水体和其他地物的光谱反射率具有很大的差异性,其中波段 5 上水体和其他地物的差异性要比波段 4 和 7 更大;水体和其他地物在 NDVI 值上也具有较大的差异性,只有水体采样点在 NDVI 中的平均反射率值小于 0,因此在波段 4,5,7 及 NDVI 上通过设定光谱反射率阈值可以较好地实现水体的识别。

地物识别的准确性和地物光谱反射率之间差异性的大小是密切相关的,通过对各类地物在各单波段上的光谱反射率差异性分析,可以对波段反射率进行阈值设定来识别水体。但是通过对表 7.1 进一步分析可以看出,在各个特征单波段影像中,虽然水体和其他地物的差异性比较大,但是在采样点的统计中,仍可以发现不同地物的光谱反射率值在同一波段中有重叠(如 NDVI 中水体和裸地、土壤)现象,出现"同谱异物",影响水体的识别。

因此,为了消除"同谱异物"的影响,需要增大地物间的光谱差异性,对单波段进行组合运算。

(3)洪水遥感监测模型

通过以上分析可知,利用遥感监测水体可以利用阈值法,包括单波段阈值法和多波段阈值法。

单波段阈值法:主要选取遥感影像中的短波红外波段、近红外波段(如 TM4 或 TM5)或 NDVI 计算值设定其单阈值或多阈值来提取水体,即 Band>C(其中 Band 为选取的波段,C 为设定的可调阈值,见图 7.2、附彩图 7.2)。但是通过图像增强 TM 组合波段(见图 7.3、附彩图 7.3)目视判读比较可以发现,利用单波段阈值法只能提取比较大面积范围的水体,丢失了许多细小水体信息。

多波段阈值法:通过分析地物的光谱特征曲线,根据不同地物在不同波段中的波谱特点,利用比值计算快速提取水体信息。McFeeters(1996)借鉴归一化植被指数方法提出了归一化差异水体指数(Normalized Difference Water Index,NDWI),定义如下:

$$NDWI = (GREEN-NIR)/(GREEN+NIR) \tag{7.1}$$

表 7.1　玛纳斯河典型地物采样点光谱反射率统计表

光谱通道	值类型	裸地/土壤	植被	水体	云	城区/道路
波段 1	最小值	0.131 8	0.092 9	0.079 4	0.337 0	0.098 9
	最大值	0.176 7	0.125 8	0.169 2	0.378 9	0.202 2
	平均值	0.145 5	0.106 2	0.126 3	0.378 9	0.145 8
波段 2	最小值	0.136 4	0.084 9	0.054 6	0.351 6	0.078 9
	最大值	0.200 1	0.121 3	0.175 9	0.766 8	0.215 2
	平均值	0.159 1	0.098 7	0.124 1	0.699 0	0.141 0
波段 3	最小值	0.145 9	0.056 1	0.038 2	0.358 9	0.063 8
	最大值	0.215 2	0.094 6	0.171 6	0.651 5	0.220 4
	平均值	0.170 1	0.070 3	0.088 1	0.641 7	0.138 4
波段 4	最小值	0.154 6	0.413 9	0.026 5	0.413 9	0.077 7
	最大值	0.237 8	0.551 6	0.106 5	0.811 0	0.285 9
	平均值	0.190 4	0.494 5	0.045 2	0.742 1	0.173 9
波段 5	最小值	0.209 9	0.140 5	−0.000 2	0.317 0	0.064 9
	最大值	0.312 8	0.197 3	0.025 0	0.529 1	0.243 5
	平均值	0.253 4	0.170 7	0.009 4	0.495 9	0.154 8
波段 6	最小值	0.310 1	0.291 8	0.292 2	0.203 4	0.288 6
	最大值	0.316 2	0.297 0	0.295 3	0.304 6	0.308 1
	平均值	0.313 4	0.295 2	0.294 1	0.267 4	0.304 6
波段 7	最小值	0.234 7	0.052 9	−0.001 0	0.211 1	0.063 0
	最大值	0.352 5	0.103 4	0.022 6	0.783 6	0.265 0
	平均值	0.279 0	0.072 8	0.008 8	0.422 2	0.153 2
(GREEN−NIR)/(GREEN+NIR)	最小值	−0.136 0	−0.713 9	0.107 7	−0.309 7	−0.332 9
	最大值	−0.040 0	−0.554 7	0.649 2	−0.005 0	0.026 0
	平均值	−0.089 0	−0.667 0	0.450 0	−0.030 0	−0.100 0
(GREEN−MIR)/(GREEN+MIR)	最小值	−0.300 0	−0.330 0	0.586 2	−0.159 6	−0.219 0
	最大值	−0.172 2	−0.198 0	1.006 3	0.406 9	0.213 0
	平均值	−0.228 3	−0.267 0	0.846 8	0.169 7	−0.042 2
NDVI	最小值	0.018 4	0.642 9	−0.531 3	0.005 2	0.023 0
	最大值	0.090 8	0.803 9	0.091 0	0.311 6	0.380 8
	平均值	0.055 0	0.750 8	−0.296 5	0.070 0	0.113 6

对于 TM 影像，GREEN 为第 2 波段，NIR 为第 4 波段。本文在此基础上，利用归一化差异水体指数（NDWI）和相关阈值限定条件，对水体进行提取。据表 7.1 及水体的反射特性可知，水体的反射率从可见光到中红外波段逐渐减弱，在近红外和短波红外波长范围内吸收性最强，因此用可见光波段和近红外波段的反差可以构成 NDWI，突出影像中的水体信息，并根据计算得到的 NDWI 设定阈值，识别水体。

但是，无论 NDWI 还是单波段计算方法，都受到山体阴影的影响，由于本文考虑的是对洪水期的水体的提取，而云层主要出现在高海拔山区，因此，在进行水体提取时将区域 DEM 作为阈值因素，对区域中的云进行剔除，最终的水体提取模型为：

$$A_2 > NDWI > A_1 \text{ 且 } Evel(DEM) < A_3$$

式中：$NDWI$ 为归一化差异水体指数；$Evel(DEM)$ 为 DEM 高程；A_1 和 A_2 为可调阈值，本节中定义阈值 A_1 为 0.1，A_2 为 0.6，A_3 为 972 m。

（4）结果分析

洪水是一种突发性事件，利用遥感影像获取洪水范围，需要影像具有高时间分辨率，MO-

图 7.2　波段 5 阈值提取结果图　　　　图 7.3　TM(5,4,3)波段组合图

DIS 作为免费的高时间分辨率遥感数据源,可以作为洪水范围快速获取的理想数据源。利用上述方法对研究区 MODIS(MOD02L1B 250 m)影像进行水体提取(图 7.4、附彩图 7.4),以验证上述水体模型的通用性,并利用 TM 影像对其提取结果进行验证(图 7.5、附彩图 7.5)。

通过对提取结果图和原影像增强图对比可以发现,MODIS 影像提取结果水体信息减少,只保留了水域面积大的部分;TM 影像提取结果和原影像水体范围具有很好的一致性。由于MODIS 和 TM 影像空间分辨率之间的差异性,MODIS 影像对于细小水体信息无法提取,但是对于大面积水域可以很好地识别和提取,因此可以利用其进行洪水发生时或发生后的淹没范围的提取。

7.3　流域洪水演进过程模拟

MIKE FLOOD 是一个能够对洪水过程进行模拟及实现洪水分析的一维(1D)和二维(2D)水动力学模型。在模拟时通过动态地交换一维模块(MIKE 11)和二维模块(MIKE 21)在同一时间计算流量,实现对洪水淹没的模拟。这两个模块可以分开使用,也可以通过FLOOD 模型耦合在一起使用。1D 模块描述和模拟河网和径流特征,2D 模块描述和模拟水文过程在二维格网上的变化。模型的每个模块都能够依照数据的可获得性和研究者的兴趣点进行选择。它是目前世界上应用较广泛的水动力学模拟软件,具有计算稳定、精度高、可靠性强等特点。

图 7.4　MODIS 影像水体提取范围　　　　　　图 7.5　TM 影像水体提取范围

7.3.1　MIKE FLOOD 模型结构

（1）MIKE 11 水动力模块（HD）

MIKE 11 河流模型系统是丹麦水力研究所开发的模拟河口、河流、河网、灌溉系统的水流、水质、泥沙输运等一维问题的专业软件包。水动力模块（HD）是该模型的核心，利用 Abott 六点隐式格式求解一维河流非恒定流方程，还可进行分汊河道、环状河网及冲积平原的准二维水流模拟。天然河道结构十分复杂，严格讲是不存在一维水流运动的，但从宏观角度进行分析，若研究问题的着眼点集中在断面平均水力要素上，则可以假定为一维水流运动。1D 模型正是基于断面平均 Saint-Venant 方程建立的，用来描述水位、流量及平均流速之间的关系。

$$\frac{\partial A}{\partial t} + \frac{\partial Q}{\partial x} = F_s$$

$$\frac{\partial Q}{\partial x} + \frac{\partial}{\partial x}(aQ^2/A) + gA\frac{\partial}{\partial x}h + \frac{gQ\,|\,Q\,|}{C^2 AR} = 0 \tag{7.2}$$

式中：h 为水位（m）；Q 为河道内任意断面的流量（m³）；$A = f(h)$，为过水面积（m²）；a 为动量校正系数；x，t 分别为距离与时间的坐标；F_s 为旁侧入流（m³）；g 为重力加速度（m/s²）；C 为谢才系数（m¹ᐟ²/s）；R 为水力半径（m）；$R = A/P$，$P = g(h)$，P 为湿周（m）。

（2）MIKE 21 模块

2D 水动力模型是基于深度平衡（depth averaged）Saint-Venant 方程建立的，描述了水位 h 和 x，y 笛卡尔方向上的速率及时间 t 之间的关系。

(3)1D 和 2D 模型耦合

MIKE FLOOD 模型在进行计算时,通过 MIKE 11 计算出河道和洪积平原的水位,并传给 MIKE 21,利用其存储的二维空间格网地形信息,进行洪水的演进和淹没计算。模型中 1D 和 2D 模块的耦合主要通过以下方式:

标准连接(Standard Link):标准耦合中,MIKE 21 的一个或多个格网单元连接到 MIKE 11 河网支流的末端。这类耦合方式主要适用于具有详细的 2D 格网,连接到宽阔的 1D 河流网络,或者 2D 格网中水工建筑的连接,确保了 1D 和 2D 模型之间交叉边界的动量守恒。

侧向连接(Lateral Link):将 2D 格网单元侧向连接到 1D 河网中,经过侧向连接点的径流通过结构方程(Structure equation)或者流量水位表(QH Table)进行计算,适用于河道水流漫溢到冲积平原的洪水情形,漫溢径流通过溢流方程进行计算。

7.3.2　模型数据文件

MIKE FLOOD 是基于物理机制的水动力学模型,模型的建立和率定需要大量的详尽数据。

MIKE FLOOD 模型在一定程度上实现了 GIS 的集成,在进行模型文件定义时可以直接使用 ArcGIS 的数据格式文件,如 MIKE 11 可以直接调用 shp 矢量文件生成河网,并可以利用 ArcGIS 栅格数据导出的 ASCII 格式文件生成 2D 栅格数据 *.dfs2。

7.3.3　玛纳斯河流域 MIKE FLOOD 模型参数化

(1)河网概化

河网概化是在尽可能简化的原则下对天然河网进行简化,使其在输水能力和调蓄能力方面与实际河网接近。玛纳斯河流域包含大量的人工干渠、支渠、斗渠等,河网比较复杂,若详细地模拟所有河道,河网则过于庞大,计算耗时长,而且数据也难以保障。因此,在充分考虑河网详细程度及现有水文资料的基础上,以玛纳斯河主河道和主要干渠为基础,对玛纳斯河流域进行合理概化。玛纳斯河流域水系是以 ArcGIS 矢量格式定义的,MIKE FLOOD 软件实现了和 GIS 的功能耦合,可以作为一维河道输入,直接应用于 MIKE 11 模型中。

(2)河道断面

断面数据用于定义河道的几何形态,本节采用实测数据,利用自编 ExcelVBA 程序生成 MIKE 11 格式的断面数据文件,其数据格式如下:

Topo199（Topo ID）

mns3(河名)

0.000（里程数）

COORDINATES（默认）

0（默认）

FLOW DIRECTION（默认）

0（默认）

DATUM（默认）

0（默认）

RADIUS TYPE（默认）

0（1 为糙率半径；2 为水力半径，影响面积；3 为水力半径，总面积）

DIVIDE X-Section（默认）

0（默认）

SECTION ID（默认）

（空白）

INTERPOLATED（默认）

0（默认）

ANGLE（默认）

0.00 0（默认）

RESISTANCE NUMBERS（默认）

201.000 1.000 1.000 1.000 1.000（默认）

PROFILE 24（其中的数字为此断面实测点数，即以下列数）

0.000 176.010 1.000 ＜♯1＞（水平距，高程，阻力调整系数，断面标号：1 为左岸最高；2 为河床最低；4 为右岸最高）

实测断面数据列表

（3）水利工程和水工建筑物

玛纳斯河流域中人工建筑主要包括夹河子水库、西岸干渠、莫索湾干渠等人工工程，其中西岸干渠和莫索湾干渠作为河网水系在河网中进行设置，因此在模型中将夹河子水库作为调节建筑物进行相关属性设置。

（4）模型边界条件

玛纳斯河为尾闾河，起源于天山山脉，冰川积雪融水和山区降水最终汇流，经山前水文测站肯斯瓦特站流出，最终流入玛纳斯湖，作为外部边界条件。石河子附近夹河子水库为蓄水和调洪功能性水库，作为内部边界条件，调节出水口为玛纳斯河下游、西岸大渠和莫索湾干渠，西岸大渠和莫索湾干渠默认初始水流量为 0，洪水期为人工调节。

（5）二维地形文件

二维地形文件是 MIKE 21 HD 模型模拟洪水演进所需要的特定格式的数字地形信息。本节采用现有 90 m×90 m DEM 高程数据，对其进行处理，生成 dfs2 格式模型文件。

7.3.4 MIKE FLOOD 模型率定及模拟结果

模型率定是通过估计与不断修正参数值来使模拟结果与实际情况拟合的过程，是提高模型精度的重要保证。根据玛纳斯河流域防洪规划中河道的相关参数对模型进行相关设置，得到模拟结果。由于玛纳斯河历史洪水可获得资料比较匮乏，没有确切的范围边界历史资料和必需的水文站点，因此本节对模型的率定和验证主要根据实测断面处可获得的水文数据。其结果如图 7.6 所示。

参照拟合优度系数（R^2）对模拟结果的有效性进行评价。其中，R^2 是模型拟合优度的度量，其计算公式如下所示：

$$R^2 = 1 - \frac{\sum_{i=1}^{n}(Q_i - Q'_i)^2}{\sum_{i=1}^{n}(Q_i - \overline{Q})^2} \tag{7.3}$$

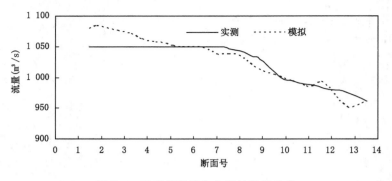

图 7.6 模型模拟值与实测计算值比较

式中:Q_i 为实测断面处径流量($\mathrm{m^3/s}$);Q'_i 为模拟断面处径流量($\mathrm{m^3/s}$);$\overline{Q}$ 为模拟时段内平均实测断面径流量($\mathrm{m^3/s}$);n 为径流模拟河段的总断面数。

各断面处模拟得到的拟合优度 R^2 为 0.75,模型计算结果和实测断面处数据吻合,拟合度比较好。但是,对模型的检验和率定仅仅依靠有限的断面和有限的数据值是不完善的,仍需要随着数据的不断完善,进一步对模型进行率定,为洪水灾害评估提供准确的水文条件。

利用率定模型对 1999 年洪水情景进行模拟,得到不同时限的洪水淹没水深分布图(图 7.7、附彩图 7.7)。

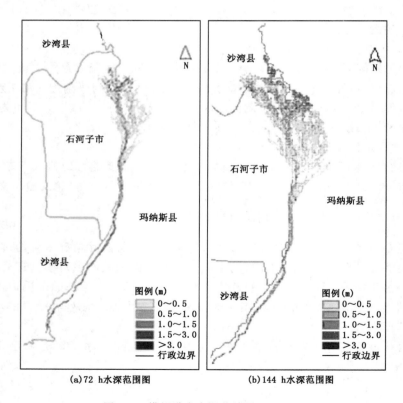

图 7.7 模拟洪水水深范围图(单位:m)

7.4　流域洪灾经济损失评估

洪水灾害损失评估是防洪减灾工作的一项重要的基础工作。建立洪灾损失评估模型的目的是正确、合理计算洪水灾害承灾体的具体损失和空间分布,以对流域规划、土地利用规划、洪灾防灾减灾方面起着重要的作用。本节在对洪灾损失进行分类的基础上,采用定性与定量相结合的方法,对洪灾经济损失评估进行估算,建立玛纳斯河流域主要洪水灾害承灾体的损失评估模型和计算方法。

7.4.1　洪水灾害损失分类

洪水灾害损失分类是洪水灾害损失评估中定量计算的基础,有助于全面、准确地反映洪水灾害情况,从而为系统、科学地评估洪水灾情提供理论依据。根据洪水灾害对人类社会发展的影响及损失的货币可度量性,一般将洪水损失分为经济损失和非经济损失,其中经济损失又分为直接经济损失和间接经济损失(张金存 等 2001)。直接经济损失指由洪水淹没、浸泡、冲击直接造成的物质方面的经济损失,是洪水灾害造成的实物形态物质的损失,如农业、牧业(牲畜)、居民房屋、居民财产、企业建筑、公共基础设施(如学校的房屋及财产损失)、水利水电设施(主要包括供水、供电、防洪设施及沟渠等各项设施)的损失。间接经济损失指由于洪水发生所造成的生产停产、减产、抗洪救灾及灾后安置等产生的经济损失和相关费用,包括以下三方面:①抢险救灾,抢运物资,灾民的救护、转移、安置,救济灾区,开辟临时交通、通信、供电与供水管线等的费用。②由于洪水原因造成的工厂、企业停产,农业减产,交通受阻或中断,生产、生活等相关生产资料无法供给造成的停工减产损失。③洪水灾害过后,原淹没区内重建、恢复期间农业净产值的减少,原淹没区与受影响工商企业在恢复期间减少的净产值和多增加的年运行费用,以及恢复期间用于救灾与恢复生产的各种费用支出。非经济损失主要包括无法用经济定量指标来具体衡量的损失,指由于洪水灾害造成的人员伤亡,对社会安定、大众心理、生态环境等方面造成的损失和影响。

7.4.2　洪灾损失率

洪灾损失率通常是指受灾地区各类承灾体(农作物、房屋、工业生产等)由于洪水灾害造成的损失值与灾前的正常值的比值。损失率是计算洪水灾害直接经济损失的重要参数,它反映了不同承灾体在一定洪水淹没程度下的损失程度。某种承灾体的洪灾损失率和洪水属性要素密切相关,受到多因素的影响,包括淹没水深、淹没历时、洪灾间隔、承灾体耐淹能力、计算区域经济发展水平等。但是对一确定研究区域而言,洪灾损失率的影响因素主要为洪水淹没水深和淹没历时。本节根据干旱区绿洲特点,对洪水灾害直接经济损失进行分类,损失率可以按行业类别分为农作物损失率、林业损失率、渔业损失率、工程设施损失率、城乡居民财产损失率、集体财产损失率等几大类。

由于洪灾损失率影响因素的复杂性及其确定方法缺乏成熟的理论,目前国内外均采用调查、分析方法确定,因此本节主要讨论洪灾直接经济损失的损失率,分析洪灾损失率的影响因素,提出计算理论和确定方法。

7.4.2.1 洪灾损失率计算方法

洪灾损失率的计算和确定是在对同一区域大量洪灾历史数据调查取样的基础上进行的，不同类型承灾体损失率的计算方法不同。

(1)农作物损失率

玛纳斯河流域为新疆重要的农业区，洪水的发生将对流域农作物造成巨大的破坏。水分、呼吸等条件是影响大多数农作物生长的重要因素，由于洪水造成农作物淹没浸泡，使农作物的生产条件发生改变，造成农作物减产或绝收；由于洪水高速水流的携带及冲刷作用，使大量泥沙侵占耕地，耕地中的各种肥料和土壤养分被冲走，土壤质量恶化，造成灾后农作物的减产。洪灾发生的时间不同，农作物所处的生长期不同，其抗灾能力、已投入农作物生产资料的转化成本及灾后补救所花费的财力与人力均不同。

根据上述综合影响因素农作物损失率的计算公式为：

$$L_i = \frac{V_{0i} - V_{1i} - P_{0i} + P_{1i} - V_{p1i}}{V_{0i}} \times 100\% \tag{7.4}$$

式中：L_i 为第 i 种农作物的损失率(%)；V_{0i} 为第 i 种农作物正常年份的产值(元/亩)；V_{1i} 为第 i 种农作物遭遇洪水时的产值(元/亩)；P_{0i} 为第 i 种农作物因洪水减少的生产资料投入(元/亩)；P_{1i} 为第 i 种农作物因洪水补种的费用(元/亩)；V_{p1i} 为因洪灾补种后的作物产值(元/亩)。

(2)林业损失率

林木由于其自身的生长特点，一般抗灾能力很强，在一般洪水淹没情况下对其造成的影响比较小，主要是对幼林、果林和经济林造成影响和损失。因此，在计算洪灾损失率时应按林木的种类计算损失率。计算公式如下：

$$L_i = \frac{V_{0i} - V_{1i}}{V_{0i}} \times 100\% \tag{7.5}$$

式中：L_i 为第 i 种林木的损失率(%)；V_{0i}，V_{1i} 分别为第 i 种林木洪灾前、后的价值(元/株)。

(3)养殖业损失率

渔业损失主要是指因洪水灾害造成渔业养殖地(鱼塘等)等被破坏，大量鱼类随洪水冲失和游走，造成鱼类减少，其损失主要考虑渔业产值的减少和养殖地修复建设及其他费用。洪灾对畜禽养殖业的影响，主要是对农村地区牛、羊、鸡等牲畜家禽和商业性经营的养殖场造成的损失。

养殖业(牧业、渔业)损失率计算公式如下：

$$L_i = \frac{V_{0i} - V_{1i} + P_{1i}}{V_{0i}} \times 100\% \tag{7.6}$$

式中：L_i 为第 i 类养殖业的损失率(%)；V_{0i}，V_{1i} 分别为第 i 类养殖业在正常年及洪灾年的产值；P_{1i} 为第 i 类养殖业因洪灾后增加的其他投入费用。

(4)工程设施损失率

工程设施主要包括管道、道路、供电、供水、供气等城市基础设施，以及农业灌渠、公路、农业电网等农村基础设施。工程设施损失率计算公式如下：

$$L_i = \frac{V_{0i} - V_{1i} + P_{1i}}{V_{0i}} \times 100\% \tag{7.7}$$

式中：L_i 为第 i 类工程设施的损失率(%)；V_{0i}，V_{1i} 分别为第 i 类设施在灾前及灾后的价值；P_{1i} 为恢复基础设施功能达到灾前水平所需要的额外费用(不包括原设施本身费用)。

(5)房屋及财产损失率

房屋根据其材料结构一般可以分为混凝土结构、砖瓦结构、土坯结构，由于洪水的冲击和浸泡，造成房屋的倒塌或破坏及房屋内家庭财产的损失。计算公式如下：

$$L_i = \frac{V_{0i} - V_{1i} + P_{1i}}{V_{0i}} \times 100\% \tag{7.8}$$

式中：L_i 为第 i 种类型房屋的损失率(%)；V_{0i} 和 V_{1i} 分别为第 i 种类型房屋在灾前及灾后的价值；P_{1i} 为第 i 种类型房屋灾后恢复到原有水平除房屋本身建设费用外的其他费用(劳工费用、市场价格差异等)。

7.4.2.2　洪灾损失率与洪水要素关系的确定

洪灾损失率受到多种因素的影响，除各类财产自身因素外，主要受洪水淹没深度、淹没历时等洪水要素的影响。在历史洪灾调查的基础上，可以采用图表法或线性回归方法建立洪灾损失率与洪水要素之间的关系。

(1)图表法

图表法就是通过调查所得历史数据，建立洪灾损失率与洪水淹没等级之间的关系。其计算步骤如下：

①调查获取历史洪水灾害损失数据；

②确定洪水深度的分级标准；

③建立洪灾损失率(L)和洪水深度(H)、淹没历时(T)之间的二维关系，并绘制 $f(L, H, T)$ 关系曲线；

④根据洪水深度和关系曲线，确定特定洪水深度下的洪灾损失率。

(2)线性回归方法

线性回归方法是指定量确定各类财产损失率与洪水要素之间的函数关系，一般采用一元(损失率与水深)或二元(损失率与水深、历时)线性回归方法，其计算步骤为：

①建立洪灾损失率(L)与洪水要素水深(H)、历时(T)之间的方程为

$$l = f(H, T) = a + bH + cT; \tag{7.9}$$

②代入调查获取的历史洪水灾害损失数据；

③求出回归系数 a, b, c，得出回归方程；

④进行显著性检验。

7.5　流域洪灾损失评估模型

根据国家防汛抗旱总指挥部办公室提供的"洪涝灾害统计表"，一次洪灾损失包含以下内容：

(1)洪涝灾害基本情况：包括受灾范围、受灾人口、受淹城市、倒塌房屋、死亡人口、失踪人口。直接经济损失包括农、林、牧、渔业直接经济损失，工业、交通、运输业直接经济损失，以及水利设施经济损失之和。

(2)农、林、牧、渔业：主要包括农作物受灾面积，农作物成灾面积，农作物绝收面积，减收粮

食,死亡大牲畜,水产养殖损失,农、林、牧、渔业直接经济损失。

(3)工业、交通、运输业:主要包括因洪涝灾害造成停产的工矿企业数,中断的交通设施,机场、港口关停的个次数,主要输电线路停电次数,通信线路中断的条次数,以及洪涝灾害对工业、交通、运输业造成的直接经济损失。

(4)水利设施:主要包括损坏的水库数、垮坝的水库数、防洪堤防损坏和决口的处数和长度、被洪水冲坏的防洪堤防工程数、损坏的水闸数及洪涝灾害对水利工程造成的直接经济损失等。

(5)城市受淹情况:包括城市洪水的淹没范围、受灾人口、死亡人口、城市设施及城区进水受淹或严重内涝造成的直接经济损失。

7.5.1　洪灾经济损失计算

本节主要讨论洪涝灾害统计表中直接经济损失的计算方法,间接经济损失根据其和直接经济损失的比例关系计算。洪灾经济损失评估是在洪水淹没范围的灾前模拟或遥感方法获取基础上,根据洪水淹没区域内的社会经济资料、土地利用情况、承灾体分布,建立灾害损失评估模型。一次洪灾总的经济损失包括直接经济损失和间接经济损失两部分。计算公式为:

$$L_t = (1 + K)L_d + C_t \tag{7.10}$$

式中:L_t 为一次洪水造成的总经济损失(元);L_d 为直接经济损失(元);C_t 为防洪、抢险、救灾等费用(元);K 为系数,反映除 C_t 间接经济损失外,其他间接经济损失和直接经济损失之间的比例关系,可以由历史洪灾资料通过建立经验关系式得到。

7.5.2　主要承灾体的经济损失计算

由于现实条件中历史洪灾资料不足及过于复杂,因此本节主要考虑有形损失中的直接经济损失,各种主要承灾体的经济损失计算方法如下:

(1)人口

人是洪水灾害的直接和间接承担者,由于洪水作用,造成淹没区人口生命、财产的损失,受灾人口计算公式为:

$$L_p = \sum_{i=1}^{N_h} \sum_{j=1}^{N_p} \rho_{ij} A_{ij} \cdot (\eta_i + m) \tag{7.11}$$

式中:L_p 为人口受灾损失(元);A_{ij} 为第 i 级洪水水深下第 j 种人口密度的人口分布面积;ρ_{ij} 为第 i 级洪水水深下第 j 种人口密度;η_i 为第 i 级洪水水深下的人口平均死亡率,当计算受灾人口时采用 100%;N_p 为不同等级淹没水深下的人口密度分区数;N_h 为洪水淹没水深等级数;m 为单位受灾人口的灾害救助费用。

模型实现过程 1:

①获取居民点矢量分布图;

②获取居民点人口分布数据,按照其和居民点矢量分布图的空间关联关系计算每个居民点的人口密度栅格图,分类得到人口密度分类图;

③获取洪水淹没水深,按照水深损失分级规则,进行淹没数据空间分层运算,或取得分级淹没水深图;

④淹没水深分级图和密度图进行叠加操作,得到每类水深下的受灾人口数;

⑤迭代求和。

（2）农、林、牧、渔业

1）农作物

农作物的损失主要包括农作物直接损失和补偿损失。

$$L_v = \sum_{i=1}^{N_h} \sum_{j=1}^{N_v} \eta_{ij} P_j A_{ij} O_j + \sum_{n=1}^{N_v} P_n O_n A_n \tag{7.12}$$

式中：N_h 为洪水淹没水深等级数；N_v 为评估区内农作物的种类数；η_{ij} 为第 j 种作物在第 i 级淹没水深下的损失率；P_j 为第 j 种作物的价格；A_{ij} 为第 j 种作物在第 i 级淹没水深下的面积；O_j 为第 j 种作物的产量；P_n 为第 n 种受灾作物的补偿价格；O_n 为第 n 种受灾作物的产量；A_n 为第 n 种受灾作物的面积。

模型实现过程 2：

①获取土地利用图；

②获取洪水淹没水深图，按照水深损失分级规则，进行淹没数据空间分层运算，或取得分级淹没水深图；

③淹没水深分级图和土地利用矢量图进行叠加、裁剪操作，得到每类水深淹没下每种作物的淹没面积图；

④读取农作物产量、价格、损失率等属性数据，根据空间关联代码计算每类水深下每种农作物的损失；

⑤迭代循环求和。

2）畜牧业

畜牧业的损失主要来源于洪水造成的牲畜、家禽的死亡，主要包括农村家庭养殖畜禽和商业化养殖畜禽，其计算公式如下：

$$L_a = \sum_{i=1}^{N_h} V_i \cdot G_i \cdot K_i \cdot X_{Ti} \tag{7.13}$$

式中：N_h 为死亡牲畜的种类；V_i 为第 i 类牲畜的价格；G_i 为第 i 类牲畜的平均重量；K_i 为第 i 类牲畜的母畜死亡数；X_{Ti} 为第 i 类牲畜的再生系数。

模型实现过程 3：

同模型实现过程 2，其中的土地利用图为商业养殖场分布图和农村居民点分布图。

3）林果业

林果业损失主要源于果树的死亡和减产。

$$L_f = \sum_{i=1}^{N_h} \sum_{j=1}^{N} F_{Vj} \cdot \eta_{ij} \cdot \rho_{ij} \cdot A_{ij} \tag{7.14}$$

式中：L_f 为林果业总的洪灾损失；N_h 为洪水淹没水深分类等级数；N 为林果树种类数；F_{Vj} 为第 j 类林果树的市场价值；η_{ij} 为第 i 级淹没水深下第 j 类林果树的损失率；ρ_{ij} 为第 i 级淹没水深下第 j 类林果树在的密度；A_{ij} 为第 i 级淹没水深下第 j 类林果树的受淹面积。

模型实现过程 4：

实现过程同模型实现过程 2，其中土地利用图为林业分布图。

（3）财产

家庭财产损失主要包括居民房屋和房屋内所包含物品的损失值，其计算公式为：

$$L_f = L_B + L_C = \sum_{i=1}^{N_h} \sum_{k=1}^{N_k} B_{ik} M_k V_{ik} + \sum_{i=1}^{N_h} \sum_{k=1}^{N_k} C_k \eta_{ik} \qquad (7.15)$$

式中：L_f 为家庭财产损失（元）；L_B，L_C 分别为洪水淹没下房屋损失和房屋内家庭财产损失；N_h，N_k 分别为洪水淹没水深分类等级数和房屋种类数；B_{ik} 为第 i 级淹没水深下第 k 种房屋的数量；M_k 为第 k 种房屋的价值；V_{ik} 为第 i 级淹没水深下第 k 类房屋的损失率；C_k 为第 k 类房屋中的家庭财产值；η_{ik} 为第 i 级淹没水深下第 k 类房屋的家庭财产损失率。

（4）工程设施

$$L_E = \sum_{i=1}^{n} \sum_{j=1}^{m} A_{ij} V_j L_{ij} (1+\theta) \qquad (7.16)$$

式中：L_E 为工程设施损失（元）；A_{ij} 为第 i 级淹没水深下第 j 种工程设施的面积、长度或个数；V_j 为第 j 类工程设施的单位价值；L_{ij} 为第 i 级淹没水深下第 j 类工程设施的损失率；θ 为工程设施受灾后因修复或产生的其他费用占损失价值的比例。

模型实现过程 5：

①获取基础设施分布图，并对每类基础设施进行提取分层；

②获取洪水淹没水深图，按照水深损失分级规则，进行淹没数据空间分层运算，或取得分级淹没水深图；

③分层基础设施图和洪水分级图进行叠加，得到不同水深等级下的每类基础设施的淹没属性，根据空间关联代码关联基础设施属性数据、损失率数据，得到损失计算结果；

④迭代步骤③。

7.6 流域洪水灾害损失评估

卫星洪涝监测的关键是水体与陆地（植被、土壤）的区分。根据 MODIS 数据时间分辨率高的特点，利用 NDVI 图像中水体的值低，而植被、土壤的值较高，图像直方图具有典型双峰分布的特点，快速提取洪涝期间主要的下垫面类型，包括植被、土壤和水体 3 种。洪涝区范围提取通过两个时相遥感图像之间的复合分析实现。分别将 NDVI 水体和陆地判别条件应用于洪涝发生前和洪涝发生时的两幅图像，可得到两幅水体分布图像，从而通过逻辑运算提取洪涝分布范围。

以玛纳斯河 1999 年洪水为例进行基于遥感的洪灾损失评估。本节利用洪水期 NOAA 影像进行水体提取，结合区域 DEM，计算洪水淹没范围和水深。根据洪水淹没范围和土地利用图的叠加结果及空间关联关系，从社会经济属性数据库中读取相应的社会经济数据。遥感监测损失计算结果与 1999 年玛纳斯河洪灾损失统计结果对比见表 7.2。

表 7.2   洪水遥感监测损失计算结果与 1999 年统计结果对比表

评估内容	计算值	统计值	误差（%）
受淹总人口（人）	7 920	8 119	−2.45
农作物受灾面积（万亩）	28.82	32.00	−9.94
淹没道路（km）	62.00	65.06	−4.70
水产养殖（万亩）	1.11	1.17	−5.13
农业减产损失（亿元）	0.17	0.18	−5.56

　　由表 7.2 中计算结果及误差统计看,计算结果基本是合理的,说明利用上述损失评估模型在方法和技术上是可行的。但是,由于采用的 NOAA 影像数据为 1 km 分辨率,对于洪水期的水体信息提取出现比较大的信息缺失,使提取的洪水范围小于实际范围;另外,受土地利用图比例尺及社会经济数据统计详细程度的影响,使得计算的相对误差值偏高,计算结果的精确性需要更加详细的数据支持。

　　通常洪水发生时,涉及的流域范围大,要完全从地面上进行调查评估,不仅工作量相当大,而且难以满足快速评估的时间要求。要充分利用 MODIS 数据全球广播、时间分辨率高的优点,应用 GIS 技术,实现对不同土地利用类型淹没情况的实时监测,建立基于 RS 和 GIS 的洪灾监测评估系统。在对洪灾区本底调查的基础上(洪水发生前的土地利用、行政界限、社会、经济、人口等数据),建立洪灾遥感监测快速识别模型,实现对不同土地利用类型淹没情况的实时监测,为汛情的动态监测和评估系统提供迅速、直观、可靠的现状和变化信息。

第8章 流域水资源与水灾害 管理系统的理论与实践

在水文工作中,将地理信息系统(GIS)与实时水、雨情信息数据库有机连接,已经应用较广。当前,全国已经建立了很多基于 GIS 的水资源管理系统,例如:全国水资源综合规划项目、上海市水资源普查管理 GIS 系统、辽宁省太子河流域水资源实时监控管理系统、黄河下游水资源管理空间决策支持系统等。在防洪减灾的非工程措施中,不少流域先后都建设了防洪决策支持系统,在 GIS 技术和先进的通信手段的支持下,进行洪水预报、调度、灾害损失评估及减灾措施和水利工程效益分析。更好地应用和发展 GIS 技术,必须在进一步加强标准化、规范化的基础上大力开展基础数据库的建设,尤其是富有水利行业特色的数据库,如蓄滞洪区空间展布式社会经济数据库、雨情和水情数据库、水旱灾情数据库。

我国幅员辽阔,地处东亚季风区,复杂特殊的地形、地貌和气候特征决定了我国水旱灾害频繁发生的特点。每年我国因洪水灾害造成的经济损失占全年主要自然灾害总损失的30%~40%,成为最严重的自然灾害之一。据中华人民共和国民政部统计,1998 年的特大洪水灾害使我国1/4 的人口受到影响,直接经济损失达 2 460 亿元,受灾面积达 6 610 km^2,受灾人口近2.3 亿人。2010 年 4 月 1 日到 5 月 18 日,全国累计有 16 个省份遭受洪涝灾害,农作物受灾83.5 万 hm^2,受灾人口 1 367 万人,因灾死亡 70 人,倒塌房屋 7.4 万间,直接经济损失约 103亿元。

由于我国对洪水灾害评估的研究起步较晚,同时洪水灾害本身具有的时空复杂性、不确定性特点,加上用于灾害损失研究的基础资料太薄弱,因此,我国对洪水灾害损失评估处于比较初步的阶段,目前还没有一种评估方法和评估模型被普遍采用及推广,存在洪水灾害评估计算模型不实用、不适用的问题。

因此,迫切需要在利用遥感、地理信息系统和计算机技术的基础上,研究建立实用、适用的洪水评估系统,开发区域水资源与水灾害空间信息服务系统,以便迅速、全面地收集和处理水情、灾情信息,实现科学预测、评估水资源及水灾害损失,为合理开发利用水资源、防洪减灾决策和减少人类社会损失提供依据。

8.1 系统目标与结构

8.1.1 系统建设的目标

水资源与水灾害空间信息服务系统的总体目标是:以"3S"技术、海量存储、系统模拟和专家系统等为主要研究手段,深入研究干旱区水文的复杂性和不确定性,开发建立基于 RS 和GIS 的数据采集、传输、存储与管理的水利基础信息系统,流域大尺度径流模拟和洪水灾情遥感信息处理信息系统,以及以流域水资源预测系统、洪灾损失评估系统为主的信息服务系统,以可持续发展为目标,科学分配和管理有限的水资源,为区域水土资源合理开发利用及开发战略的制定提供指导依据。

水资源与水灾害空间信息服务系统的具体目标是:

(1)建立数据管理模块。GIS 应用系统本质上是数据和专业模型相结合的系统,系统的数据管理功能是整个洪水灾害评估系统的重要支撑和基础。通过系统的数据管理功能,可实现水资源与水灾害相关基础信息的收集、存储、管理和及时更新。针对 GIS 数据格式不统一及数据更新困难的问题,数据管理功能提供了不同 GIS 格式数据转换为数据库中标准数据格式的功能,可实现系统数据的多源共享。

(2)建立积雪监测、水体监测模块。依托遥感技术对流域积雪及水体进行提取、监测,准确地分析评价并预报区域水情。

(3)建立蒸散反演模块,计算区域蒸散量,分析区域水量平衡。

(4)建立融雪径流模块,计算区域融雪量,分析区域可能来水。

(5)建立水资源预测模块,以水文预报理论为基础,综合积雪监测、水体监测及融雪径流,预测区域水资源状况。

(6)建立洪水灾害评估模块,实现对不同土地利用类型淹没情况的实时监测,为汛情的动态监测和评估系统提供迅速、直观、可靠的现状和变化信息。

(7)有效输出多种统计图表、图像、查询结果及分析结果,便于决策层使用。

8.1.2　系统结构

区域水资源与水灾害空间信息服务系统是一个综合的系统,数据来源于遥感动态监测、综合数据库及水文水情监测的实时数据;利用遥感反演蒸发,提取水体、融雪等数据;基于水文预报理论进行区域水资源预测;通过数据库模块、系统管理与维护模块、水资源遥感动态监测模块、水资源预测模块及洪水监测预报模块的集成,开发面向对象的一体化数据集成的可视化软件。集成的系统主要包括三大功能,即用户数据管理、水资源监测及预测等水文数据处理、统计分析及输出,最终通过对数据的统计分析,实现结果的打印和查询。系统总体技术流程及系统间数据流向见图 8.1。

8.2　系统总体设计

系统设计是系统开发的前提,是后续编程、测试工作的基础,系统设计的好坏基本上决定了软件系统的优劣。好的系统设计能提高开发人员的工作效率,易于软件系统的质量管理和成本控制,符合软件工程的标准;好的系统设计还应该易于扩充、便于修改,在扩充与修改的同时尽可能少地修改那些已经完成的代码。因此,本节按照先总体、后局部,先硬件、后软件的原则和顺序,就如何进行系统设计展开讨论,并在此基础上实现系统功能和系统集成。

8.2.1　系统设计原则

水资源与水灾害空间信息服务系统的设计应从用户角度出发,必须采用 GIS 软件工程思想,遵循"整体布局、统一设计、分步实施"原则,紧密结合流域水资源综合治理的需要,既要满

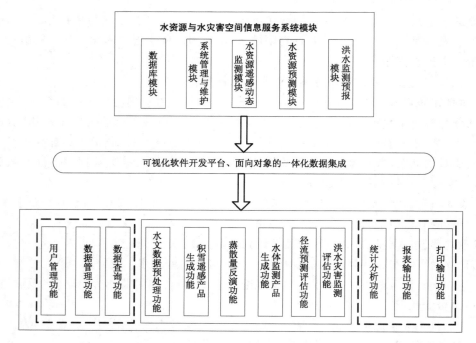

图8.1　区域水资源与水灾害空间信息服务系统集成流程图

足近期流域治理的迫切要求,又要满足流域水资源管理、生态保护的长远需要,实现系统的科学化、合理化、经济化,因此,系统设计应遵循以下基本原则:

(1)实用性

系统要能够满足洪水灾害评估工作的实际需要,可辅助水利管理、防汛抗旱、土地利用规划等部门进行快速科学地决策。

(2)模块化

采用软件工程开发中结构化和原型化相结合的方法,根据工作需要,自顶向下对系统进行功能解析与模块划分。在用户需求分析的基础上,明确系统用户的功能需求,建立相应的功能子模块。

(3)可靠性与安全性

系统在正常运行时要可靠,抗干扰能力强,不会因为不正常运行或中断而导致系统崩溃。系统设计应通过信息使用的权限管理、严格的管理制度、严密的系统操作规程等手段,使系统设计与建设根据要求达到相应安全级别,确保系统长期可靠地运行。

(4)标准化

水资源与水灾害空间信息服务系统的设计开发按照国家规范标准、行业规范标准、国内通用标准等进行设计开发。

(5)可扩展性

系统按照标准化原则应该是一个开放的系统,能够不断地更新、完善各个功能模块,而且应根据用户的需求,对于目前尚不具有或不完善的功能,预留接口,使系统具有一定的升级能力。

(6)兼容性

数据是 GIS 系统的"血液",良好的数据获取和兼容功能是系统实用性和可用性的重要保证。系统数据应具有可交换性,应选择标准的数据格式和设计通用的数据转换功能,实现与不同 GIS、计算机辅助设计(Computer Aided Design,CAD)及现有数据库之间的数据共享和转换。

(7)界面友好型

用户界面是用户与计算机进行交流的媒介,是整个系统最直接的表现,系统在设计界面时应体现:

①简单性。系统所有功能均采用菜单和工具对话框两种方式进行操作,所有提示信息均采用中文方式,以便系统信息利于理解,缩短用户的学习期。

②提供快捷显示及帮助。系统在运行过程中,用户都能联机随时调用帮助系统,给用户以方便的帮助。

③信息反馈。用户对系统的操作是一个交互性过程,系统应具备反馈操作失误或不当的能力,对应用户因各种原因而产生的误操作及导致产生的错用,系统应做出错误信息提示和报告备份。

8.2.2　系统的需求分析

(1)功能设计

数据管理模块属水资源与水灾害专题数据库开发及系统研发、集成的结果,数据管理主要进行卫星数据的加载、空间数据的检索和导入及属性数据的查询。其中,卫星数据预处理即加载卫星数据,可加载 MODIS 和 TM 数据,加载的数据用于积雪监测、蒸发反演、水体监测。空间数据管理主要进行空间数据的检索、查看、导入和导出。属性数据管理包括水资源监测、社会经济数据、洪水监测和气象统计 4 个大项的属性数据。其中,水资源监测属性数据又包括水资源预测、水位信息、日降水量、日气温表、日径流表、水资源监测、水库信息、月降水量、月水位、月流量和测站信息等;社会经济数据包括农业数据、畜牧数据、渔业数据、林业数据和人口财产数据等;洪水监测数据包括洪水基本信息、洪水损失、损失参数等信息;气象统计数据主要包括日气象数据、旬气象数据和月气象数据。

积雪监测和水体监测都是基于遥感的水资源动态监测,在干旱区,径流的很大成分来自于融雪径流的补给。积雪监测和水体监测的主要功能是通过对遥感影像(TM,MODIS)的处理,提取积雪面积、积雪深度、水体面积等信息,为融雪径流模拟提供参数。

融雪径流和水资源预测模块主要是基于 RS 和 GIS 对流域水资源进行预测,其中融雪径流采用积雪监测提供的部分参数(如积雪面积等),然后结合地表径流、地下水径流,预测流域水资源状况。

洪水灾害评估基于 RS 和 GIS 进行,包括洪水模拟和损失评估。洪水模拟可进行不同重现期的洪水淹没模拟,展示不同重现期下淹没面积随时间的变化;损失评估对不同年份、相应的土地利用类型在不同重现期下的淹没进行损失估计。

从区域整体现状与评价的角度看,系统还具备信息查询、检索与管理等基本功能。系统的数据管理功能实现对流域的各种空间、属性数据进行综合的集成化管理,使用户能方便地访问各种数据,快捷地查询所需要的信息,并且以专题地图、统计图表等方式呈现于用户面前。信息的查询方式包括表格数据之间的相互查询,表格数据与统计图表(柱状图、曲线图等)之间的

相互查询,以及基于逻辑表达式的组合查询等,所管理的信息包括以下几个方面:

①流域背景信息:将流域的基本信息以数据库的方式实现统一管理,包括水系分布、居民点、交通网络和行政区划等。

②区域空间数据:区域的原始遥感卫星影像(TM,MODIS 数据)及水、积雪、蒸散的提取数据等。

③水资源监测信息:包括水资源预测、水资源监测、水位信息、日降水量、日气温表、日径流量、水库信息、月径流量、月水位、月流量及测站信息等。

④社会经济信息:包括农业数据、畜牧数据、渔业数据、林业数据和人口财产数据等。其中,农业数据包括作物种类、名称、耕种面积、产量等信息;畜牧数据包括牲畜种类、数量等信息。

⑤洪水监测信息:主要为发生洪水的代码、时间、最大洪峰、最大洪峰日期、重现期等洪水基本信息,以及基于相应洪水的洪水损失、损失参数等信息。

⑥区域气象信息查询:该部分信息包括日、旬、月的平均风速、地面最高温度、地面最低温度、平均温度、5 cm 平均地温、10 cm 平均地温、15 cm 平均地温、20 cm 平均地温、日照时数、最高气压、最低气压、相对湿度、平均总云量、日降水量、1 h 最大降水量等气象信息。

(2)系统数据需求

系统需要大量的信息数据作为支持,下面按照基础地理信息管理、水灾害损失评估等不同功能来分析系统建设所需要的数据信息资料和数据类型。

①DEM 数据:收集现有 DEM 不同分辨率数据,利用玛纳斯河流域行政区划图对 DEM 数据进行裁剪。

②基础地理信息背景数据:包括玛纳斯河流域的行政区划图、交通线路图、基础设施分布图、房屋图、水系图等。

③影像数据:包括 Landsat 和 MODIS 数据格式的多期影像数据,用于以遥感方法提取非洪水期和洪水期的水体范围、基础地理信息及土地利用类型。

④MIKE FLOOD 模型参数数据:包括模型中所需特定格式的地形数据、河网数据、断面数据、水文数据及气象数据等。

⑤水文气象数据:包括玛纳斯河流域多年的水文站点流量数据、水文数据及气象站点数据。

⑥社会经济数据:包括玛纳斯河流域农作物产量、价格、财产分布等数据。

⑦其他说明性资料:如洪水灾害现场调查记录的各种文字、照片、录像等资料。

8.2.3　系统平台选择及总体架构

(1)系统平台选择

1)硬件平台环境

水资源与水灾害空间信息服务系统需要处理海量的空间数据和进行专业的模型运算及空间数据的现实、漫游等操作,需要消耗大量的计算机资源。系统对硬件资料的数据处理运行能力有很高的要求,同时系统的大部分功能都是在客户端完成的,因此高性能的个人电脑基本上可以满足系统运行要求。本节要求配置高性能的以图形处理见长的 PC 机,具体如下:CPU 主频 2.3 GHz 或者更高;最小内存 1 GB,推荐使用 2 GB 或更高的内存配置;数据存储空间由模型数据和现有空间数据大小决定,并推荐使用 7 200 r/s 及其以上的高性能硬盘,以便提高系统数据的存取效率;搭建网络传输所需网络设备,如路由器、网卡等;输入输出设备,主要包括鼠标、键盘、显示器、打印机等。

2)软件平台环境

考虑到国内个人计算机的操作系统一般使用微软公司的 Windows 系列产品,因此本系统操作平台选择 Windows XP,数据服务器端操作系统采用 Linux 或 Windows Server 2003。

选择软件开发环境及语言平台时,应主要考虑其功能、技术支持、开发运行效率等。系统采用 C♯进行开发,它是微软公司创建运行在. NET CLR 上的应用程序语言,从 C 和 C++语言演化而来,吸收了其他语言的许多优点,简单易用,开发速度快。开发工具采用 Visual Studio 2005。目前市场上的主流关系数据库有 Oracle,SQL SERVER,DB2 等,其功能与性能各有千秋。本节所介绍的洪水灾害损失评估系统采用 Oracle 作为空间数据与属性数据存储介质。Oracle 作为数据库市场的领军人物,加大了对空间数据库的支持和管理,同时 Oracle 数据库具有以下特性:①兼容性,Oracle 产品采用标准 SQL,与 IBM 和 DB2 等兼容,完全支持所有的工业标准;②采用完全开发策略,可以使用户选择最适合的解决方案;③可移植性,Oracle 可以运行于很宽范围的硬件与操作系统平台上,可以安装在 70 种以上不同的大、中、小型机上,可以在 DOS,UNIX,Windows 等多种操作系统下工作;④可连接性,能与多种通信网络相连,支持各种协议(TCP/IP,DECnet 等);⑤高性能和高安全性。

3)系统开发模式

用户需求决定了系统的开发模式,通常 GIS 系统的开发模式主要包括底层开发、嵌入集成开发、组件式开发 3 种(刘光 2003)。

底层开发:利用可视化编程语言从底层独立开发系统需要的功能,目前比较流行的 GIS 专业软件采用 C 或 C++语言开发完成。这种开发模式需要投入大量的开发力量和资金。

嵌入集成开发:利用现有的基础 GIS 平台进行二次开发。目前国内外有大批优秀的基础地理信息系统平台,通过对这些软件进行宏定制可以得到专业的 GIS 功能。这种开发的优点有:①有较高的平台支撑,专业的 GIS 一般都提供强大的数据管理、空间分析、图形平台等,对于专业功能 GIS 软件的定制可以从较高的起点平台上直接进行;②可靠性好,专业的 GIS 软件作为成熟的商业产品,在系统可靠性及性能方面都进行了严格的测试与使用。缺点:①系统较为庞大,花费较高,需要购买专业的 GIS 软件;②对于专业的 GIS 应用系统,专业的基础 GIS 软件平台存在大量功能冗余,系统运行速度较慢。

组件式开发:利用可视化编程语言与 GIS 组件进行开发。采用基于 COM 和 ActiveX 控件技术,利用 GIS 组件提供的功能和接口完成特有功能 GIS 系统的开发,这种方式具有小巧灵活、价格便宜的特点,无需专门的 GIS 开发语言,开发简捷,更加大众化。适合行业 GIS 应用系统的定制和开发。

考虑到系统开发的人力、时间及系统中的功能需求,本系统的开发将采用 GIS 组件方式进行开发,利用 ESRI 公司的 ArcGIS Engine(AE)进行系统功能的定制。

ArcGIS Engine(AE)是在 ArcGIS 9.0 以后,在原有版本的基础上增加的新产品,AE 和 ArcObject(AO)是桌面 ArcGIS 的核心部分,其基于 COM 技术,对外提供了大量的接口,其中包括 1 200 多个可以进行定制、扩展和开发 GIS 应用程序的对象,通过这些对象接口,可完成对地理数据的显示、管理、存储等操作。

（2）系统总体架构

系统设计时采用基于局域网环境下的客户端/服务器3层结构设计模式（如图8.2所示），包括数据层、业务处理层和用户操作层，分别负责实现数据访问、业务处理和用户操作等功能。

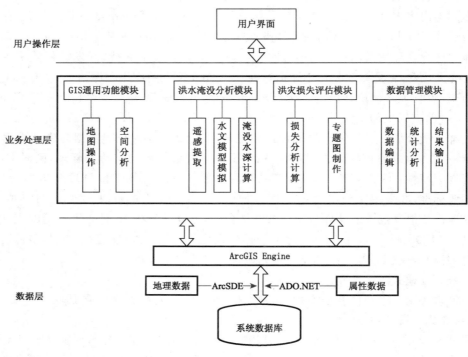

图 8.2　系统框架图

①底层为数据层，为洪灾损失评估提供数据支持，主要包括玛纳斯河流域的地理信息空间数据库及属性数据库。在本系统中数据层的空间数据管理采用 ESRI 公司的 ArcSDE 和 Arc-GIS Engine；属性数据管理采用 ADO. NET 实现数据的读写。

②中间层为业务处理层，它是整个系统的核心，负责处理用户输入的信息，根据用户输入信息对数据层进行操作，并将操作结果反馈给用户。主要包括 GIS 通用功能模块、洪水淹没分析模块、洪灾损失评估模块及数据管理模块。

③顶层为用户操作层，系统通过可视化人机交互界面，通过鼠标或菜单操作，利用 GIS 工具实现信息查询、统计等功能。

下编　人类活动对绿洲水文生态的影响

第9章　玛纳斯河流域绿洲形成与演变

9.1　绿洲的定义

绿洲是干旱区特殊的地理景观。关于绿洲的定义,不少学者从不同的观点和角度做出了不同的概括。《辞海》(辞海编辑委员会 1999)定义,绿洲也叫"沃洲",指荒漠中水草丰美、树木滋生、宜于人居的地方,一般见于河流两岸,泉、井附近,以及受高山冰雪融水灌注的山麓地带。《地理学词典》定义,绿洲是荒漠中水源丰富、可供灌溉、土壤肥沃的地方。

随着干旱环境的进一步恶化,人们对绿洲的认识也越来越深入,普遍认为绿洲是干旱环境中最重要的人地关系地域系统,这一系统的内部结构和外部环境的微小变化都会对绿洲整体产生重要影响。总结各种定义,可归纳出绿洲是存在于干旱荒漠环境中,具有明显高于其环境的第一性生产力的,依赖外源性天然水源存在的生态系统。它包括三点含义:①绿洲是存在于干旱环境中的特殊生态系统;②绿洲的主体景观是繁茂的植被,它们形成了与周围环境呈鲜明对比的地域性植物群落;③水是绿洲的生命之源,是建造绿洲的主要动力,也是维护绿洲生态的最重要因素,是绿洲内物质、能量和信息最主要的携带者,同时也是绿洲生态和经济社会系统共同依赖的要素。绿洲的植被依赖于来自系统外(山区)的水源补给,绿洲就是与来自系统外部的水源相联系,并通过水分的时空分布控制形成、具有自动调节和自组织功能的整体。绿洲环境中的天然降水不具有重要的生态意义。

目前对绿洲并没有统一的分类标准,大多数依据绿洲的分布地域和出现的时间先后来进行分类,如按所处地貌类型可分为扇缘绿洲、湖滨绿洲、沿河绿洲等;按使用类型可分为人工绿洲、天然绿洲等;按开发的时间顺序可分为老绿洲、新绿洲等。绿洲生态系统的环境因素包括光和热、水、土壤、人类活动等几个方面。一个完整的自然绿洲生态系统是以来自山区的河流为纽带联结起来的完整系统,它在空间上自上游向下游依次出现:①泉水溢出带上的中生植被群落,如杨树、榆树、各种灌木、中生草类等;②沿河流生长的植被,只是局限分布于河流两岸;③分布于下游洪泛区和古河道中的盐化草地植被群落;④位于河流尾闾的湖泊。剖面上,山前凹陷区是冲洪积扇发育的地区,山前外缘断裂一般控制着绿洲的上部边界。平面上,冲洪积扇缘溢出带附近及沿河流下游常形成以中生植物为主的植被高覆盖区,是绿洲的核心区域,向下过渡到冲积平原,地表水已不能直接到达,植物主要靠地下水生存。天然状态下,在绿洲最下游,往往形成尾闾湖泊,是绿洲河流的最终归宿。故一个完整的天然绿洲系统应该包括冲洪积扇缘溢出带附近及沿河流下游以中生植物为主的核心区、冲积平原上以盐生植物为主的外围区和尾闾湖泊三大部分,这三大部分靠来自系统外的水源维系,但之间相互联系、相互影响。

现代绿洲是干旱区人类生存最重要的基地,密集的人类活动是现代绿洲的特征。现代绿洲主要包括绿洲农田(包括其中防护林和水域)、绿洲人类聚落、农田外围的低平地草地和平原河岸林。其对应的绿洲生态系统有绿洲农田生态系统、绿洲聚落生态系统、低平地草地生态系统和平原河岸林生态系统(樊自立 等 2002)。

9.2　玛纳斯河流域绿洲的形成与演变

9.2.1　玛纳斯河流域绿洲的形成

人工灌溉绿洲是干旱区特有的自然综合体，是人类劳动的产物。它的形成和演变既受水、土等自然因素影响，同时社会经济因素也起很大作用。就自然条件而言，天山北麓发展农业比南疆塔里木盆地更为有利，但在很长时期内北疆是以牧为主，而南疆则是以农为主。这是由于历史上居住在天山北麓的匈奴、乌孙、柔然、铁勒、突厥、契丹、蒙古及后来的哈萨克和瓦剌人，都是以牧为主，使得天山北麓人工灌溉绿洲的形成和演变与塔里木盆地不同。塔里木盆地主要受水资源开发利用阶段和程度影响，在不同时期形成不同类型的绿洲，而天山北麓则是随着社会经济发展，绿洲呈滚雪球式逐步扩大。

玛纳斯河流域绿洲属于人工灌溉绿洲，它是通过新中国成立后开垦的新绿洲，把过去分散的旧绿洲斑块联结成大片，进而发展成南依天山、北抵古尔班通古特沙漠的宽窄不等的绿洲带，主要是通过开发玛纳斯河流域水资源扩大新绿洲实现的。

玛纳斯河流域水资源较为丰富，气候温和，地形平坦，土层深厚，是新中国成立后的重点农垦区。玛纳斯河流域清朝前期耕地面积仅 0.95 万 hm^2，清朝末年为 1.63 万 hm^2，到新中国成立前也只有 4.0 万 hm^2。现全流域地表水引用量为 16.2 亿 m^3，水库调节水量为 5.17 亿 m^3，地下水开采量达到 4.4 亿 m^3，使耕地面积扩大到 28.0 万 hm^2，比新中国成立前增加 6 倍，其中新垦绿洲耕地占到流域总耕地面积的 65.6%。流域开发是在引蓄结合、渠库结合、竖井排灌、梯级电站的整体规划基础上逐步实施的。由玛纳斯河出山口的红山嘴，向北一直深入到古尔班通古特沙漠的莫索湾，东、西向分别与呼图壁河灌区和奎屯河灌区绿洲相接，构成天山北麓中段最大的灌溉绿洲，也是新疆新中国成立后开垦最大的新绿洲（樊自立 等 2002）。

9.2.2　玛纳斯河流域绿洲的时空演变

为了研究过去 50 a 来绿洲的时间和空间变化过程，需要连续的资料和数据，但是这里的资料非常有限，虽然有些资料对帮助恢复历史具有重要意义，但这些资料无法反映在空间上。如果每隔 5 a 能有一个反映绿洲空间变化的数据，则将对反映和恢复这段历史非常有利。但前期只能利用新中国成立初期的历史图件反映当时的绿洲空间分布格局，用 1∶100 000 的地形图（1958 年航摄，1959 年调绘，1962 年出版，1954 年北京坐标系，1956 年黄海高程系，等高距为 20 m，1958 年版图式）代表 1960 年前后的绿洲空间分布，定义为 1962 年。自 1972 年美国第一颗人造卫星（Landsat 1）发射成功以来，卫星遥感数据已经成为研究大区域非常有效的资料之一，发挥了巨大的作用。

玛纳斯河流域的绿洲为人工绿洲，景观类型包括农田、人工园林、城镇、乡村、工程建筑、人工水库等几类，利用 1949，1962，1976，1989，1999 和 2001 年 6 个时期的玛纳斯河流域景观分布格局图，从中提取出绿洲信息，经类型合并，制作出玛纳斯河流域过去 50 a 来 6 个时期的绿洲分布状况，见表 9.1。

（1）玛纳斯河流域绿洲的面积（数量）变化

通过对比分析发现，玛纳斯河流域绿洲迅速扩张的时间发生在 1949—1976 年期间，1976

表 9.1 玛纳斯河流域过去 50 a 来绿洲景观动态变化面积对比 单位：km²

绿洲景观类型	1949 年	1962 年	1976 年	1989 年	1999 年	2001 年
农田	156.385	2 750.458	3 639.491	4 234.008	4 427.377	4 568.254
人工园林	—	0.434	15.632	29.660	29.598	30.905
人工水库	—	7.319	48.335	81.108	78.903	107.642
城镇	—	18.706	22.481	59.359	70.536	75.713
乡村	—	169.133	186.563	206.647	245.115	256.845
工程建筑	—	0.0	0.0	0.427	1.004	2.717
绿洲总面积	156.385	2 946.050	3 912.502	4 611.209	4 852.533	5 042.076

年以后,绿洲面积扩张速度减缓,基本呈平缓的增长趋势。对比绿洲总面积变化趋势与农田用地面积增长趋势,可以发现,玛纳斯河流域绿洲扩张与农田用地扩张速度完全同步。因农业是该流域的主导产业,说明绿洲的扩张过程在某种程度上就是农田用地迅速增长的过程。拟合 50 a 的绿洲扩张和农田用地增长趋势为：

绿洲：$y=1210.0 \ln x+40.027$ $R^2=0.9901$

农田：$y=1100.3 \ln x+70.797$ $R^2=0.9936$

式中：y 为绿洲或农田面积（km²）；x 为时间（a）。

绿洲扩张总体上拟合程度较高,相关系数在 0.99 以上,但 1962 和 1976 年的解译值要明显小于拟合值,而 1989,1999 和 2001 年的解译值要稍高于拟合值,主要原因是由于 50 a 来数据间隔太大,如果在绿洲扩张最快的 1962 年前后再有几个数据的话,拟合曲线将会更接近实际。

如表 9.1,1949 年玛纳斯河流域的工业与城市化程度较低,当地居民主要以农业和牧业为生,故绿洲面积可以视为农田用地面积。之后,经过兵团和当地居民的奋力拼搏,荒漠变成了绿洲,不仅发展了农业,也建立了相应的工业等其他产业,到 1962 年,绿洲与农田用地之间就有了一定的差值,之后这一差值逐年增长,到 2001 年,农田与绿洲面积的差值已增加到 473.822 km²。说明 1976 年以后,工业化与城市化在玛纳斯河流域已具有相当地位。

玛纳斯河流域的绿洲开发过程是一个复杂的过程。自 1952 年兵团开始开发玛纳斯河流域以来,农田用地面积在逐年扩大,特别是"创田"年代(大跃进时期,1958—1966 年),提倡"人有多大胆,地有多大产",山前平原区凡是比较平整的荒漠区域都被开发,从位于低山带(前山带)的荒漠草原到森林带以下的山地草原(良好的春秋牧场),凡是能开垦的黄土坡地、起伏开阔的台子地及丘间槽子地,短时间内都变成了旱田。到底有多少面积的荒漠和荒漠草原变成为农田用地,当地居民也没有一个很准确的数据,但他们知道哪些地方曾经被开发过,之后的"文化大革命"(1967—1976 年)使绿洲开发过程几乎停顿。大面积的耕地由于缺乏水资源和合理的经营管理而被撂荒,农田用地面积急剧下降,一部分已经转化为荒漠或荒漠草原。1976年以后,农业生产重新步入正轨,绿洲和农田用地面积开始扩张。尽管目前没有更详细的数据来建立以 5 a 为周期的绿洲扩张过程,但 1976—2001 年的 4 期遥感数据已基本满足要求,现在最大的问题在于 1962—1976 年这 15 a 时段内绿洲在空间上是如何变化的。

《玛纳斯河流域水利志》列举了 1959—1985 年期间玛纳斯河各灌区实际供水量统计值,经过对下野地灌区、莫索湾灌区、石河子灌区及各县的供水量对比发现,各个灌区 1967 年的供水量值都为最高。在统一灌溉定额的基础上,农田面积与用水量是呈正比的,根据供水量的多少可以推出农田面积的大小,这些说明了在过去 50 a 里,绿洲面积最大值发生在 1967 年,但因受数据源限制,暂时无法将其表达在空间范围内,尽管这是一个比较困难的研究课题,但如果能恢复这段历史,将对模拟和预测未来绿洲的发展具有重要意义。

通过上面的讨论可以得出,现有的资料反映了玛纳斯河流域过去 50 a 来绿洲扩张的总体趋势是个逐渐增加的过程,不同的阶段扩张速度不同。过去 50 a 里,绿洲面积迅速扩张的时期发生在 1949—1967 年,1967 年绿洲面积达到最大,但具体数目有待进一步研究;1967—1976 年,绿洲面积有所减少,减少速度也有待进一步研究;从 1976 年以后,绿洲面积又开始缓慢回升,2001 年绿洲面积达到现有资料的最高值 5 042.076 km²,是 1949 年的约 32.24 倍,是 1962 年的约 1.71 倍,是 1976 年的约 1.29 倍。

(2)玛纳斯河流域绿洲的空间变化

由历史资料可知,1949 年玛纳斯河流域绿洲仅分布在山前冲洪积扇或冲积平原的河流两侧,它们之间是不连通的,灌溉系统非常简陋,用简易的沟渠引来河水或泉水,基本不存在盐碱化问题,玛纳斯河及其他河流从山区携带的泥沙或矿物质可到达玛纳斯湖。

1952—1962 年,绿洲分布范围急剧扩张,原来分散的绿洲被联结起来,同时玛纳斯河中下游地区大片的荒漠、沼泽地均被开发变成了新绿洲,如石河子、安集海、莫索湾和下野地等,并建立了石河子市,此时绿洲面积已是 1949 年的 18.84 倍。1962 年,石河子、安集海和下野地绿洲之间仍然分布着大片的荒漠,莫索湾绿洲的范围也比较小,大的绿洲斑块之间基本没有相连。

1976 年绿洲分布又发生了巨大变化,首先是低山带河流两岸低洼地带的荒漠草原被开发变成新绿洲,特别是宁家河低山带绿洲,是农八师 151 团所在地;其次是山前冲积平原区绿洲继续向外扩张,如莫索湾绿洲、下野地绿洲,同时各绿洲之间基本相连,安集海、石河子和下野地三大绿洲之间的大片荒漠也被开发,此时绿洲外围雏形已基本形成。

1989,1999,2001 年绿洲外围变化数量已非常稀少,大部分变化发生在绿洲内部,主要为局部荒漠被开发或因盐碱化过重导致的撂荒。

分析表明,过去 50 a 绿洲扩张可分为两个阶段:绿洲快速扩张阶段(1949—1976 年),老绿洲面积的急剧扩大和新绿洲的开发,各绿洲基本相连;绿洲稳步发展阶段(1976—2001 年),绿洲外围南北向轮廓已不再扩张,主要的变化发生在绿洲内部。

第 10 章　玛纳斯河流域地下水资源评价

10.1　水文地质条件

10.1.1　供水水文地质条件

玛纳斯河流域内地下水的分布、赋存及循环具有典型的内陆盆地特征,地表水与地下水相互转化。玛纳斯河流域上游地区为海拔 1 200～3 600 m 的高中山区,年降水量 400～500 mm,是地表水的形成区;出山口以下平原地区,大量的地表水通过河道、渠系和田间灌溉入渗补给地下水;玛纳斯河流域中下游地区,地下水又以泉水溢出、湿地等形式转化成地表水。

从南部山前向准噶尔盆地中部沙漠,海拔逐渐降低,地貌依次为山前冲洪积扇(冲洪积平原)→冲积细土平原→风成沙漠,地下水的赋存由单一结构的潜水含水层过渡到多层结构的潜水—承压(自流)水含水层。

流域南部由透水性较差的第三纪地层组成东西向的背斜构造,犹如一道天然的屏障,阻隔了山区地下水与平原区地下水之间的相互联系。第一排与第二排背斜构造之间,东西向的山间洼地堆积了较厚的下更新统西域组砾岩及中更新统砾石,构成了一座天然调节的地下水库。在塔西河的红沙湾、玛纳斯河红山嘴以南的石灰窑、宁家河的卡子湾、金沟河的红山头一带,地下水沿深切的河谷,以侵蚀下降泉的形式汇入各河中。

流域内平原区各冲洪积扇相连,它们之间地下水既存在水力联系又具有相对的独立性,通过扇区北部的扇缘溢出带向细土平原过渡。312 国道以南为山前冲洪积扇中上部,海拔 400～600 m,地下水主要受河水渗漏、洪水渗漏和渠道水渗漏等补给,含水层为单一潜水含水层,岩性一般为沙砾石、卵砾石等,渗透系数为 50～200 m/d,单位涌水量为 10～160 L/(s·m),水质较好,矿化度为 0.2～1.1 g/L。地下水总体以水平径流向北及西北方向流动。

312 国道以北至西岸大渠以南的冲洪积平原区,海拔 300～400 m,为地下水溢出带,含水层由单一结构的潜水过渡为上部潜水—下部多层承压(自流)水,岩性一般为沙砾石、沙与黏性土的互层,含水层颗粒变细,其渗透系数为 2.1～30 m/d,单位涌水量为 1～15 L/(s·m),承压水水质较好,矿化度为 0.3～0.5 g/L,潜水埋深接近地表,矿化度一般大于 1 g/L,在河、沟处形成泉水,在地表低洼处形成沼泽,泉水汇入平原水库,地下水又以泉水出露转化成地表水,下部承压(自流)水仍以水平径流向北及西北方向流动。

西岸大渠以北至古尔班通古特沙漠的细土平原,含水层颗粒更细,岩性以粉细沙、粉沙为主,黏性土层增多,承压(自流)水渗透系数为 1～5 m/d,单位涌水量为 0.5～2.5 L/(s·m),承压水水质较好,矿化度为 0.3～1 g/L,水平径流变缓。潜水含水层主要受渠系渗漏、灌溉入渗、降水入渗等补给,水质较差,矿化度大于 3 g/L,另外有下部承压水越流补给,潜水排泄方式为蒸发。人工开采条件下,开采已成为承压水的主要排泄方式。

10.1.2 玛纳斯河干流平原区地下水含水层结构、分布与富水性

玛纳斯河干流平原区分布着巨厚的第四系松散沉积物,含水层结构自南向北由单一结构的潜水含水层向多层结构的潜水—承压(自流)水含水层过渡。

单一结构的潜水含水层分布在乌伊公路以南,含水层富水性自南向北呈现弱—强—弱的变化规律。在石河子市、143团团部一带,潜水水位埋深15～50 m,包气带地层呈典型的二元结构,表层为粉土和粉质黏土,厚1～5 m,渗透性较弱;下部为卵石、砾石及含砾粗沙层等,渗透系数为80～130 m/d,平均单位涌水量为4 000 m³/(d·m),为本区最富水地带。在南部石河子乡、152团一带,水位埋深50～200 m,含水层由卵砾石组成,平均单位涌水量1 100 m³/(d·m),渗透系数为16～70 m/d;最富水地带以北及石河子市以西扇间洼地,含水层岩性为卵砾石、沙砾石、中粗沙,平均单位涌水量1 400 m³/(d·m),渗透系数为35～86 m/d。

多层结构的潜水—承压(自流)水含水层分布于单一结构潜水区以北,即玛纳斯河冲洪积扇缘及冲积平原区。冲洪积扇下部及扇缘部位潜水水位埋深大多为2～8 m,表层包气带岩性主要由粉土、粉质黏土和粉沙交互沉积而成,透水性相对较弱。在100 m深度内有两层较稳定的含水层,岩性为砾石、沙砾石,单层厚度10～25 m,第一层顶板埋深38～72 m,第二层顶板埋深65～90 m;冲积细土平原区100～200 m深度内存在2～3层含水层,含水层岩性以沙为主,单层厚度为7～41 m,承压水单位涌水量900～1 000 m³/(d·m),渗透系数为5～10 m/d。

10.1.3 灌区地下水的补给、径流、排泄条件

(1)地下水的补给条件

灌区位于玛纳斯河冲洪积扇及冲洪积细土平原,区内地下水的补、径、排条件与水文条件息息相关。区内山前冲洪积扇的地形南高北低,东高西低。由南向北,水文地质条件变化规律较为明显,具有山前冲洪积扇的一般水文地质规律。地下水的形成及运动受地质构造、地形地貌及水文气象等因素控制。

平原区地下水的补给方式主要为区内地表水的垂向转化补给。

源于天山深处的玛纳斯河汇集了山区的降水和冰雪融水,70%以上的河道水量通过水利工程引入灌区,仅在每年的6—9月丰水期洪水排入河道,渗漏补给地下水。由于前山带第三纪背斜构造的阻隔,灌区地下水天然补给主要包括河床潜流补给和降水补给。转化补给项包括农田灌溉的绿洲平原区邻区侧向补给、渠系渗漏补给、田间渗漏补给、平原水库渗漏补给、河道渗漏补给等。

地下水的各补给项与众多因素有关,对主要补给项简述如下:

①河道水补给条件有河道径流量、河床岩性、糙率及地下水埋深等。玛纳斯河径流在山口红山嘴水利枢纽断面有70%以上被水利工程引走,其余水量通过河道注入夹河子水库。该段河床岩性以含漂石的卵砾石、沙砾石为主,极有利于河水的下渗。河道上段河水补给是目前石河子市城市供水的主要来源。夹河子水库以下河道,河床岩性以细沙、中细沙为主,相对于上段河道其渗漏损失率较小。但由于下游河道较长且弯曲平缓,故其渗漏总量较大,对维持下游生态有着不可替代的作用。

②渠系引水渗漏与引水量、渠床岩性、地下水埋深、防渗类型和防渗率有关。玛纳斯河干

流平原区五大灌区渠系改造防渗配套近 10 a 来发展迅猛,目前在新疆范围内渠系水利用率属较高水准,故渠系水的渗漏补给量较原流域规划水平年有一定的下降。

③田间灌溉水渗漏补给取决于灌溉定额、包气带岩性和地下水埋深。耕地包气带岩性以沙壤土为主,有利于灌溉水下渗。但近年来,特别是进入 21 世纪后,玛纳斯河干流区节水灌溉面积大幅度增加,目前各种形式的节水灌溉面积达 100 余万亩,使得平均单位面积田间灌溉水入渗量减小。

④平原水库的渗漏与库坝类型、库盘土质和面积有关。灌区内有 9 座平原水库,其中大型库 3 座、中型库 5 座、小型库 1 座,总库容为 4.08 亿 m³。评价区水库坝型以均质土坝为主,由于平原水库具有坝线长、库水面大等特点,故水库蒸发渗漏量均较大,渗漏方式主要为库盘和坝基渗漏。

玛纳斯河干流平原区干旱少雨、蒸发强烈的气候特征,决定了降雨入渗直接补给地下水的量较小。

(2)地下水的径流条件

地下水的径流条件与所处地貌部位及岩性有关。在 312 国道以南的冲洪积扇中上部,含水层颗粒粗大,主要以含漂石的卵砾石为主,地下水径流条件好;在 312 国道以北至跃进水库、夹河子水库和大泉沟水库一线为玛纳斯河冲洪积扇下部,含水层岩性主要为沙砾石层,颗粒相对较粗,地下水径流条件较好;跃进水库、夹河子水库和大泉沟水库一线以北为细土平原,含水层岩性主要以细沙和粉细沙为主,含水层颗粒变细,透水性减弱,地下水的径流条件变差。

在灌区由南向北地下水径流条件逐渐变差的情况下,各区段内地下水径流条件也有小的变化,主要反映在:由玛纳斯河河道(包括古河道)向两侧延伸,含水层颗粒逐渐变细,地下水径流速率也逐渐减小。

(3)地下水的排泄条件

地下水的排泄方式可分为自然排泄和人工排泄两种。自然排泄包括地下水的蒸发蒸腾、泉水溢出、平原区河道排泄和地下水向下游区的侧向径流排泄;人工排泄方式为人工开采和排渠排泄。

①地下水的蒸发蒸腾排泄主要集中在地下水埋深小于 5 m 的区域,评价区蒸发强烈,蒸发蒸腾排泄是地下水最为主要的排泄途径。

②泉水溢出带主要分布在玛纳斯河东、西两岸的冲洪积扇扇缘地带,随着地下水开发利用程度的提高和水利工程设施的配套完善,泉水溢出量表现为逐年衰减。

③随着灌溉面积的不断增加和工业的快速发展,对水资源的需求在不断增长。目前,人工开采地下水基本遍布整个评价区,人工开采也已逐渐成为地下水的一种主要排泄方式。

10.1.4　灌区地下水的水化学特征

(1)潜水水质

平原区潜水的水化学类型具有明显的南北分带性,即由南向北矿化度逐渐增高,至平原区下游渐变为高矿化度咸水,其分带如下:

①山前地带约 5 km 范围的倾斜平原顶部,由于受第三系基岩裂隙水的影响,水化学特征较为复杂,为 $SO_4 \cdot Cl-Ca$、$SO_4 \cdot Cl-Na$、$HCO_3 \cdot SO_4-Na \cdot Ca$ 型,矿化度一般为 2 g/L 左右。

②山前倾斜平原是地下水强径流区，潜水含水层矿化度低，一般小于 0.8 g/L，水化学类型为 $HCO_3 \cdot SO_4 - Na \cdot Ca$、$HCO_3 \cdot SO_4 - Ca$ 型，水质良好。

③冲积平原区由于水力特征和径流条件发生变化，潜水以垂直交替为主，受蒸发浓缩作用，水质不断变差，矿化度明显升高。水化学类型主要为 $SO_4 \cdot Cl - Na$、$Cl \cdot SO_4 - Na$、$SO_4 - Na$，矿化度为 $1\sim50$ g/L。

（2）承压水水质

承压水主要接收上游地下水的侧向补给。浅层承压水由于含水层顶板不连续，受上部潜水的影响，在垂向上随着深度的增加水质变好，在水平方向上主要表现为由南向北浅层承压水淡水层厚度逐渐变薄，即南部含水层颗粒相对较粗，地下水流速相对较快，循环交替较快，其上部咸水层厚度较薄，淡水层厚度较厚；而北部含水层颗粒相对较细，地下水循环交替较慢，上部咸水层较厚，淡水层相对较薄。深层承压水水质在垂向上和水平方向上变化不大。

10.1.5　地下水动态

根据灌区观测资料，地下水动态类型主要为潜水的水文型、人工开采型、灌溉-蒸发型，以及承压水的人工开采型。

（1）潜水

1）水文型动态

区内水文型动态主要反映在冲洪积扇地区，地下水属于单一结构的潜水区，补给源主要为各河河道水、暴雨洪流和春季融雪水。每年 7—8 月份，洪水较多，对地下水补给强度较大，受此影响地下水位上升，到每年的 10 月份达到峰值，上升幅度约 2.5 m，10 月份后水位逐渐回落，至次年 3 月份达到正常水位。

2）人工开采型动态

分布于冲洪积平原及冲积平原的地下水集中开采区，如石河子市城市供水水源地和各分灌区农灌机井开采集中区。由于石河子市大量开采地下水，在水源地周围形成了面积约 100 km² 的区域降落漏斗（以地下水水位下降 0.3 m 为外包线），通过计算 1964—2004 年多年平均地下水持续下降速率为 0.357 m/a。随着地下水开采量日益增大，冲洪积扇溢出带泉水逐年减少，地下水位下降明显。玛纳斯河下游各分灌区近年来地下水（主要为承压水）开发利用程度逐年提高，如莫索湾灌区和西岸大渠灌区，承压水水位都出现了不同程度的下降。

3）灌溉-蒸发型动态

位于冲洪积细土平原的广大绿洲灌区，由于引水灌溉，渠系水、田灌水大量入渗补给潜水，致使潜水水位逐年抬升。由于垦区属内陆干旱气候，蒸发强度大，强烈的蒸发蒸腾作用成为潜水含水层实现水盐均衡的主导因素。因此，垦区细土平原区潜水水位受人工灌溉活动影响而抬升，因蒸发蒸腾作用而下降，形成典型的灌溉-蒸发型动态。潜水水位在年内出现季节性变化，一般每年 7 月份潜水水位降到最低点，11 月份以后潜水水位逐渐回升。

（2）承压水开采型动态

灌区开垦初期在冲洪积平原内打了许多自流井，井的自流量自南向北递减。随着垦区的不断发展，地下水的开发力度逐渐加大，原有的自流井流量逐渐减小，绝大多数自流井相继断流。另外，近 40 a 来，垦区机井的凿井深度不断增大，从三四十年前的 $50\sim80$ m，到现今的机井深度普遍超过 150 m，北部下游垦区大部分机井深度超过 250 m，相当部分甚至达 400 m。

这一现象充分说明了垦区中下部平原区承压含水层水位逐年下降的基本事实。在垦区水文地质条件和地下水的补给条件变化不大的情况下,此现象与不断增加的地下水开发活动密切相关。经调查分析,区内承压水水位的不断下降,主要为人工开采所致,形成开采型动态。

10.2　地下水资源及可开采量的计算与评价

10.2.1　地下水资源量计算范围、原则及方法

(1)地下水资源量计算范围

根据《新疆玛纳斯河流域规划平原区水文地质勘查报告》*和本次补充测绘及收集的近年来勘察、开采等成果,结合区内水文及水文地质条件,确定以 200 m 深度内的含水层组为本次地下水资源计算的目的层。计算范围为玛纳斯河干流平原绿洲区:南界为玛纳斯河平原区与山区的分界线;北界至莫索湾灌区沙漠边缘、玛纳斯河故道和西岸大渠灌区 136 团;东界为玛纳斯县玛纳斯河灌区各乡和新湖总场东行政边界;西界从 143 团至海子湾水库,沿西岸大渠至 132 团与 136 团西界。总面积约 6 149.89 km²,计算均衡期为 2004 年。

(2)地下水资源量计算原则

①根据肯斯瓦特水利工程对平原区地下水资源的评价和兵团勘测规划设计研究院下达的任务通知书中的要求进行分析计算。

②地下水补给、排泄量的分析计算,主要以 1995 年《新疆玛纳斯河流域规划平原区水文地质勘查报告》资源量计算成果为基础,并以 2004 年为基准年,同时对玛纳斯河干流区地下水潜水水位进行补充测绘,修正流域规划地下水流场图,还充分收集利用评价区内水利工程现状,地表水、地下水利用现状,已有的新钻孔及水文地质资料,对评价区所属各二级灌区地下水资源做出评价。

③参数的选择是在分析利用前人资料的基础上,重点运用评价区内近年来水文地质勘查中的抽水试验求得的参数,同时参照 2004 年 10 月完成的《新疆地下水资源调查与评价》总结确定的各流域水文地质参数,最终经对比、筛选、优化后确定。

(3)地下水资源量计算方法

根据玛纳斯河干流区的水文地质条件,对评价区采用水均衡法计算地下水资源较为适宜。

玛纳斯河干流平原区地下水补给项主要有地下水侧向径流补给、渠系水入渗补给、田间灌溉水入渗补给、水库水入渗补给、河水入渗补给、井水回归量和泉水回归量等 7 项。地下水的排泄项主要有下游地下水侧向径流流出排泄、地下水溢出排泄(以泉水形式溢出排泄)、潜水蒸发及植物蒸腾排泄、人工开采等 4 项,其水均衡方程式为:

$$Q_{补} - Q_{排} = \Delta W \tag{10.1}$$

其中:
$$Q_{补} = Q_{侧入} + Q_{渠渗} + Q_{田渗} + Q_{库渗} + Q_{河渗} + Q_{井归} + Q_{泉归} \tag{10.2}$$

$$Q_{排} = Q_{侧出} + Q_{泉排} + Q_{蒸发} + Q_{开采} \tag{10.3}$$

$$\Delta W = \mu F \Delta h / \Delta t \tag{10.4}$$

式中:$Q_{补}$ 为评价区地下水在均衡期 Δt 时间内的总补给量($10^8 \, m^3/a$);$Q_{排}$ 为评价区地下水在均衡

---

* 新疆第二水文地质大队.1995.下同。

期 Δt 时间内的总排泄量($10^8\,\mathrm{m}^3/\mathrm{a}$);$\Delta W$ 为评价区地下水在均衡期 Δt 时间内的储存变化量($10^8\,\mathrm{m}^3/\mathrm{a}$);$Q_{侧入}$ 为地下水侧向流入补给量($10^8\,\mathrm{m}^3/\mathrm{a}$);$Q_{渠渗}$ 为渠系水入渗补给量($10^8\,\mathrm{m}^3/\mathrm{a}$);$Q_{田渗}$ 为田间灌溉水入渗补给量($10^8\,\mathrm{m}^3/\mathrm{a}$);$Q_{库渗}$ 为水库水入渗补给量($10^8\,\mathrm{m}^3/\mathrm{a}$);$Q_{河渗}$ 为河水入渗补给量($10^8\,\mathrm{m}^3/\mathrm{a}$);$Q_{井归}$ 为井灌回归入渗补给量($10^8\,\mathrm{m}^3/\mathrm{a}$);$Q_{泉归}$ 为泉水回归入渗补给量($10^8\,\mathrm{m}^3/\mathrm{a}$);$Q_{侧出}$ 为地下水侧向流出排泄量($10^8\,\mathrm{m}^3/\mathrm{a}$);$Q_{泉排}$ 为泉水溢出排泄量($10^8\,\mathrm{m}^3/\mathrm{a}$);$Q_{蒸发}$ 为潜水蒸发及植物蒸腾排泄量($10^8\,\mathrm{m}^3/\mathrm{a}$);$Q_{开采}$ 为地下水人工开采量($10^8\,\mathrm{m}^3/\mathrm{a}$);$\mu$ 为潜水变幅带给水度;F 为均衡区面积(km^2);Δh 为均衡计算时间(a);Δt 定为 1 a。

10.2.2　平原计算区的划分

(1)划分原则

①评价区地形地貌及水文地质特点,水土资源开发利用的共同性、差异性和分布情况。

②现状年玛纳斯河干流区分水、引水及现有水利工程设施所形成的灌溉格局及特点。

③尽可能保持行政区划界线的完整性。

(2)计算区的划分

依据玛纳斯河平原区划分原则,将玛纳斯河干流平原区划分为 5 个分灌区进行地下水资源量计算。

Ⅰ.玛纳斯县灌区(包括行政单位:头工乡、广东地乡、兰州湾乡、凉州户乡、园艺场及试验站)。

Ⅱ.石河子灌区(包括行政单位:石河子市、石河子乡、152 团、石河子总场、143 团北灌区和乌拉乌苏镇)

Ⅲ.新湖灌区(包括行政单位:新湖总场、北五岔乡)

Ⅳ.莫索湾灌区(包括行政单位:147 团、六户地乡、148 团、149 团及 150 团)

Ⅴ.西岸大渠灌区(包括行政单位:121 团、122 团、132 团、133 团、134 团、135 团、136 团、老沙湾乡、四道河子乡、柳毛湾乡、商户地乡和小拐乡)。

10.2.3　计算参数的确定

地下水资源量计算参数包括含水层参数和其他与水资源量计算有关的参数两类。含水层参数的选取是在原流域规划选用参数的基础上,增加近年来各团场水文地质勘查抽水试验资料及开采资料;其他参数依据区内的水文地质条件经实际调查或参照 2004 年 10 月完成的《新疆地下水资源调查与评价》成果中有关玛纳斯河流域的水文地质参数确定。

(1)降水入渗补给系数(α)

参照《新疆地下水资源》确定降水入渗补给系数,见表 10.1。

玛纳斯河干流平原区灌区地表岩性主要为粉土,因此地下水位埋深小于 1 m 时,α 值取 0.12;地下水位埋深为 1～3 m 时,α 值取 0.06～0.07;地下水位埋深为 3～6 m 时,α 值取 0.02～0.04。

(2)潜水蒸发系数(C)、植物蒸腾系数(Z)

根据《新疆地下水资源调查与评价》给出蒸发蒸腾折算系数和潜水蒸发系数,见表 10.2 和表 10.3。

表 10.1　降水入渗补给系数(α)取值表

名称	降水入渗补给系数			
地下水埋深(m)	≤1	1～3	3～6	>6
粉质黏土	0.08～0.12	0.06～0.10	0.03～0.07	0.02～0.04
粉土	0.08～0.15	0.07～0.15	0.05～0.10	0.03～0.08
粉细沙	0.12～0.18	0.10～0.20	0.05～0.10	0.05～0.10
沙砾石	0.10～0.20			

表 10.2　潜水蒸发蒸腾折算系数(Z)表

名称	潜水蒸发蒸腾折算系数			
潜水埋深(m)	≤1	1～3	3～6	>6
C'	1+(1.50～1.86)×植被覆盖率(%)	1+(1.34～1.50)×植被覆盖率(%)	1+(1.19～1.34)×植被覆盖率(%)	1

表 10.3　潜水蒸发系数(C)值表

名称	潜水蒸发系数			
潜水水位埋深(m)	≤1	1～3	3～6	>6
沙砾石	0.79～0.12	0.12～0	0	0
粉细沙	0.81～0.40	0.40～0	0	0
粉土	0.55～0.40	0.40～0.10	0.10～0.01	0
粉质黏土	0.78～0.45	0.45～0.10	0.10～0.01	0

玛纳斯河平原区地表岩性主要为粉土,局部夹粉质黏土,当地下水位埋深小于 1 m 时,潜水蒸发系数 C 值取 0.40～0.50;地下水位埋深为 1～3 m 时,潜水蒸发系数 C 值取 0.06～0.08;地下水位埋深为 3～5 m 时,潜水蒸发系数 C 值取 0.01～0.02。

(3)田间灌溉入渗系数(β)值

田间灌溉入渗系数受灌溉定额、灌溉方式、地下水位埋深、包气带岩性、灌前土壤含水量等多种因素影响,依据玛纳斯河平原区现状情况,结合《新疆地下水资源调查与评价》给出田间灌溉入渗系数值(见表 10.4)。

表 10.4　田间灌溉入渗系数(β)值表

名称	灌溉定额(m³/a)	田间灌溉入渗系数			
潜水水位埋深(m)		≤1	1～3	3～6	>6
沙性土	40～70	0.20～0.30	0.16～0.25	0.08～0.15	0.06～0.10
	70～100	0.25～0.35	0.20～0.25	0.12～0.18	0.10～0.13
黏性土	40～70	0.15～0.22	0.08～0.15	0.03～0.08	0.02～0.03
	70～100	0.15～0.25	0.10～0.24	0.04～0.10	0.03～0.06

(4)渠系水渗漏补给系数(m)

渠系水渗漏补给系数(m)与渠系水有效利用系数(η)、渠系水渗漏修正系数(r)、防渗修正系数(r_1)有关,它们之间的相互关系如下:

$$m = (1 - \eta) \cdot r \cdot r_1$$

本节通过对玛纳斯河干流平原区各灌区 2004 年水利工程资料调查分析,结合各干渠、支渠、斗渠床岩性,地下水埋深,防渗类型求出渠系入渗系数(见表 10.5、表 10.6、表 10.7)。由此计算出玛纳斯河干流平原区各灌区渠系水渗漏补给系数(见表 10.8)。

表 10.5　现状水平年各灌区渠系水有效利用系数(η)

名称		农渠	斗渠	支渠	干渠	总干渠	渠系水有效利用系数
西岸大渠灌区	防渗率(%)		30.00	75.82	75.80		
	渠道水利用系数	0.94	0.94	0.93	0.94	0.90	0.67
莫索湾灌区	防渗率(%)		40.12	98.44	90.26		
	渠道水利用系数	0.94	0.94	0.93	0.94	0.94	0.68
石河子灌区	防渗率(%)		67.94	79.64	76.76		
	渠道水利用系数	0.95	0.95	0.95	0.95	0.92	0.75
玛纳斯县灌区	防渗率(%)		67.94	79.64	76.76		
	渠道水利用系数	0.95	0.94	0.95	0.95	0.92	0.74
新湖灌区	防渗率(%)		40.12	98.44	90.26		
	渠道水利用系数	0.94	0.92	0.94	0.93	0.92	0.69

表 10.6　渠系水渗漏修正系数(r)

名称	渠系水渗漏修正系数			
潜水水位埋深(m)	0~1	1~3	3~6	>6
沙砾石、沙性土	0.75~0.80	0.70~0.75	0.60~0.70	0.50~0.60
黏性土	0.70~0.75	0.60~0.70	0.50~0.60	0.40~0.50

表 10.7　不同防渗率与渠道渗漏修正系数表(r′)

防渗率(%)	<20	20~40	40~60	60~80	80~100
渗漏修正系数	0.97	0.90	0.85	0.80	0.75

表 10.8　现状水平年各灌区渠系水渗漏补给系数

名称	渠系水有效利用系数	渠系水渗漏修正系数	防渗修正系数	渠系水渗漏补给系数
西岸大渠灌区	0.67	0.75	0.80	0.20
莫索湾灌区	0.68	0.70	0.75	0.17
石河子灌区	0.75	0.75	0.80	0.15
玛纳斯县灌区	0.74	0.75	0.80	0.16
新湖灌区	0.69	0.75	0.75	0.17

(5)潜水变幅带给水度(μ)

根据玛纳斯河平原区各灌区潜水变幅带主要岩性,参照《新疆地下水资源调查与评价》选取(见表 10.9)。

表 10.9　潜水变幅带给水度(μ)选取表

岩性	沙砾石	粉细沙	粉土	粉质黏土
给水度	0.18~0.24	0.07~0.09	0.04~0.06	0.02~0.04
玛纳斯河干流平原区各灌区给水度选取值				
地区	西岸大渠灌区	莫索湾灌区	石河子灌区	玛纳斯县灌区	新湖灌区
给水度	0.10	0.10	0.20	0.18	0.12

（6）水库水入渗补给系数（$\alpha_{库}$）

规划计算区目前正常蓄水的水库有 4 座，中型库与小型库各 2 座，在考虑降水、蒸发、坝基岩性的同时，参照相关资料确定水库水入渗补给系数（见表 10.10）。

表 10.10　水库水入渗补给系数（$\alpha_{库}$）

水库名称	库容（万 m³）	类型	规模	水库水入渗补给系数
新湖坪水库	3 200	平原水库	中型	0.12
白土坑水库	1 200	平原水库	中型	0.20
跃进水库	8 970	平原水库	大型	0.12
夹河子水库	6 110	平原水库	大型	0.12
大泉沟水库	4 000	平原水库	中型	0.12
蘑菇湖水库	14 288	平原水库	大型	0.06
柳树沟水库	1 325	平原水库	中型	0.12
千泉湖水库	350	平原水库	小型	0.08
海子湾水库	1 400	平原水库	中型	0.12
合计	40 843			

（7）河道水入渗补给系数（m'）

玛纳斯河渠首的建成使下游河道仅在洪水期排泄河水，平、枯水期由渠系将河水引向下游各灌区和平原水库。洪水期玛纳斯河洪水由红山嘴渠首泄洪至夹河子水库，径流长度 27.5 km。其入渗补给系数见表 10.11。

表 10.11　玛纳斯河在评价区的损失系数与入渗补给系数

评价段	径流长度（km）	河道水损失系数	河道水入渗补给系数
红山嘴渠首—夹河子水库	27.50	0.263 0	0.259 8
夹河子水库—136 团灌区北部边界	148.00	0.290 4	0.272 5

（8）含水层渗透系数

含水层渗透系数是含水层固有的特性，玛纳斯河干流平原区冲积扇至下游的冲洪（湖）积平原区含水层岩性变化较大，冲积扇区含水层岩性以卵砾石、沙砾石为主，渗透性强；过渡区含水层岩性颗粒较冲洪积扇区小，主要以粗沙、中粗沙及局部含沙砾石为主，含水层渗透性中等—较强；冲洪（湖）积平原区含水层组成颗粒相对细小，岩性以细沙、粉沙沙为主，渗透性较弱。含水层渗透系数的选取是以《新疆玛纳斯河流域规划平原区水文地质勘查报告》为基础，补充本次工作所做的抽水试验和近年来平原区内开展的水文地质勘察工作计算成果，按灌区分别统计，见表 10.12。

（9）泉水回归、井灌回归系数

据调查资料分析，玛纳斯河干流区泉水溢出后基本都归入各平原水库，经水库放水通过各级渠道用于农田灌溉，故泉水回归按出山口地表水处理。

评价区农灌机井绝大部分处于农田中或者斗渠、农渠边（节水灌溉区地下水开采后直接进入田间），因此，地下水有效利用系数相对较高，渠道入渗系数采用 0.04，田间回归系数按田间水入渗系数的 75% 计算。

表 10.12　玛纳斯河干流平原区含水层渗透系数表

灌区	孔位	孔深(m)	地下水类型	含水层岩性	含水层厚度(m)	静水位埋深(m)	动水位埋深(m)	单井流量(L/s)	涌水量(m³/d)	渗透系数(m/d)
西岸大渠灌区	121团7连	251.76	承压水	细沙	98.76	5.00	23.58	20.60	1 779.84	2.55
	121团16连	319.84	承压水	细沙	120.00	3.00	14.70	22.50	1 944.00	3.60
	121团26连	310.00	承压水	细沙	131.00	2.50	38.00	22.22	1 920.00	3.50
	122团4连	390.00	承压水	细沙	80.00	4.50	9.49	15.00	1 296.00	5.59
	122团1连15号井	300.00	承压水	细沙	80.00	7.00	47.00	22.22	1 920.00	0.75
	132团6号井	309.30	承压水	粉细沙	59.36	自流	17.62	22.00	1 900.80	1.52
	132团4连	341.00	承压水	粉细沙	80.00	11.00	47.00	23.89	2 064.00	0.86
	133团团部	96.00	潜水	中细沙、细沙	44.00	3.07	12.21	7.73	667.20	2.27
	133团17连	309.00	承压水	细沙	80.00	13.20	47.10	28.92	2 498.30	1.12
	134团团部	434.00	承压水	粉细沙	214.00	自流	14.50	10.00	364.00	2.26
	135团5连	124.00	潜水	粉细沙	60.00	12.00	32.00	19.40	1 680.00	1.92
	135团2连	285.00	承压水	粉细沙	60.00	12.00	41.00	22.78	1 968.00	1.12
	136团团部	80.00	潜水	细沙	30.00	4.25	14.25	20.79	1 796.30	8.50
	136团5区	120.00	潜水	细沙	40.00	17.00	25.00	22.22	1 920.00	5.70
	克拉玛依小拐乡	60.00	潜水	细沙	30.00	7.50	12.14	12.50	1 080.00	7.21
莫索湾灌区	147团13连	123.00	潜水、承压水	细沙	40.00	9.70	37.20	34.72	3 000.00	2.59
	147团8连	148.00	潜水、承压水	细沙	40.00	6.10	35.80	34.72	3 000.00	2.40
	148团30队	270.00	承压水	细沙	60.00	19.00	36.00	22.22	1 920.00	1.91
	148团15连连部	270.00	承压水	细沙	60.00	20.00	39.00	22.22	1 920.00	1.71
	149团ZK1勘探井	250.70	承压水	细沙、粉细沙	70.00	12.40	42.00	26.26	2 268.72	1.40
	149团ZK2勘探井	230.70	承压水	细沙、粉细沙	70.00	12.45	27.09	24.03	2 076.48	2.47
	149团ZK3勘探井	230.00	承压水	细沙、粉细沙	80.00	17.12	48.53	22.64	1 956.00	0.98
	149团ZK4勘探井	251.00	承压水	细沙、粉细沙	78.84	12.20	36.55	22.82	1 971.60	1.28
	150团16连	221.00	承压水	细沙、粉细沙	75.00	6.20	28.00	22.22	1 920.00	1.31
	150团14连	241.00	承压水	细沙、粉细沙	80.00	16.30	38.00	22.22	1 920.00	1.24
石河子灌区	152团2连	195.00	潜水	卵砾石	25.00	170.10	174.10	34.70	2 998.08	40.33
	天富热电ZK4	200.00	潜水	卵砾石	73.00	127.20	128.68	65.56	5 664.00	95.13
	石河子乡大庙村4队	90.00	潜水	卵砾石	53.10	36.90	37.79	36.11	3 120.00	86.88
	石河子技校	90.00	潜水	沙砾石	60.70	23.75	24.70	50.00	4 320.00	74.67
	天业化工城供水井	130.00	潜水	沙砾石、中细沙	118.50	7.15	10.25	67.04	5 792.00	57.24
	143团18连	80.00	潜水	卵砾石	44.40	34.80	35.60	22.78	1 960.20	53.63
	沙湾乌拉乌苏乡	100.00	潜水、承压水	沙砾石、中细沙	69.40	5.30	14.30	63.81	5 513.20	14.61
	石河子总场	150.00	潜水、承压水	沙砾石、中细沙	101.00	7.39	11.70	119.17	10 296.00	28.19
	石河子总场自来水厂	80.00	潜水、承压水	沙砾石、中细沙	72.25	8.05	9.76	13.89	1 200.00	13.36
	石总场*2分场园林站	80.00	潜水	沙砾石、中细沙	40.00	10.21	15.75	66.94	5 784.00	24.18
	石总场2分场2连	110.50	潜水、承压水	沙砾石、中细沙	45.00	1.00	14.70	90.00	7 776.00	11.92
	石总场3分场1连	100.00	潜水	沙砾石、中细沙	40.00	7.00	14.00	80.00	6 912.00	23.45
	石总场3分场6连	104.00	潜水、承压水	沙砾石、中细沙	40.00	自流	7.49	76.94	6 648.00	21.08
	石总场4分场2连	100.00	潜水、承压水	沙砾石、中细沙	40.00	6.20	24.10	75.00	6 480.00	8.38
	石总场6分场	110.00	潜水、承压水	中细沙	45.00	3.60	32.80	100.00	8 640.00	6.21
	石总场6分场	145.00	潜水、承压水	中细沙	45.00	4.50	28.60	73.89	6 384.00	5.56
玛纳斯县灌区	玛纳斯林场综合队	180.00	潜水	沙砾石	30.50	149.50	154.30	8.90	768.96	15.22
	玛纳斯电厂厂区北侧	102.21	潜水	卵砾石	69.51	30.25	32.70	89.00	7 713.80	54.12
	玛纳斯电厂厂区南侧	222.00	潜水	砾石含粗沙	180.91	39.00	41.59	87.61	7 569.50	19.13

灌区	孔位	孔深(m)	地下水类型	含水层岩性	含水层厚度(m)	静水位埋深(m)	动水位埋深(m)	单井流量(L/s)	涌水量(m³/d)	渗透系数(m/d)
新湖灌区	新湖总场一分场 ZK1	350.00	承压水	粉细沙	92.35	35.45	62.94	22.22	1 920.00	0.94
	新湖总场二分场 ZK3	350.00	承压水	粉细沙	92.00	27.77	75.35	18.06	1 560.00	0.52
	新湖总场三分场 ZK4	350.00	承压水	粉细沙	80.20	23.17	67.91	9.44	816.00	0.22
	新湖总场六分场场部	350.00	承压水	粉细沙	80.00	11.68	23.23	22.22	1 920.00	1.93
	新湖总场七分场 ZK6	350.00	承压水	细沙	80.51	4.25	23.78	52.78	4 560.00	3.89

* 石总场为石河子总场的简称。

10.2.4　地下水资源量计算

（1）地下水侧向流入补给量（$Q_{侧入}$）

玛纳斯河干流平原区与相邻平原区之间的地下水有着密切的联系，而与南部山区（低山丘陵区）的水力联系较弱。由地下水等水位线图（图略）可以看出，南部山区及西岸大渠沿线有地下水对本次计算评价区侧向径流补给。该项补给由三部分组成：①山口河道潜流补给；②山前低山丘陵区暴雨洪流入渗补给；③平原区邻区地下水侧向径流补给。

1）山口河道潜流补给量

玛纳斯河河道潜流补给量计算公式：

$$Q_{河潜} = 365 \cdot K \cdot I \cdot F \tag{10.5}$$

式中：$Q_{河潜}$ 为山口河道潜流补给量（万 m³/a）；K 为河流出山口潜水含水层渗透系数（m/d）；I 为出山口潜水水力坡度；F 为出山口河道横断面潜水含水层面积（m²）。

玛纳斯河出山口红山嘴河道横断面数据为石河子第二水源地水文地质详查成果，潜水含水层渗透系数 $K = 500$ m/d，地下水水力坡度 $I = 5$‰，河道横断面潜水含水层面积 $F = 3$ 700 m²。

经计算（见表 10.13）玛纳斯河河谷红山嘴河道潜流量为 337.63 万 m³/a。

表 10.13　玛纳斯河山口河道潜流计算表

参数	F(m²)	K(m/d)	I	$Q_{河潜}$(万 m³/a)
玛纳斯河	3 700	500	0.005	337.63

2）山前低山丘陵暴雨洪流入渗补给量

评价区南部的低山丘陵区，虽常年缺水，但分水岭北侧的冲沟发育，且有一定的产流面积，每次暴雨后沿丘陵坡面汇集的暴雨洪流除蒸发外，大部分渗失于山前戈壁砾石带（本值参照原流域规划计算值给出）。

计算公式：

$$Q_{暴雨} = 10^{-1} \cdot F \cdot A \cdot \eta \cdot \alpha \tag{10.6}$$

式中：$Q_{暴雨}$ 为山前暴雨洪流入渗补给量（万 m³/a）；F 为低山丘陵坡面汇水面积（km²）；A 为多年平均暴雨降水量（mm/a）；η 为产流系数（取 0.1）；α 为暴雨洪流入渗补给系数（取干旱区类比值 0.7）。

经计算（见表 10.14），山前低山丘陵暴雨洪流入渗补给量为 245.00 万 m³/a。

表 10.14　低山丘陵暴雨洪流入渗量计算表

参数	$F(km^2)$	$A(mm)$	η	α	$Q_{暴雨}(万\ m^3/a)$
玛纳斯河	175	200	0.1	0.7	245.00

3)平原区邻区地下水侧向径流补给量

由玛纳斯河干流平原区潜水等水位线图(图略)可以看出,评价区沿西岸大渠一线有来自玛纳斯河以西的宁家河、金沟河和巴音沟河等河冲洪积平原的侧向径流补给量;玛纳斯河灌区东南边界有来自塔西河冲洪积扇区的侧向补给,上述补给量采用达西公式计算。

计算公式如下:

$$Q_{侧补} = 10^{-4} \cdot K \cdot I \cdot L \cdot \sin\alpha \cdot M \cdot t \tag{10.7}$$

式中:$Q_{侧补}$为平原区邻区地下水侧向径流补给量(万 m^3/a);K 为含水层渗透系数(m/d),取值参见含水层渗透系数表 10.12;I 为地下水水力坡度;L 为计算流入断面长度(m);M 为含水层厚度(m);α 为补给断面与地下水流向夹角;t 为计算期,$t=365$ d/a。

计算结果见表 10.15,地下水侧向径流补给量合计为 4 534.09 万 m^3/a。

表 10.15　侧向径流补给量计算表

计算段	$K(m/d)$	I	$L(m)$	$M(m)$	$\alpha(°)$	$t(d)$	$Q_{侧补}(万\ m^3/a)$	
132 团至老沙湾乡段	2	0.001 9	55 000	120	90	365	915.42	4 534.09
玛纳斯县城东至 新湖总场东南角	15	0.001 8	35 200	140	40		3 618.67	

(2)河道入渗补给量($Q_{河渗}$)

评价区河道仅有玛纳斯河一条,在每年 7—9 月的洪水期红山嘴渠首至夹河子拦河水库段有地表径流,近 4 a 河道平均行洪量为 35 262.00 万 m^3/a,夹河子水库通过河道下泄的生态水量为 6 583.00 万 m^3/a。

计算公式:

$$Q_{河渗} = Q_{河} \cdot m' \tag{10.8}$$

式中:$Q_{河渗}$为河道入渗补给量(万 m^3/a);$Q_{河}$ 为通过河道下泄的水量(万 m^3/a);m'为河道入渗系数。

在玛纳斯河径流入渗补给地下水的分配过程中,考虑河道穿越的灌区长度和地下水径流方向等因素,分配结果见表 10.16。河道入渗补给量为 10 955.07 万 m^3/a。

(3)渠系水入渗补给量($Q_{渠渗}$)

计算公式:

$$Q_{渠渗} = Q_{渠引} \cdot m \tag{10.9}$$

式中:$Q_{渠渗}$为渠系入渗补给量(亿 m^3/a);$Q_{渠引}$为渠系引水量(亿 m^3/a);m 为渠系入渗系数。

由农八师水利统计资料和本次沙湾县、玛纳斯县收集调查成果,得到玛纳斯河干流平原区各灌区渠系(包括总干渠、干渠、支渠、斗渠和农渠)防渗长度、防渗率和各级渠道有效利用系数(见表 10.5)。

根据各条渠道在不同灌区的渠底岩性、地下水埋深、防渗类型和防渗率确定各灌区渠系水入渗系数,由此计算出各灌区渠系水入渗补给量,计算结果见表 10.17。

表 10.16　玛纳斯河河道水入渗量计算结果与各灌区分配统计表

河道名称	评价段	长度（km）	河道多年平均径流量（万 m³/a）	河道水损失系数	河道水入渗系数	河道径流补给量（万 m³/a）
玛纳斯河	红山嘴渠首—夹河子水库段	27.50	35 262.00	0.263 0	0.259 8	9 161.07
	夹河子水库—136 团灌区北部边界段	148.00	6 583.00	0.290 4	0.272 5	1 793.87
	河道径流入渗量各灌区分配（万 m³/a）					
	灌区名称	玛纳斯灌区	石河子灌区	新湖灌区	莫索湾灌区	西岸大渠灌区
	红山嘴渠首—夹河子水库段	3 053.69	6 107.38	0.00	0.00	0.00
	夹河子水库—136 团灌区北部边界段	0.00	145.46	0.00	145.45	1 502.97
	小　计	3 053.69	6 252.83	0.00	145.45	1 502.97
	合　计	10 954.94				

表 10.17　现状水平年各灌区渠系水入渗量

项目	渠系引水量（万 m³/a）	渠系水入渗系数	渠系水入渗量（万 m³/a）	过境水量（万 m³/a）	过境水入渗系数	过境水入渗量（万 m³/a）	入渗总量（万 m³/a）
西岸大渠灌区	34 968.72	0.20	6 993.74				6 993.74
莫索湾灌区	28 057.91	0.17	4 769.84				4 769.84
石河子灌区	30 534.91	0.15	4 580.24	51 606.98	0.04	2 064.28	6 644.52
玛纳斯县灌区	20 910.96	0.16	3 345.75	16 681.31	0.04	667.25	4 013.00
新湖灌区	16 847.25	0.17	2 864.03				2 864.03
合计	131 319.75		22 553.60	68 288.29		2 731.53	25 285.13

（4）田间灌溉水入渗补给量（$Q_{田渗}$）

计算公式：

$$Q_{田渗} = Q_{田引} \cdot \beta \tag{10.10}$$

式中：$Q_{田渗}$ 为田间灌溉水入渗补给量（万 m³/a）；$Q_{田引}$ 为田间灌溉引水量（万 m³/a）；β 为田间灌溉入渗系数。

田间灌溉引水量根据近 4 a 平均总引水量扣除渠系损失、过境水求得进入田间水量（计算结果见表 10.18）。

表 10.18　现状水平年各灌区田间水入渗量

项目	渠系引水量（万 m³/a）	渠系有效利用系数	进入田间水量（万 m³/a）	田间入渗系数	田间水入渗量（万 m³/a）
西岸大渠灌区	34 968.72	0.67	23 429.04	0.16	3 748.65
莫索湾灌区	28 057.91	0.68	19 079.38	0.16	3 052.70
石河子灌区	30 534.91	0.75	22 881.20	0.12	2 745.74
玛纳斯县灌区	20 910.96	0.74	15 474.11	0.12	1 856.89
新湖灌区	16 847.25	0.69	11 624.60	0.16	1 859.94
合计	131 319.75		92 488.34		13 263.92

（5）水库水入渗补给量（$Q_{库渗}$）

计算公式为：

$$Q_{库渗} = Q_{库容} \cdot \alpha_{库} \tag{10.11}$$

式中：$Q_{库渗}$ 为水库水入渗补给量（万 m³/a）；$Q_{库容}$ 为水库的实际库容（万 m³/a）；$\alpha_{库}$ 为水库入渗

补给系数。

计算结果见表 10.19。

表 10.19　水库入渗量计算结果表

所在灌区	水库名称	库容(万 m³/a)	$\alpha_库$	水库入渗量(万 m³/a)
玛纳斯县灌区	新湖坪水库	3 200	0.12	384.00
	白土坑水库	1 200	0.20	240.00
	跃进水库	8 970	0.12	1 076.40
	夹河子水库	6 110	0.12	733.20
	合计	19 480		2 433.60
石河子灌区	大泉沟水库	4 000	0.12	480.00
	蘑菇湖水库	14 288	0.06	857.28
	柳树沟水库	1 325	0.12	159.00
	千泉湖水库	350	0.08	28.00
	海子湾水库	1 400	0.12	168.00
	合计	21 363		1 692.28
总　计		40 843		4 125.88

(6)降水入渗补给量($Q_{降渗}$)

计算公式:

$$Q_{降渗} = 10^{-1} \cdot P \cdot F \cdot \alpha \tag{10.12}$$

式中:$Q_{降渗}$ 为降水入渗补给量(万 m³/a);P 为大于 10 mm 的有效降水量(mm/a);F 为计算区面积(km²);α 为降水入渗系数。

降水入渗补给总量为 1 336.45 万 m³/a,计算结果见表 10.20。

表 10.20　降水入渗补给量计算表

灌区	潜水埋深(m)	F(km²)	α	P(mm/a)	$Q_{降渗}$(万 m³/a)
玛纳斯县灌区	≤1	0	0.12	83.5	0
	1~3	109.40	0.06		54.81
	3~6	75.21	0.04		25.12
	>6	296.86	0		0
	小计	481.47			79.93
石河子灌区	≤1	0	0.12	102.6	0
	1~3	573.02	0.06		211.87
	3~6	100.78	0.04		41.38
	>6	230.49	0		0
	小计	904.29			253.25
新湖灌区	≤1	0	0.12	73.45	0
	1~3	184.48	0.06		84.52
	3~6	755.71	0.02		111.01
	>6	0.00	0		0
	小计	940.19			195.53
莫索湾灌区	≤1	0	0.12	61.63	0
	1~3	182.47	0.07		78.71
	3~6	354.48	0.04		87.38
	>6	514.22	0		0
	小计	1 051.17			166.09

续表

灌区	潜水埋深(m)	$F(km^2)$	α	$P(mm/a)$	$Q_{降渗}$(万 m^3/a)
西岸大渠灌区	≤1	0	0.12		0
	1~3	652.36	0.06		298.87
	3~6	1 122.33	0.04	76.36	342.78
	>6	998.08	0		0
	小计	2 772.77			641.65
合计	≤1	0			0
	1~3	1 701.73			728.78
	3~6	2 408.51			607.67
	>6	2 039.65			0
	小计	6 149.89			1 336.45

(7)井灌回归入渗补给量($Q_{井归}$)

井灌回归入渗补给量,是评价区地下水的二次转换补给量,因此,它仅能作为地下水均衡计算的转换补给量,而不能算是区内地下水的外来补给量。井灌回归途径分为渠道入渗回归和田间入渗回归,考虑到目前机井开采量大部分采用节水灌溉技术,且现状年节水灌溉面积接近总灌溉面积的 40%,故井灌回归入渗系数比一般情况偏小。根据各灌区井灌回归入渗系数求得各区的回归补给量(见表 10.21)。

表 10.21   现状水平年各灌区地下水入渗回归量计算表

项目	地下水开采量 (万 m^3/a)	渠道入渗 回归系数	渠道入渗 回归量 (万 m^3/a)	渠道有效 利用系数	田间入渗 回归系数	田间入渗 回归量 (万 m^3/a)	回归量合计 (万 m^3/a)
西岸大渠灌区	8 094.38	0.04	323.78	0.94	0.12	913.05	1 236.83
莫索湾灌区	3 617.38	0.04	144.70	0.94	0.12	434.09	578.79
石河子灌区	11 044.80	0.04	441.79	0.95	0.10	1 104.48	1 546.27
玛纳斯县灌区	4 027.28	0.04	161.09	0.95	0.10	402.73	563.82
新湖灌区	2 833.73	0.04	113.35	0.94	0.12	340.05	453.40
合计	29 617.56		1 184.70			3 194.40	4 379.11

(8)地下水侧向流出排泄量($Q_{侧出}$)

由等水位线图(图略)可看出玛纳斯河干流平原区地下水流出断面:莫索湾灌区的 150 团北断面、六户地乡至 147 团北断面;西岸大渠灌区的绿洲灌区与沙漠交界断面及 136 团北部含玛纳斯河河道断面。各断面含水层水文地质参数依据抽水试验资料给出,计算方法同公式(10.7)地下水侧向径流排泄量计算结果见表 10.22。

表 10.22   地下水侧向流出排泄量计算表

计算段		K (m/d)	I	L(m)	M(m)	$\alpha(°)$	t(d)	$Q_{侧出}$ (万 m^3/a)	
莫索湾灌区	150 团北部	1.25	0.000 5	20 500	130	90		60.80	
	六户地乡至 147 团北部	2.5	0.001	18 500	140	90		211.28	
西岸大渠灌区	柳毛湾至 121 团东北	3.2	0.000 5	34 000	140	16	365	76.61	1 395.25
	121 团东北至 135 团东北	2.5	0.001	42 000	130	50		381.64	
	136 团北部	7.1	0.001	20 500	140	90		664.92	

(9)泉水、河道与排沟排泄量($Q_{泉排}$)

泉水主要分布于冲洪积扇前缘一带,为地下水的自然排泄。经调查,玛纳斯河干流平原评价区泉水溢出水量为 1.1 亿 m^3/a,主要集中分布在石河子灌区。

玛纳斯河夹河子拦河水库以下至 121 团段有少量地下水天然排泄,合计排泄量约为 2 523 万 m^3/a。

(10)潜水蒸发及植物蒸腾排泄量($Q_{蒸发}$)

计算公式:

$$Q_{蒸发} = 10 \cdot \varepsilon_0 \cdot C \cdot F \cdot Z \tag{10.13}$$

式中:$Q_{蒸发}$ 为潜水蒸发及植物蒸腾排泄量(万 m^3/a);ε_0 为 E-601 的水面蒸发量(m/a);C 为潜水蒸发系数;F 为计算面积(km^2);Z 为植物蒸腾系数,该值按各埋深区间中植物生长、发育程度确定。潜水蒸发及植物蒸腾排泄量计算结果见表 10.23。

表 10.23 潜水蒸发及植物蒸腾排泄量计算表

灌区	潜水埋深(m)	$F(km^2)$	C	Z	ε_0(m/a)	$Q_{蒸发}$(万 m^3/a)
玛纳斯县灌区	≤1		0.50	2.05	1.025	0.00
	1~3	109.40	0.06	1.94		1 304.84
	3~6	75.21	0.02	1.60		246.61
	>6	296.86	0.00			0.00
	小计	481.47				1 551.45
石河子灌区	≤1		0.50	2.05	0.903	0.00
	1~3	573.02	0.06	1.40		5 778.35
	3~6	100.78	0.01	1.20		109.18
	>6	230.49	0.00			0.00
	小计	904.29				5 887.54
新湖灌区	≤1		0.40	1.45	0.967	0.00
	1~3	184.48	0.07	1.50		2 275.87
	3~6	755.71	0.02	1.20		1 754.13
	>6	0.00				0.00
	小计	940.19				4 030.00
莫索湾灌区	≤1		0.40	1.45	1.200	0.00
	1~3	182.47	0.10	1.60		3 504.83
	3~6	354.48	0.03	1.40		1 787.29
	>6	514.22	0.00			0.00
	小计	1 051.17				5 292.12
西岸大渠灌区	≤1		0.50	1.45	1.175	0.00
	1~3	652.36	0.06	1.50		6 898.24
	3~6	1 122.33	0.01	1.40		1 846.11
	>6	998.08	0.00			0.00
	小计	2 772.77				8 744.34
合计	≤1	0.00				0.00
	1~3	1 701.73				19 762.12
	3~6	2 408.51				5 743.33
	>6	2 039.65				0.00
	小计	6 149.89				25 505.45

(11)地下水均衡计算结果

玛纳斯河干流平原区地下水均衡计算结果见表 10.24。

表 10.24　地下水资源量均衡汇总　　　　　　　　　　　　　单位:万 m³/a

序号	项目	补给项						占总量的比例(%)
		玛纳斯县灌区	石河子灌区	新湖灌区	莫索湾灌区	西岸大渠灌区	合计	
1	侧向径流补给	3 618.67	582.63			915.42	5 116.72	0.08
2	河道入渗补给	3 053.69	6 252.83	0.00	145.45	1 502.97	10 954.94	0.17
3	降水入渗补给	79.93	253.25	195.53	166.09	641.65	1 336.45	0.02
4	渠系入渗补给	4 013.01	6 644.52	2 864.03	4 769.85	6 993.74	25 285.14	0.39
5	田间灌溉入渗补给	1 856.89	2 745.74	1 859.94	3 052.70	3 748.65	13 263.92	0.21
6	水库入渗补给	2 433.60	1 692.28				4 125.88	0.06
7	井灌回归	563.82	1 546.27	453.4	578.79	1 236.83	4 379.11	0.07
	合计	15 619.62	19 717.51	5 372.9	8 712.87	15 039.26	64 462.16	1.00
		排泄项						
1	侧向径流排泄				272.08	1 123.17	1 395.25	0.02
2	蒸发蒸腾排泄	1 551.45	5 887.54	4 030.00	5 292.12	8 744.34	25 505.45	0.36
3	泉水排泄		10 000.00	1 000.00			11 000.00	0.16
4	开采地下水	4 027.28	11 044.80	2 833.73	3 617.38	8 094.38	29 617.56	0.42
5	河道排泄量					2 523.00	2 523.00	0.04
	合计	5 578.73	26 932.33	7 863.73	9 181.58	20 484.89	70 041.26	1.00
	补排均衡差	5 598.87	−7 214.82	−2 490.83	−468.71	−5 445.63	−10 021.12	

由地下水补排均衡汇总表可以看出,评价区地下水总补给量为 64 462.16 万 m³/a,总排泄量为 70 041.26 万 m³/a,地下水处于负均衡状态。各分灌区地下水均衡计算结果为:石河子灌区地下水总补给量为 19 717.51 万 m³/a,总排泄量为 26 932.33 万 m³/a;玛纳斯县灌区地下水总补给量为 15 619.62 万 m³/a,总排泄量为 5 578.73 万 m³/a;新湖灌区地下水总补给量为 5 372.9 万 m³/a,总排泄量为 7 863.73 万 m³/a;莫索湾灌区地下水总补给量为 8 712.87 万 m³/a,总排泄量为 9 181.58 万 m³/a;西岸大渠灌区地下水总补给量为 15 039.26 万 m³/a,总排泄量为 20 484.89 万 m³/a。

从各灌区均衡结果来看,除玛纳斯县灌区以外,各灌区均处于负均衡或基本平衡状态,与现状年各灌区地下水水位呈现下降趋势的动态特征是吻合的,进而也验证了本次地下水均衡计算结果是符合实际的。

10.2.5　地下水资源量评价

玛纳斯河干流平原区内地下水各补排要素明确,通过均衡法计算得出,地下水均衡补给量为 64 462.16 万 m³/a,内含井灌、泉水回归量 8 642.46 万 m³/a,而井灌回归量是评价区内地下水的二次转换补给量,所以,它仅能作为地下水均衡计算的转换补给量。因此,规划区内地下水的实际补给量应为 55 819.70 万 m³/a,地下水总补给模数为 10.48 万 m³/(a·km²)。

由表 10.24 可见,评价区内天然补给和侧向补给主要为侧向径流补给、河床潜流补给、降水入渗补给和丘陵区暴雨洪流入渗,合计为 6 453.17 万 m³/a,仅占区内实际补给量的 10%。这是由于南部天山褶皱带强烈上升,前山带形成隆起,致使第三系褶皱构造起着相对隔水屏障的作用,山区地下水无法直接补给平原区地下水。因此,规划区内地下水补给资源量主要是由地表水通过各种途径转化而来的,主要转化项为渠系入渗和田间灌溉入渗,分别为 25 285.14 万和 13 263.92 万 m³/a,分别占总补给量的 39% 和 21%。渠系入渗量和田间灌溉入渗量计算参数的选择,充分考虑了灌区水利设施配套、防渗、灌溉制度等影响因素,因此,其计算结果是客观的。

从地下水资源评价结果来看,地下水在玛纳斯河干流灌区处于负均衡状态,下面根据石河子灌区、莫索湾灌区和西岸大渠灌区的部分地下水动态长期观测成果(见表10.25)与计算的地下水资源量均衡结果的对应关系来分析上述灌区地下水资源量的可靠性。

表 10.25　农八师 2000 年地下水位动态观测成果表

灌区	统一编号	原编号	坐标(N)	位置	井深(m)	地下水类型	地面标高(m)	观测年份	水位埋深(m)	水位(m)	平均下降幅度(m/a)
石河子灌区	BC3	C8	44°05′56″ 86°18′03″	石河子市		潜水		1990	0.00	0	−0.54
								1995	120.11	−120.11	
								2000	122.83	−122.83	
	BC9	S6-3	44°32′08″ 86°09′41″	石河子总场六分场	70.0	潜水	375.100	1990	4.12	370.98	−0.32
							375.100	1995	5.90	369.20	
							375.100	2000	7.06	368.04	
莫索湾灌区	BC11	147-2	44°30′29″ 86°21′14″	147团2营9连	30.0	潜水	379.195	1990	2.24	376.96	−0.19
							379.195	1995	3.18	376.02	
							379.195	2000	4.12	375.08	
	BC12	147-3	44°31′54″ 86°19′51″	147团2营5连	30.0	潜水	376.479	1990	2.83	373.65	−0.11
							376.479	1995	3.74	372.74	
							376.479	2000	4.30	372.18	
	BC13	147-5	44°32′42″ 86°15′42″	147团3营17连	30.0	潜水	368.974	1990	3.07	365.90	−0.14
							368.974	1995	4.53	364.44	
							368.974	2000	5.25	363.72	
	BC16	148-1	44°46′44″ 86°24′07″	148团气象站	25.5	潜水	357.224	1990	1.75	355.47	−0.04
							357.224	1995	2.04	355.18	
							357.224	2000	2.23	354.99	
西岸大渠灌区	BC39	121-1	44°49′31″ 85°32′32″	121团14连	30.0	潜水	326.277	1990	2.97	323.31	−0.06
							326.277	1995	2.46	323.82	
							326.277	2000	2.76	323.52	
	BC62	136-2	45°05′40″ 85°02′54″	136团		潜水		1990	0.00	0.00	−0.26
								2000	2.60	(2.60)	
	BC63	136-3	45°05′49″ 85°12′05″	136团		潜水		1990	0.00	0.00	−0.34
								2000	3.40	(3.40)	
	BC64	136-4	45°09′26″ 85°08′56″	136团		潜水		1990	0.00	0.00	−0.32
								2000	3.20	(3.20)	

(1)石河子灌区

石河子灌区地下水总补给量为 19 717.51 万 m³/a,总排泄量为 26 932.33 万 m³/a,补排均衡差为 7 214.82 万 m³/a。本灌区地下水变幅带岩性在冲洪积扇区多以卵砾石、沙砾石为主,由扇缘至石河子灌区北界以中粗沙、中沙为主,平均变幅带给水度为 0.20。由此计算出石河子灌区地下水水位下降幅度为 0.40 m/a。通过观测成果分析,石河子灌区地下水水位下降幅度在 0.19~0.54 m/a 之间,由于观测孔均位于冲洪积扇中下部,据了解冲洪积扇上部地下水下降幅度较中下部为大,故认为本次计算的石河子灌区地下水资源量是符合实际的。

(2)莫索湾灌区

莫索湾灌区从开垦至今,地下水水位经历了从上升到下降的过程:20世纪70年代中期以前,地下水水位埋深较大,从灌区存在的地道挖掘深度分析,当时地下水水位埋深应在 10 m以下。20世纪70年代后期至90年代中期,灌溉面积大幅度增加,水利工程配套不完善,灌溉水平不高,由此造成大量灌溉水入渗,从而使地下水水位迅猛抬升,在强烈的蒸发、蒸腾作用下,土壤次生盐渍化日趋严重。20 世纪 90 年代降低地下水水位,改良土壤成为该灌区一项重要的工作,并通过排渠排水方式起到了一定的成效。从 20 世纪 90 年代后期至今,特别是近两年,一方面为了提高灌溉保证程度,另外一方面为了增加灌溉面积,地下水开发利用强度与日俱增,再加上渠系配套、防渗、节水灌溉等因素导致的地下水补给量减少,总体表现为地下水水位下降,即地下水排泄量大于补给量。本次计算现状年莫索湾灌区地下水水位下降幅度为 0.05 m/a,长期观测结果在 0.04~0.14 m/a 之间,二者基本一致。

(3)西岸大渠灌区

西岸大渠灌区位于玛纳斯河干流平原灌区下游,其绿洲灌区水位的升降变化特征与莫索湾灌区基本一致,计算该灌区的地下水水位下降幅度为 0.20 m/a,地下水动态长观孔观测结果为 0.06~0.34 m/a。该灌区现状年水位变化分布特点为:在西岸大渠附近的集中农作区和地下水富水性、水质相对较差的地带,地下水开发利用程度低,地下水水位居高不下;在玛纳斯河现代河道和古河道附近的灌区,由于引水途径长,地表水有效利用系数相对较低,含水层富水性及水质较好,所以地下水开发程度相对较高,其结果是地下水水位下降。因此,西岸大渠全灌区地下水水位下降幅度为 0.20 m/a 是比较符合实际的。

综上所述,玛纳斯河干流平原灌区地下水水位除个别地带略有抬升或基本不变外,大部分都呈现下降趋势。在水利工程状况基本相同的前提下,水位下降幅度的不同反映了地下水开发利用强度的不同,石河子灌区地下水开发利用程度相对较高,故地下水水位下降幅度在玛纳斯河干流平原灌区也是最大的。地下水资源评价结果基本体现了地下水资源量收支的状况,因此均衡法计算地下水资源量较为可靠。

10.2.6　地下水可开采量计算

(1)计算原则

地下水可开采量是指在合理的开采条件下,在开采过程中不发生水质恶化和其他不良地质现象,并不造成生态环境退化的有补给保证的地下水资源量。故确定地下水可开采量时,既要考虑地下水含水层的开采条件、富水性,还要从保护生态的角度出发,考虑有利于维持生态的需要。

(2)计算方法

在玛纳斯河干流平原区水资源均衡的基础上,采用开采系数法确定地下水的可开采量。依据原水电部《地下水资源调查和评价工作技术细则》,将开采系数列入表 10.26。

表 10.26　开采系数选择表

开采条件	单位涌水量[L/(s·m)]	地下水埋深(m)	补给条件	开采系数
良好	>5	>10	充沛	0.80~0.95
一般	1~5	3~9	良好	0.70~0.85
较差	<1	<2	差	0.55~0.70

(3)地下水可开采量计算

按开采条件、单位涌水量、地下水埋深和利于维持生态等,对各灌区的开采系数选取见表 10.27。

表 10.27 玛纳斯河干流区各灌区开采系数选择表

灌区	玛纳斯县灌区	石河子灌区	新湖灌区	莫索湾灌区	西岸大渠灌区
开采系数	0.75	0.80	0.65	0.65	0.66

计算公式:

$$Q_{开} = Q_{补} \rho \tag{10.14}$$

式中:$Q_{开}$ 为地下水可开采量(亿 m³/a);$Q_{补}$ 为计算区地下水补给量(亿 m³/a);ρ 为开采系数。

由此分别计算各灌区的地下水可开采量,见表 10.28。

表 10.28 玛纳斯河干流区各灌区地下水可开采量计算表 单位:万 m³/a

灌区	玛纳斯县灌区	石河子灌区	新湖灌区	莫索湾灌区	西岸大渠灌区	合计
地下水总补给量	15 619.62	19 717.51	5 372.9	8 712.87	15 039.26	64 462.16
井、泉回归量	563.82	1 546.27	453.4	578.79	1 236.83	4 379.11
地下水补给量	15 055.8	18 171.24	4 919.5	8 134.08	13 802.43	60 083.05
开采系数	0.75	0.80	0.65	0.65	0.66	
地下水可开采量	11 291.85	14 536.99	3 197.68	5 287.15	9 109.60	43 423.27

经开采系数法计算,评价区地下水总的可开采量为 40 560.62 万 m³/a(不包括井、泉和污水灌溉回归重复量)。

第 11 章　土地利用与覆盖变化对流域绿洲水资源利用的影响

　　土地利用与土地覆盖变化(Land-Use and Land-Cover Change,LUCC)是全球环境变化的重要组成部分(陈百明 等 2003)。土地覆被的变化主要表现在生物多样性、土壤质量、地表径流和侵蚀沉淀及实际和潜在的土地第一性生产力等方面(葛京凤 等 2005)。人类目前面临的许多环境问题都与 LUCC 有关。LUCC 对区域环境的影响主要包括对生态环境安全、水文变化、土地退化、污染物的循环等方面(于兴修 等 2002,刘贤赵 等 2005,张永芳 等 2008)。土地利用变化受自然因素和社会因素的共同影响,研究表明,人类对地球陆地表面、生物多样性、生物地球化学循环和水循环等的改变已超过了自然变化的影响(宋帅 等 2008)。土地利用格局的空间异质性反映了土地生态过程的作用结果,土地利用格局因受到自然环境的限制与人类活动的干预而发生变化(王玲 等 2009)。荒漠绿洲是干旱区重要的生态系统,是一种独特的人地关系和自然景观(尚豫新 等 2009)。水资源是绿洲流域中下游经济发展和生态环境平衡的纽带。然而,由于人类活动和气候变化的共同影响,引发了绿洲河道下游水量锐减、湖泊萎缩干涸、土壤沙漠化和盐碱化面积迅速增加、植被退化等许多问题(李元寿 等 2006)。水资源作为影响荒漠绿洲的关键因子,它的数量和分布直接影响着景观荒漠化进程和绿洲化进程,是干旱地区最为活跃的自然因素,对土地开发利用起着决定性作用(李小玉 等 2005)。

　　认识土地利用变化对水资源的影响和作用机理,对指导干旱区水资源的可持续利用具有重要的意义。玛纳斯河流域地处天山北麓,准格尔盆地南缘,温带大陆性气候特征,降水稀少,下游人类生产生活用水主要依赖于山区降水,该流域主要的经济基础为绿洲农业(孙自武 等 2008)。因此研究该区域人类活动对水资源的影响具有重要意义,本文通过玛纳斯河下游绿洲土地利用变化对水资源利用的影响研究,有助于深入了解干旱区内陆河流域景观结构与生态过程及人类活动之间的关系,从而为本地区水资源可持续利用与发展提供重要的科学依据。

11.1　玛纳斯河下游绿洲土地利用类型特征

　　采用全国土地利用分类系统二级分类指标体系,对研究区 2007 年的土地利用类型进行分析。研究区的土地利用情况可以分为林地、草地、水体、居民用地、未利用地和耕地 6 种类型。统计结果如表 11.1 所示。

　　由表 11.1 可知,研究区的主要用地为耕地,占 45.08%;林地面积最少,占 0.05%。未利用地(沙地和盐碱地)占 43.14%,而草地和林地覆盖区域不到 10%。结果表明,下游绿洲土地利用以农业种植为主,植被覆盖率不高,土壤盐碱化严重,这说明该区域十分干旱,水资源紧缺,同时这种土地利用结构与该区域的水资源空间分布及其供给保证情况密切相关。

表 11.1　玛纳斯河下游绿洲区土地利用类型统计

土地利用类型	百分比(%)	面积(km²)
林地	0.05	0.24
草地	9.15	44.08
水体	0.11	0.53
居民用地	2.47	11.91
未利用地	43.14	207.94
耕地	45.08	217.29

11.2　土地利用变化对水资源利用的影响

11.2.1　出山口来水量与玛纳斯河下游绿洲供水量的变化关系

研究区域以地表水资源为主,地下水资源为补充,由于地下水开采量相对比较稳定,因此在本节中水资源量主要考虑地表水资源量,为分析研究区域水资源供给状况是否受到上游来水量的影响,研究中分析了 1990—2007 年间出山口肯斯瓦特的径流量变化情况和研究区域的地表水供给变化情况,如图 11.1 所示。

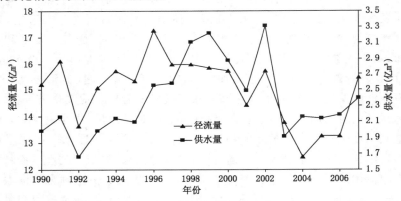

图 11.1　出山口(肯斯瓦特)年径流量与研究区供水量变化关系

图 11.1 表明,出山口的水资源量在 1990—2002 年之间有一个明显上升的过程,而在 2004 年出现一个大的下降过程,2004—2007 年又有所回升。其中极大值出现在 2002 年,为 18.72 亿 m³;极小值出现在 1992 年,为 9.37 亿 m³,前者接近后者的两倍,说明玛纳斯河流域水资源供水保证率波动变幅较大。在研究时段内,供水量 1990—1991 年小幅增加,但 1992 年出现大幅减少,1992—1999 年是缓慢上升的过程,随后逐年减少。整个期间极小值出现在 2003 年,为 1.9 亿 m³,最大值出现在 2002 年,为 3.3 亿 m³。

总的来看,在 1990—1996 年之间,出山口径流量和供水量之间具有很好的一致性,即来水量越多,对灌区的供水也越多,而在 1996—2007 年之间则没有这种同步变化规律。另外通过对二者的相关性分析可知,二者相关系数为 0.441 2,不能通过显著性检验,进一步验证了二者不同步的结论。在波动幅度方面,年供水量变幅较小,在 −16.5‰~16.3‰ 之间,而年径流量变幅在 −32.1‰~35.7‰ 之间。这说明下游供水量并没有因来水量的变化而发生剧烈变化,这可能源于几方面的原因:一是因为平原水库的调节作用,对枯水年份具有一定的保障;二是地方农业种植结构的调整,使得用水量没有大的变化;三是开采地下水作为适当补充,使得水资源总需求量的变化没有体现在引水量上。因此,从土地利用变化的角度分析下游水资源利用情况具有现实意义。

11.2.2　玛纳斯河下游绿洲土地利用变化对水资源利用的影响

在干旱区,水资源直接制约着社会经济的发展,影响着土地的使用。反之,土地利用类型的变化也必然影响水资源的重新分配。下面分别从玛纳斯河下游绿洲土地利用变化对水资源需求结构及水资源利用量的可能影响进行分析。

(1)土地利用变化对水资源需求结构的影响

随着社会经济的发展,承载人类活动的土地在利用方式上也发生了很大变化,本文以1990—2007 年之间的土地利用为例进行分析,下面通过 1990 和 2007 年景观的转移矩阵来进行分析说明,分析结果如表 11.2 所示。

表 11.2　玛纳斯河下游绿洲区景观转移百分率　　　　　　单位:%

2007 年＼1990 年	林地	草地	水域	居民地	荒地	耕地
林地	98.73	0	0	0	0	0
草地	0.76	21.86	18.99	5.05	1.21	3.74
水域	0.001	0	81.01	0	0	0
居民地	0.20	1.28	0	62.32	0.04	1.61
未利用地	0.14	56.76	0	3.32	90.98	4.52
耕地	0.17	20.10	0	29.30	7.77	90.14
相对于1990 年变化率	1.27	78.14	18.99	37.68	9.02	9.86

由表 11.2 可见,除林地外,各种景观都发生了较大变化,其中草地的缩减幅度最大,达到78.14%,大部分退化为荒地,部分被开垦为耕地;水域和居民地面积有所缩小,主要转化为草地和耕地;而原耕地也有部分转化为其他利用类型。从总量上看,耕地得到了大量扩张,草地大为缩减,荒地迅速扩大。

土地利用的这种变化对水资源的需求结构必然带来影响,因为土地利用的变化,造成农业需水、工业需水、城镇居民生活需水、农村居民生活需水、河流生态环境需水、林地需水和草地需水发生了变化,简言之,即生产需水、生活需水和生态环境需水发生了变化。需水结构的变化同时通过产业结构的变化体现出来。通过图 11.2 可以看出,2000—2007 年间,研究区第一产业是一个逐步增加的过程,占 GDP 比重在 59%~75%之间,耕地的不断扩张对其具有促进作用。与此同时,第二产业比重在 8%~19%之间,且处于下降趋势,说明工业发展比较落后,缺乏活力。第三产业发展变化不大,所占比重也较小。经计算,当前兵团第一产业水资源利用效率为 1.36 元/m³,第二产业水资源利用效率为 126.60 元/m³,第三产业水资源利用效率为111.92 元/m³。因此,这说明土地利用变化使得需水结构向耗水方向发展。转变土地利用方式,提高水资源利用效率,是实现水资源高效可持续利用的有效途径。

(2)土地利用变化对水资源利用量的影响

由上述分析可知,土地利用变化中减少最多的是草地,增加较多的是耕地和荒地。耕地对水资源的需求将增加,而荒地对水资源的需求将减少。为确定主要景观类型转化之后水资源在量上需求的变化,把景观变化分为 1990—2000 和 2000—2007 年两个阶段来进行分析。

1990,2000 和 2007 年的景观面积如表 11.3 所示。

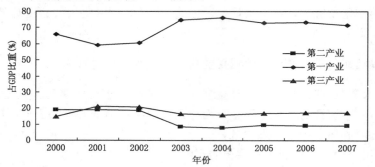

图 11.2　玛纳斯河下游绿洲区三产比重变化

表 11.3　玛纳斯河下游绿洲区景观面积变化　　　　　　　　　　　单位:km²

土地类型	1990 年	2000 年	2007 年
林地	7.17	0.24	0.24
草地	140.01	44.84	44.08
水域	0.65	0.53	0.53
居民地	9.33	11.89	11.91
未利用地	130.34	211.80	207.94
耕地	194.50	212.69	217.29

　　根据已有的研究,不同景观的需水量大致为:有林地为 5 360 m³/hm²,疏林地为 4 986 m³/hm²,灌木林地为 4 293 m³/hm²,高覆盖草地为 2 841 m³/hm²,中覆盖草地为 777 m³/hm²,低覆盖草地为 345 m³/hm²(李健 等 2008,王化齐 等 2009)。而转化为耕地以后,按目前兵团的灌溉定额,大致为 6 000~10 500 m³/hm²。按照上述定额进行测算,2000 年需水量比 1990 年大约增加 510 万 m³,而 2007 年则比 2000 年增加约 266 万 m³。另一方面,2007 年该区域地表水引水量较 2000 年少 5 936 万 m³,较 1990 年少 5 287 万 m³。单从绝对数量上来说,目前增加的需水不是很大,然而从发展趋势来看,供需矛盾将会进一步显现,尤其在枯水年景将更为突出。

　　通过以上分析可知,在玛纳斯河流域下游绿洲区,主要以耕地及沙化和盐碱化的荒地为主,其中荒地与耕地面积相当,而自然生态植被则以低覆盖草地为主,这种景观格局非常脆弱,对水资源依赖程度较高。绿洲区近 20 a 来经济得到了很大发展,从三产比重可见,发展规模仍然源自农业结构的调整和规模的扩大,工业和服务业发展速度缓慢。同时,土地利用类型的转变更进一步证实了研究区的用水结构向着耗水的方向发展,水资源的供需矛盾将进一步加剧。

　　(3)结论

　　本文通过对玛纳斯河流域下游绿洲 1990,2000 和 2007 年三期土地利用类型变化的分析,阐述了研究区景观格局的转移过程和强度,同时研究了其对水资源需求的影响,并结合本区域地表水资源引水量状况,分析了其对区域水资源平衡可能造成的影响。主要得到了以下结论:

　　①玛纳斯河下游绿洲区主要用地类型为耕地,约占 45.08%;其次为沙地和荒地,约占 43.14%;林地面积最少,约占 0.05%。这种景观格局显示了区域的生态脆弱性及水资源对区域经济发展的瓶颈作用。

②在研究区中,1990—1996 年之间,出山口径流量和供水量之间具有较强的同步变化关系,而在 1996 年以后,则没有这种同步变化规律,说明在分析干旱区绿洲水资源利用情况时,仅依赖地表水供水量是不够的。

③各种景观格局在 1990—2007 年间都发生了较大变化,其中草地缩减最大,达到－95.93 km², 其次为林地,达到－6.93 km²; 增加最大的是荒地和沙地,达到 77.6 km², 其次为耕地,增加了 22.79 km²。说明生态环境有退化的趋势,同时维持区域正常发展的需水结构向着更耗水的方向变化。

④经初步估算,2000 年需水量比 1990 年大约增加 510 万 m³, 2007 年比 2000 年大约增加 266 万 m³。而 2007 年该区域地表水引水量较 2000 年少 5 936 万 m³, 较 1990 年少 5 287 万 m³。结果表明,区域水资源的供需矛盾将会越来越突出。

因此,对干旱区而言,在经济发展过程中,优化产业结构、合理开发利用土地、提高水资源利用效率是解决水资源供需矛盾的有效途径。

第 12 章　节水灌溉对绿洲灌区地下水的影响

在旱地区域,降水和灌溉水主要消耗于蒸散和地表径流,部分水渗入地下,进入饱和含水层形成地下水(Yuge 等 2005)。灌溉时间和次数对田间和作物水分利用效率有重要影响(English 等 1989,Ghahraman 等 1997)。田间有许多种不同的输配水方式,地表水空间分布的不均匀性导致地下水时空分布的增减差异(Jankovic 等 1996)。例如,节水灌溉技术可以充分地利用水资源,它仅供给作物的需水,提高了水分利用效率,但是这使得地下水补给减少。地下水受地形地貌、气候等因素的影响(Manghi 等 2009),在干旱区蒸发强烈,准确估算地下水位和补给量是控制土壤盐分的关键。

本文主要分析灌溉方式对地下水时变特征的影响,主要目标包括:①耦合分布式水文模型 MIKE-SHE 和 MIKE 11,模拟漫灌和节水灌溉条件下地下水的动态变化;②分析地下水变化与灌溉方式、土地利用、地形之间的关系;③把上述方法应用到玛纳斯河流域下游莫索湾灌区。

12.1　水资源转化研究方法

估算饱和地下水补给的方法很多(Zebarth 等 1989),然而,信息的需求量依赖于方法的复杂程度。地下水补给量的估算方法根据水源资料获取的途径可以分成不同的类型(如地表水、土壤水、饱和带水),但这些分类方法都不太理想(Scanlon 等 2002)。常用的估算饱和带地下水补给的主要方法有示踪剂技术、数值模拟和水量平衡法(Manghi 等 2009)。示踪剂技术是注入示踪剂(如氚)到地下土层中某一深度,研究下一水文循环过程中示踪剂的垂直运动规律(Athavale 等 1988),示踪剂技术大量运用于干旱半干旱区的地下水补给估算中,然而由于没有直接测量水量,这就可能引起补给量的高估或低估(Lerner 等 1990)。地下水数值模拟可以用于地下水补给量的估算,补给流量可以通过模型校正或观测点的水头变化来获取(Stoertz 等 1989,Cherkauer 等 1991,Cherkauer 2004,Said 等 2005),这类模型解决的精度依赖于边界条件的详细程度,另外,还需要大量的历史数据(Manghi 等 2009)。这些方法都是对单一的灌溉方式下地下水补给量的时空变化进行研究,然而,不同灌溉方式对地下水补给量的影响还少见定量研究。

12.1.1　MIKE SHE 模型

(1)MIKE SHE 模型

MIKE SHE 模型系统(Refsgaard 等 1995)是一个完全分布式物理模型。MIKE SHE 中水量运动是模型的主要部分,包括坡面漫流、河道和湖泊、土壤非饱和流、蒸散、土壤饱和流(Refsgaard 1997)等方面,它描述了陆地中水循环的主要物理过程。坡面漫流用有限差分方法求解二维圣维南方程组(Saint Venant equations)的数值解来描述;土壤非饱和流用一维里查兹方程(Richards equation)的数值解描述;地下饱和流用三维布思尼司克方程(Boussinesq equation)的数值解描述;蒸散采用克瑞司汀和杰恩思(Kristensen 等 1975)方法,包括冠层截留、冠层蒸发、植物蒸腾、土壤蒸发。

(2)模型不确定性估计

通常采用效率系数(Nash 等 1970,McMichael 等 2006)来评估模型的精度,计算公式为:

$$E = 1 - \frac{\sum_{j=1}^{n}(O-P)^2}{\sum_{j=1}^{n}(O-\overline{O})^2} \tag{12.1}$$

式中:E 为效率系数;O 和 $\overline{O}$ 分别为观测水位和观测水位平均值;P 为预测水位。如果预测值等于观测水位平均值,则 $E=0$;当所有预测值等于对应的观测值时,则 $E=1$。

12.1.2　空间变异方法

空间统计分析是在 20 世纪 60 年代法国统计学家 Matheron 的大量理论研究基础上形成的一门新的科学分支(Matheron 1975),研究的主要对象是空间中"点"的分布规律,是分散的还是积聚的,是自相关的还是非自相关的等。传统指标 Moran's I 就是用来检验空间是否存在聚类的指标。

考虑一个地区,将该地区划分成 m 个区域,每个区域用 i 表示($i=1,2,\cdots,m$)。Moran's I 的表达式为(Moran 1950):

$$I = \frac{\sum_{i=1}^{m}\sum_{j=1}^{m}w_{ij}(X_i-\overline{X})(X_j-\overline{X})}{\left(\sum_{i=1}^{m}\sum_{j=1}^{m}w_{ij}\right)\left[\sum_{i=1}^{m}\frac{(X_i-\overline{X})^2}{m}\right]} \tag{12.2}$$

式中:X_i 为地下水位埋深变幅;$\overline{X} = \sum_{i=1}^{m}\frac{X_i}{m}$;$w_{ij}$ 为空间权重矩阵 W 的第 (i,j) 个元素。一般情况下,W 用邻接标准来定义:

$$w_{ij} = \begin{cases} 1,\text{区域 } i \text{ 和区域 } j \text{ 相关} \\ 0 \end{cases} \tag{12.3}$$

Moran's I 用来检验空间自相关。Moran's I 取值在 $-1\sim1$ 之间。当 Moran's I 显著为正时,表示空间分布中相似的属性值倾向于聚集在一起,即存在空间正相关;当 Moran's I 显著为负时,表示不同的属性值倾向于聚集在一起,即存在空间负相关;当 Moran's I 接近于 0 时,观察值属于独立随机分布,即不存在空间自相关。自然,只有 Moran's I 显著为正时,才认为空间上是集聚的,表示高值或低值聚类的存在(Zhang 等 2008)。

12.2　灌区特征与数据准备

12.2.1　研究区域

研究区地处天山北麓,位于准噶尔盆地南部,西、北、东三面被沙丘环抱。地理坐标为北纬 $44°52'64''\sim45°12'09''$,东经 $85°52'33''\sim86°10'46''$,总面积 4.51 万 hm²。研究区地处亚欧大陆腹地,属温带大陆性干旱气候,多年平均气温为 6.1 ℃,最高气温为 43.1 ℃,最低气温为 −42.8 ℃,全年≥10 ℃积温为 3 900 ℃•d,无霜期 166 d。昼夜温差悬殊,光、热资源充足。年平均降水量 117 mm,年平均蒸发量 1 945 mm(Li 等 2001)。

研究区位于天山山前冲积平原与古尔班通古特沙漠南缘交界地带,研究区边缘新月形沙丘间布,属于相对典型的风积地形。研究区海拔高度 332～361 m,地势由东南向西北倾斜,平均坡降 7.4‰,地下水含水层厚度一般在 50 m 左右。

玛纳斯河流域山前平原为一完整的水文地质单元,分布有 Q2～Q4 巨厚层松散第四系地层。研究区地下水流可概化为非均质各向同性、双层结构、平面二维、非稳定地下水运动(Shao 等 2003),研究区位置如图 12.1(附彩图 12.1)所示。

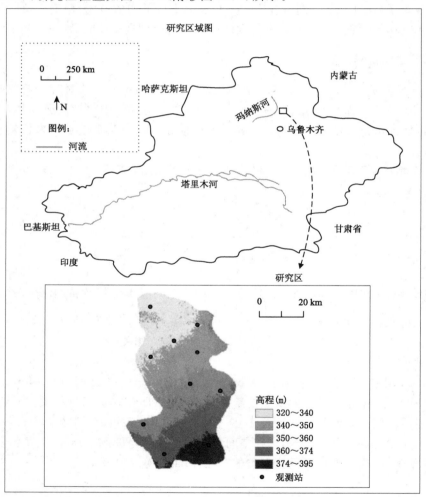

图 12.1　研究区域及高程分布图

12.2.2　数据资料

由于研究区域内节水灌溉始于 2000 年,因此本研究选择 1991—1992 年作为漫灌代表年份,选择 2006—2007 年作为节水灌溉代表年份。研究中用到的 1991—1992 和 2006—2007 年的日平均温度、降水和蒸散资料来源于新疆维吾尔自治区气象局。同期的地下水位观测数据来源于石河子市水利局。流域 DEM 数据分辨率为 $100\ \mathrm{m} \times 100\ \mathrm{m}$。

土地利用类型和叶面积指数数据通过 TM 影像数据获得，由中国科学院新疆生态与地理研究所提供。渠系和地质剖面属性数据通过新疆生产建设兵团勘测规划设计研究院获得。研究区灌溉输水资料由石河子市水利局提供。

12.3　节水灌溉对地下水的影响

12.3.1　模型适用性分析

（1）参数率定

模型中主要的参数设置如表 12.1 所示。C_1 和 C_2 是实际蒸散的控制参数；C_3 是土壤水分函数的参数；K_v 是垂直饱和导水率；K_h 是水平饱和导水率；K_s 是饱和导水率；n 是曼宁系数。

表 12.1　率定参数值

参数	率定结果
C_1	0.3
C_2	0.2
C_3	20.0
$K_v(\mathrm{m/s})$	1.2×10^{-5}
$K_h(\mathrm{m/s})$	5×10^{-3}
$K_s(\mathrm{m/s})$	1.2×10^{-8}
$n(\mathrm{m^{1/3}/s})$	60.0

（2）模型率定、检验和不确定性分析

模型率定和检验的时间尺度取决于物理过程变化的周期（Zhang 等 2007，Dobrzanski 等 2007，Tsai 等 2008）。一般灌溉的间隔时间是 7～10 d，因此选取 10 个观测点 10 d 的平均水位埋深用来率定，时间为 2006 年 1—8 月，选取 2006 年 9—12 月的观测数据用于验证，观测点的空间分布如图 12.1 所示。图 12.2 显示的是模拟值和观测值的对比结果。

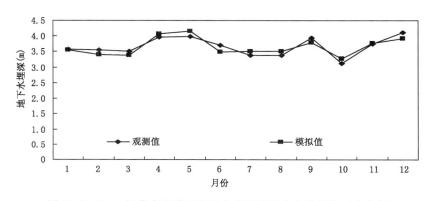

图 12.2　2006 年莫索湾灌区地下水埋深观测值和模拟值对比分析

当 E 的值大于 0.8 时,说明模型具有较好的精度(Andersen 等 2001,Christine 等 2006)。本研究中 $E=0.835\ 4$,说明模型模拟结果可以应用于莫索湾灌区。同时,我们计算了验证时期(2006 年 9—12 月)的误差,都通过了显著性水平为 0.05 的检验,说明预测精度可以被接受(Christine 等 2006)。

12.3.2　干旱区节水灌溉对地下水补给的影响

在灌区推行节水灌溉以前,漫灌主要集中在作物主要的需水关键期,1991—1992 年间灌溉分为 4 个时段:3 月 20—30 日,6 月 10—20 日,7 月 1 日—9 月 10 日,10 月 20 日—11 月 15 日。节水灌溉的持续时间则较长,主要集中在 3 月 20 日—9 月 10 日之间,在 10 月 20 日—11 月 15 日之间进行一次冬水压盐漫灌。灌溉水量根据当时灌区用水量按照田间渠系设计的过水能力进行分配。

(1)灌溉方式对地下水补给强度的影响

为了分析不同灌溉方式对地下水的影响,首先模拟了两种灌溉方式下地下水补给强度的差异,结果如图 12.3 所示。

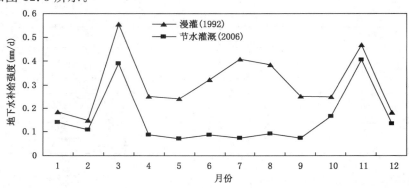

图 12.3　漫灌和节水灌溉方式下地下水补给强度差异对比

由图 12.3 可知,两种灌溉方式的高值区都出现在 3 和 11 月;低值区则有一定差异,漫灌出现在 12 月至次年 2 月,而节水灌溉出现在 4—9 月。具体而言,漫灌对地下水的补给强度要大于节水灌溉。漫灌的最大补给强度达到 0.57 mm/d,出现在 3 月;最低值出现在 2 月,为 0.15 mm/d。而节水灌溉的最大补给强度出现在 11 月,为 0.42 mm/d;最小值出现在 7 月,不到 0.1 mm/d。这说明灌溉方式的改变对地下水的补给在时间上和强度上都发生了改变,节水灌溉方式对地下水补给强度具有减缓作用。

为了分析研究区内地下水补给强度在空间分布上的变化,我们分别计算了 1991—1992 年各旬和 2006—2007 年各旬的地下水补给强度的平均值。通过 ArcGIS 的叠加分析功能,对比分析二者在空间上的变化差异。把区域分为补给强度不变区、补给强度增大区域和补给强度减小区域三类。计算结果如图 12.4(附彩图 12.4)所示。

图 12.4 表明,大部分区域内两种灌溉方式对地下水的补给强度没有影响,这类面积约占 88.37%,补给强度增加的区域约占 1.41%,补给强度减少的区域约占 10.22%。这可能是因为节水灌溉引起土地利用方式的改变而形成的结果,同时因为灌溉面积增大,而总供水量没有大的变化,因此侧向渗透作用减弱,造成小部分区域地下水补给强度增加,而更多区域强度减小。

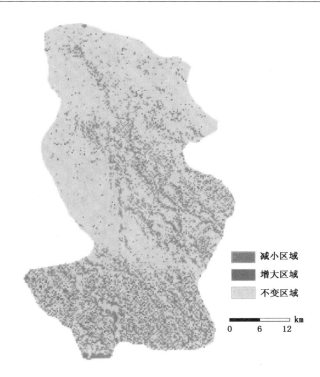

图 12.4　漫灌和节水灌溉方式下地下水补给强度变化空间对比

（2）灌溉方式对地下水补给量的影响

1）不同灌溉方式下地下水补给量的时间变化

为分析研究区由于灌溉方式的改变对地下水补给量的影响，我们分析了两个模拟时段即 1991—1992 和 2006—2007 年的潜水埋深的月变化特征。对所有研究区域的空间数值逐月取平均值，得到如图 12.5 所示结果。

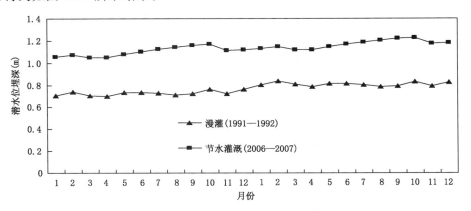

图 12.5　漫灌和节水灌溉方式下潜水埋深随时间变化特征

图 12.5 表明，从总量上而言，漫灌和节水灌溉两种灌溉方式对地下水位变幅影响不大，年内有小幅的正向补给作用。但实行节水灌溉以后，2006—2007 年的地下水位埋深，平均为 1.136 47 m，明显大于漫灌条件下 1991—1992 年的 0.768 441 m，二者相差 0.368 029 m，这说

明在 1992 年之后,地下水位发生了明显的下降。

2)不同灌溉方式下地下水补给量的空间变化

为分析不同灌溉方式下地下水补给量在空间分布上的差异,分别计算了漫灌条件下 1991—1992 年两年间的地下水波动幅度和 2006—2007 年节水灌溉条件下的地下水波动幅度。结果如图12.6(附彩图 12.6)所示。

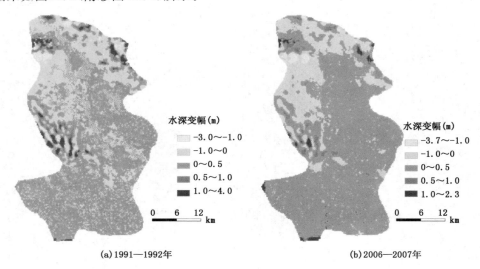

图 12.6　　地下水位空间变化

图 12.6 表明,节水灌溉条件下的地下水位波动幅度大于漫灌条件下的地下水位波动幅度,而且节水灌溉条件下的地下水正向补给的区域更为集中。

Moran's I 可以用来检验空间上是否存在聚类,以此可以表征地下水补给在空间上的变异情况。通过公式(12.2)和(12.3)对研究区两个研究时段的地下水位变幅进行分析,计算结果如图 12.7(附彩图 12.7)所示。

图 12.7 表明,节水灌溉条件下的 Moran's I 指数变幅比漫灌条件下的变幅大,说明节水灌溉后地下水位的空间变化差异增大。经计算,1991—1992 年的 Moran's I 指数为 0.820 4,2006—2007 年的 Moran's I 指数为 0.862 4,说明两者的地下水补给在空间上的自相关性很大。对比不同灌溉方式下地下水变化的差异,见图 12.7(c),同时结合土地利用图,可以发现减小的区域主要分布在耕地外围的荒漠戈壁地带,而增大的区域主要分布在土地利用发生变化的区域。

(3)区域地下水动态变化与土地利用和地形的关系

针对区域而言,总供水量变化不大,引起地下水时空变化的主要原因是灌溉方式的改变及土地利用的变化,从而使得地表植被发生变化,导致蒸散的强度、持续时间发生变化。同时在地下水径流过程中,潜水位与地形有着密切联系。

1)排泄量与土地利用的关系

对各类土地利用类型的地下水排泄量分别进行统计,结果如图 12.8 所示。

通过分析可以发现,节水灌溉条件下的地下水排泄量要远大于漫灌条件下的排泄量。具体到土地利用类型而言,水域的地下水排泄影响最大,沙地最小。

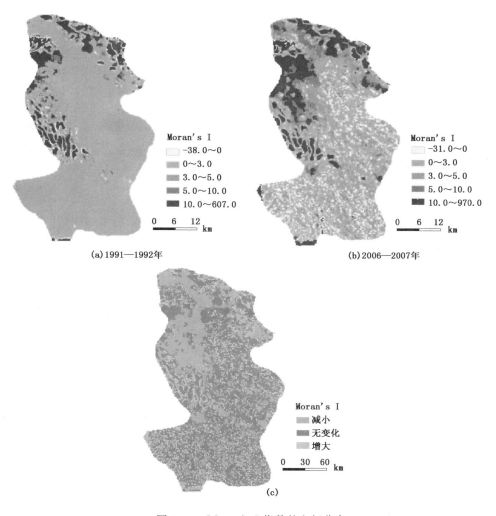

图 12.7　Moran's I 指数的空间分布

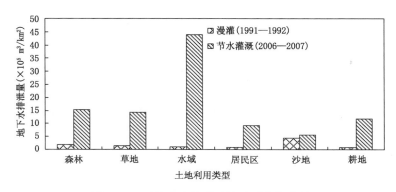

图 12.8　不同土地类型下的地下水排泄量

2)补给模数与地形的关系

地下水在补给过程中,不仅有垂直方向的补给,还有水平方向的补给,其中水平方向的补给受地形因素的影响较大。通过对不同海拔高度的地下水埋深的下降深度进行统计,结果显示(图12.9),在地势较低的地区,地下水被补给,同时水位增加;而在地势较高的区域,地下水位下降,地下水被排泄。另外,节水灌溉的水位下降幅度明显比漫灌方式的大。

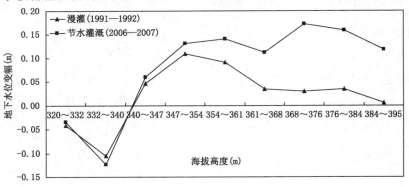

图 12.9　地下水位变幅与海拔高度之间关系

(4)结论与讨论

通过对研究区两种不同灌溉模式下的地下水动态进行模拟分析,可以得到以下主要结论:

①灌溉方式的改变使地下水的补给在时间上和强度上都发生了改变。节水灌溉方式对地下水补给强度具有减缓作用。

②从总量上而言,漫灌和节水灌溉两种灌溉方式对地下水位变幅影响不大,年内有小幅的正向补给作用。

③节水灌溉条件下的地下水位波动幅度大于漫灌条件下的地下水位波动幅度,而且节水灌溉条件下的地下水正向补给的区域更为集中。

④通过分析可以发现,节水灌溉条件下的地下水排泄量要远大于漫灌条件下的排泄量。具体到土地利用类型而言,水体区域的地下水排泄影响最大,沙地最小。

⑤在地势较低的地区,地下水被补给,同时水位增加;而在地势较高的区域,地下水位下降,地下水被排泄。另外,节水灌溉的水位下降幅度明显比漫灌方式的大。

12.4　盐碱土分布及水资源分布对其成因的影响

12.4.1　土壤盐碱化程度和盐碱化类型划分标准

盐碱土亦可称为盐碱地,是盐土、碱土及各种盐化、碱化土壤的总称。调查采用的盐化类型和盐化程度分级标准如下。

(1)土壤盐碱化类型划分标准

按照土壤中盐分组成来划分(见表12.2)。

表 12.2　土壤盐碱化类型划分标准

土壤盐化类型	Cl^- 盐型	SO_4-Cl 盐型	Cl-SO_4 型	SO_4^{2-} 盐型
$C(Cl^-)/2C(SO_4^{2-})$毫摩比	>2	2~1	1~0.2	<0.2

注:$C(Cl^-)$为氯离子在 100 g 土中所含毫摩尔数,其他离子同。

（2）土壤盐化程度分级标准

按照《新疆县级盐碱地改良利用规划工作大纲补充说明》的通知，盐化程度分级标准见表12.3。

表 12.3　土壤盐碱化程度分级标准　　　　　　　　　　　　单位：g/kg

土壤盐碱化程度	非盐化	轻盐化	中盐化	重盐化	盐土
0～60 cm 土层总盐平均含量	＜3	3～6	6～10	10～20	＞20

注：本标准引自《新疆土壤》。

根据表 12.3 所列标准，对农八师垦区的土壤盐碱化程度进行了划分，详见表 12.4。

表 12.4　农八师现状年（2006 年）盐碱地分类面积表　　　　　　单位：万亩

单位	轻盐化	中盐化	重盐化	盐土	小计
121 团	2.00	4.00	2.00	0.00	8.00
122 团	3.00	2.00	2.00	0.00	7.00
132 团	5.82	3.16	3.90	1.61	14.49
133 团	3.79	2.76	3.31	0.96	10.82
134 团	5.10	2.50	0.85	0.70	9.15
135 团	4.60	1.90	0.55	0.50	7.55
136 团	2.81	2.79	0.91	0.02	6.53
141 团	3.00	2.50	2.00	1.00	8.50
142 团	2.00	3.00	20.00	30.00	55.00
143 团	5.80	1.80	1.40	1.00	10.00
144 团	5.00	8.00	4.00	7.00	24.00
145 团	3.00	8.20	7.50	0.50	19.20
147 团	3.30	5.50	2.50	3.00	14.30
148 团	5.70	2.70	1.35	3.20	12.95
149 团	6.54	4.23	5.00	1.43	17.20
150 团	6.30	1.90	3.40	1.20	12.80
151 团	0.00	0.02	0.00	0.00	0.02
152 团	0.13	0.26	0.10	0.00	0.48
石河子乡	1.00	1.00	1.00	0.00	3.00
合 计	68.89	58.21	61.77	52.12	240.99

从表 12.4 可知，垦区盐碱化土壤面积为 240.99 万亩，约为农用地面积 501.09 万亩的 48.09％。240.99 万亩盐碱化土壤中，轻盐化面积为 68.89 万亩，占盐碱化土壤面积的 28.59％；中盐化面积为 58.21 万亩，占盐碱化土壤面积的 24.15％；重盐化面积为 61.78 万亩，占盐碱化土壤面积的 25.63％；盐土面积为 52.12 万亩，占盐碱化土壤面积的 21.63％。

12.4.2　垦区土壤的形成过程及其演变

土壤是自然客体，又是人类长期劳动的产物。土壤的形成过程是在自然条件和人为因素综合作用下，所进行的各种生物、物理、化学变化的综合，它包括土体内物质和能量的转化和移动。

垦区处于干旱的荒漠生物气候条件下，土壤的形成主要是荒漠化过程。土壤形成过程的特点是物理风化作用强烈，化学淋溶作用微弱，因此盐基饱和度高，可溶性盐随水移动与聚集，土壤积盐明显，矿质化作用强，生物累积弱。

受地域性因素影响的扇缘泉水溢出带,因地下水位高,有水成型土壤的草甸化和沼泽化过程,其特点是生物累积强。农业土壤则在人为定向培育作用下,向着灌耕、熟化过程发展。因此,垦区的土壤形成过程主要有荒漠化过程、盐化过程和脱盐过程、灌耕熟化过程和潮化过程、腐殖质积累过程(生草过程)、沼泽化过程(泥炭累积过程和潜育过程)和脱沼泽化过程、碳酸盐的淋溶和淀积过程等基本成土过程。这些过程在垦区不同的条件下,以特定的组合形成灰漠土、潮土、草甸土、林灌草甸土、沼泽土、盐土、风沙土、新积土等8个平原土壤类型和棕钙土、栗钙土、黑钙土、灰褐土、亚高山草甸土、高山草甸土等6个山地土壤类型。以下对垦区各类土壤的形成及演变过程做简要介绍:

(1)灰漠土。灰漠土是垦区的地带性土壤。它是在干旱的荒漠生物气候条件下,通过微弱的生物累积过程的作用及其他自然环境条件的综合影响而形成的。灰漠土的基本形成过程是荒漠化过程,包括微弱的生物累积过程(腐殖质形成过程)、黏化铁质化过程(紧实层形成过程)、弱度淋溶过程(碳酸钙微弱的移动过程),还附加草甸化过程、盐化过程、碱化过程等。

(2)潮土。垦区潮土是在草甸土、沼泽土和灰漠土等自然土壤的基础上,经过30多年的灌溉耕作措施而演变成的农业土壤。在潮土的形成过程中,除了自然条件的影响外,人为因素的影响起着主导作用。潮土的主要成土过程是潮化过程和灌耕熟化过程,附加有盐化过程。潮土在形成过程中,因脱盐不彻底或因灌溉管理不当,产生次生盐化而伴有盐化过程,盐分继续累加而演变成盐土。

(3)草甸土。垦区草甸土主要分布在冲洪积扇扇缘泉水溢出带、河阶地、平原上干沟低洼地等地下水位较高的部位。地下水位1.5~3.0 m,矿化度1~3 g/L。成土母质多系洪积冲积物,是直接受地下水季节性浸润影响,在草甸植被下发育的一类水成土壤。成土过程主要是腐殖质累积过程(生草过程)和铁质的氧化还原过程,附加有盐化过程。

(4)沼泽土。垦区沼泽土主要分布在泉水溢出带的石河子总场。莫索湾湖心地分布有残余沼泽土。沼泽土的形成过程主要是上层的泥炭化或腐殖质化过程和下部土层的潜育化过程,附加有盐化过程。脱沼泽后形成残余沼泽土。

(5)盐土。盐土的主导成土过程是积盐过程,有现代积盐过程和残余积盐过程两种形式。垦区主要为现代积盐过程形成的盐土、草甸盐土。

(6)风沙土。风沙土包括平沙地、沙丘和沙漠,它是风沙地区风成沙性母质上发育的土壤。垦区风沙土的母质主要来源于冲积物和风积物。

风沙地区由于干燥、多风、温差大,物理风化作用强烈,沙源物质丰富;又因水源缺乏,很少有植物繁衍,地表裸露,风蚀、风积作用交替频繁,在风力侵蚀下,平原上松散的沙粒辗转沉降,遇到障碍,风速减弱,沙粒降落而形成沙堆。沙堆本身也阻碍流沙移动,因此沙粒不断堆积,形成各种形状的沙丘,沙丘连绵起伏,形成独特的风沙自然景观,这就是沙漠化过程。沙漠化过程的结果是形成风沙土。

(7)新积土。垦区新积土主要是冲积土和堆垫土。玛纳斯河等河曲十分发育,河湾处由于水力冲击作用减弱而淤积深厚的泥沙,形成冲积土。其他的干沟中也是同样的原因形成冲积土。冲积土发育时间短,没有明显的发生层次,通剖面为沙质土,有机质含量不高。

(8)棕钙土。棕钙土属草原土壤的范畴,它是在草原向荒漠过渡的生物气候地带上发育的土壤。主要分布在低山丘陵带的荒漠草原草场。棕钙土的形成过程,既有草原土壤形成过程的特点,又有荒漠土壤形成过程的特点。也就是说,有生物累积过程和钙盐移动过程,并有微弱的黏化和铁质化过程。另外,附加有残余盐化过程。

(9)黑钙土。黑钙土是典型草原土壤中的一个土类。它也是平原跨山地的土壤之一,也就是说,黑钙土既是平原土壤,也是山地土壤。垦区黑钙土主要分布在海拔 2 200～3 000 m 的中山带阴坡及森林带以下。形成过程主要有生物累积过程和碳酸钙移动过程。

(10)栗钙土。栗钙土属草原土壤,形成于干草原地带,主要分布在 151 团和 142 团等海拔 1 200～2 500 m 的山区草场。栗钙土的形成过程也是生物累积和钙盐移动两个主要过程。栗钙土的形成条件和形成过程与黑钙土基本相似,但又有区分。生物累积较棕钙土强,但较黑钙土弱,腐殖质层没有黑钙土厚,有机质含量也较黑钙土低。淋溶层薄或没有淋溶层,钙积层出现的深度比黑钙土高。

(11)灰褐土。灰褐土主要在云杉林下形成。它的形成特点是腐殖质积累过程相当强烈,因而形成较厚的腐殖质层;有机质含量也较多,可达 12%～20% 左右;没有灰化过程。由于森林的枯枝落叶而形成松软而富有弹性的植物残落层(草皮层);草皮层以下有 20～30 cm 或 30～50 cm 厚的腐殖质层;腐殖质层以下为淋溶层;50～60 cm 出现钙积层,如淋溶作用强烈时,在 120～130 cm 以下才能见到钙积层。

(12)高山草甸土和亚高山草甸土。是在海拔 2 500～3 500 m 的高山带和亚高山带的高寒而较湿润的气候条件下发育的土壤。植被是以蒿草为主的多种草类。高山带草类较低矮,亚高山带草层高 50～60 cm。土壤形成过程中有明显的腐殖质层积聚,厚度为 8～20 cm 不等。

12.4.3　垦区土壤的分布规律

各种土壤是在不同自然条件的综合影响下发生和形成的,人类活动的综合影响又促使土壤向人类需要的方向发展和演变。因此,各种土壤在自然界都具有与其相适应的空间位置,呈现出与生物气候相适应的地带性分布规律;与成土母质、地貌、水文地质条件和人为活动相适应的区域性分布规律;在山区还表现出与海拔高度相适应的垂直分布规律。

(1)土壤水平地带性分布规律

垦区地处天山北麓,准噶尔盆地南缘,属北疆温带荒漠土壤地带。天山山前倾斜平原年降水量为 200 mm 左右,气候较为湿润,在黄土状母质上发育的地带性土壤为灰漠土,它具有黑钙土、棕钙土与灰棕漠土之间的过渡性质。垦区从南部的山前倾斜平原往北为古老冲积平原,北部的沙漠雨量有所减少,温差加大,干旱荒漠化程度加强。因此,在山前地带的石河子灌区主要分布有灰漠土;在古老冲积平原上的莫索湾、下野地灌区分布有盐化灰漠土、碱化灰漠土、灰漠土和风沙土;从东到西,玛纳斯河至巴音沟河的冲积扇扇缘,呈带状分布有草甸土和沼泽土。灰漠土生物累积由南至北逐渐减弱,盐化逐渐加强。

(2)土壤垂直分布规律

垦区南部天山山区,水分条件较好,形成了比较完整的垂直土壤带。从高山(海拔 > 3 500 m)、亚高山(海拔 2 800～3 500 m)、中山带(海拔 2 200～2 800 m)、低山及丘陵带(海拔 500～2 200 m)、平原(海拔 300～500 m),依次分布有高山草甸土、亚高山草甸土、灰褐森林土、黑钙土、栗钙土、棕钙土、灰漠土。

(3)土壤区域性分布规律

由于小地形的变化,引起了地表水分布状况的重新分配,尤其是支配了水文地质的转换关系,从而影响土壤的形成、发育和分布。

垦区平原由洪冲积扇和古老冲积平原两大部分组成。有三个不同的水文地质带,即扇形地表水渗漏带、扇缘地下水溢出带和冲积平原地下水散失带。扇形地带,地下水位很低,土壤形成完全不受地下水的影响,形成地带性土壤灰漠土,而且发育年幼,母质较轻,土层较薄,此带开垦以后形成白板土。扇缘溢出带水位较高,土壤发育中都经历过不同时期的水成阶段。在短短的扇缘带及其外缘,土被的演替极为迅速而明显,由草甸土(或沼泽土)→盐化草甸土→盐土。在溢出带以北的古老冲积平原上,地下水埋藏深,土壤开始进入脱盐过程,朝向地带性土壤发育,形成草甸灰漠土;在平原中部,脱离地下水影响时间较长,朝着更完善的地带性土壤——灰漠土发育,还残存盐化,或因脱盐而伴随产生的碱化过程。因此分布有灰漠土、盐化灰漠土、碱化灰漠土、盐土。

在平原中部的莫索湾"湖心地",由于水文地质条件的改变,而形成了残余沼泽土。不同河流径流条件及地形的差异,形成的土壤类型也不同。玛纳斯河径流量大,对地下水补给量大,加之地形变化急剧,扇缘泉水溢出地表,形成泉眼或泉沟,发育成沼泽土、草甸土,并有深厚的泥炭累积。宁家河、金沟河、巴音沟河对地下水补给量较少,溢出带仅极少泉水溢出地表,只形成草甸土。玛纳斯河为下切性河流,冲积平原由多级阶地组成,沿河地下水补给河水,因此两岸地下水位逐渐降低,土壤排水条件较好。土壤分布规律是:草甸土仅分布在狭窄的河滩地和低阶地上,只有在沿河的凸岸部分才开始有明显的盐渍化,第二阶地即开始强烈的脱盐过程,分布着盐土或盐化草甸土;随着地下水位下降,盐土和盐化土壤开始脱盐并向草甸荒漠土过渡;在河间高地的中部,地形高,地下水位深,分布着盐化和碱化灰漠土。

耕种土壤一方面受自然条件的影响,另一方面还受人类活动的制约。其分布规律是:离居民点越近,受人为活动影响越强烈,土壤熟化程度越高。在灌溉渠系两旁,由于渗漏造成次生盐渍化,而分布有带状盐化土和盐土,如西岸大渠两旁呈带状分布有盐化灰漠土和盐土,农场灌渠两旁往往有盐化土分布。

12.4.4　垦区盐碱土的分布规律

垦区盐碱化土壤的分布规律是:

(1)垦区自上游至下游、由南向北、由扇脊至扇翼和扇缘,土壤盐化威胁程度由无或轻逐渐加重。

(2)从灌区上来看(表12.5),下野地灌区和莫索湾灌区盐碱地中的轻盐化面积比例较大,中盐化和重盐化比例相对较低;石河子灌区和安集海灌区轻盐化面积比例较小,石河子灌区中的中盐化及重盐化面积比例较大,安集海灌区重盐化及盐土面积比例较大;金沟河灌区各类盐碱地所占比例与全灌区比例较为接近;宁家河灌区只包括151团,大部分为山区草场,基本无盐碱地。

(3)盐渍化普遍,分布面积广。垦区地处四周为高山环抱的内陆盆地——准噶尔盆地的南部,地下径流、地表径流和盐分都缺乏出路,并且由于气候干旱、成土母质普遍含盐等因素,只要地下水位达到临界深度以上,底层盐分就积聚并表聚形成盐渍土。因地质变迁引起地下水的变化,出现了残余积盐过程和现代积盐过程。在下野地灌区和莫索湾灌区普遍存在着残余盐化和残余碱化土壤,而在扇缘及泉水溢出带则存在着现代积盐过程,形成各种盐土和盐化土壤,所以垦区各团场都有盐渍土分布。

(4)垦区内无论是盐土还是盐化土各种盐分组成类型都存在,但以硫酸盐、氯化物硫酸盐型为主。土壤苏打化也十分普遍,各灌区皆有分布。这与玛纳斯河流经天山深处,将 CO_3^{2-} 含量高的第三纪红土带入此区有关。

(5)盐碱地在扇缘溢出带、冲积平原上部和平原水库周边分布较为集中。

表 12.5　农八师各灌区盐碱地面积统计表　　　　　　　　　　　　单位:万亩

灌区	项目	轻盐化	中盐化	重盐化	盐土	小计
下野地灌区	面积	27.12	19.11	13.52	3.79	63.54
	比例(%)	42.69	30.07	21.28	5.96	100.00
莫索湾灌区	面积	21.84	14.33	12.25	8.83	57.25
	比例(%)	38.15	25.02	21.41	15.42	100.00
石河子灌区	面积	4.13	9.46	8.60	0.50	22.68
	比例(%)	18.20	41.69	37.90	2.20	100.00
安集海灌区	面积	5.00	5.50	22.00	31.00	63.50
	比例(%)	7.87	8.66	34.65	48.82	100.00
金沟河灌区	面积	10.80	9.80	5.40	8.00	34.00
	比例(%)	31.76	28.82	15.88	23.53	100.00
宁家河灌区	面积	0.00	0.02	0.00	0.00	0.02
	比例(%)	0.00	100.00	0.00	0.00	100.00
合计	面积	68.89	58.21	61.78	52.12	240.99
	比例(%)	28.59	24.15	25.63	21.63	100.00

12.4.5　垦区盐碱土的成因

垦区的盐碱土属于内陆盐碱土,按其形成过程和存在的状态,可分为原生盐碱土和次生盐碱土。前者为自然土壤通过积盐过程形成的盐化土和盐土;后者由于人为因素造成积盐,使耕地由非盐土演变成盐化土和盐土。原生盐碱土与次生盐碱土的形成条件虽有所差异,但积盐过程和积盐机理是相似的。

(1)干旱荒漠气候是垦区盐碱土形成的先决条件

垦区位于欧亚大陆中心,远离海洋,为典型的大陆性干旱气候,气候干燥,雨量稀少,蒸发量大。根据石河子气象局统计资料,石河子气象站多年平均降水量 207 mm,多年平均蒸发量1 392 mm;炮台气象站多年平均降水量 150 mm,多年平均蒸发量 1 891 mm;莫索湾气象站多年平均降水量 122 mm,多年平均蒸发量 1 862 mm。在这种干旱气候条件下,土壤的自然淋溶作用和脱盐过程非常微弱,土壤中可溶性盐借助毛细管水上行积聚于表层,导致表土普遍积盐,从而于地下水位高的细土平原上形成大面积的盐碱土。垦区山区和山麓气候与平原区绿洲和荒漠气候相比,降水相对丰沛,蒸发量少,气候干燥程度低,因而土壤不存在普遍积盐的问题,属于非盐碱化地带。而平原区气候干燥,不但土壤普遍存在积盐问题,而且盐分表聚性强,积盐强度大,属于盐碱化地带。

(2)母岩和母质含盐是垦区盐碱土形成的物质基础

垦区地质地貌类型较复杂,成土母质类型也较多。山区中由基岩风化的残积物或坡积物分布较广,而垦区土壤的成土母质多以第四纪洪积物和冲积物为主,含盐量较高,是垦区地下水及土壤中盐分的主要来源。

(3)地表水和地下水的补给是垦区盐碱土形成的主要动力

1)地表水

发源于山区的河流,由山麓进入平原后,河水不同程度地含有一定量的盐分,这些地表水既是把盐分搬运至灌区的动力,也是灌区灌溉和地下水补给的主要水源。河水沿河床而下,沿途接纳各种回归水,矿化度逐渐增高,水化学类型也逐渐改变,从而造成流域上、中、下游土壤积盐和潜水化学性质的差异。河水的泥沙含量与粒径组成,影响到洪积物、冲积物及灌溉淤积物的剖面结构和机械组成,从而间接影响到土壤的水盐运动。

2)地下水

①地下水埋深与土壤积盐。矿化地下水通过土壤毛细管上升至地表,水分蒸发后将盐分遗留于表层,造成土壤积盐。据以往试验资料,当土壤质地为粉沙壤土,地下水埋深分别为0.5~1.0,1.0~1.5,1.5~2.0,2.0~2.5 和 2.5~3.0 m 时,蒸发强度分别为 2.64,1.72,1.16,0.62 和 0.5 mm/d。说明地下水埋深越浅,蒸发越强,上升至地表的矿化地下水就越多,土壤积盐也就越快。当埋深小于 1.5 m 时,蒸发强度剧增;埋深大于 2.0 m 时,蒸发强度变弱;埋深大于 3 m 时,蒸发强度微弱。

②地下水矿化度与土壤积盐。在地下水埋深相同的情况下,矿化度越高,地下水向土壤输送的盐分就越多,土壤积盐也就越重。根据新疆多点试验资料和《灌溉与排水工程设计规范》,当矿化度<2 g/L 时,土壤积盐缓慢;2~5 g/L 时,土壤积盐加快;5~10 g/L 时,土壤积盐明显加快;>10 g/L 时,土壤积盐强烈。

③地下水临界深度。地下水临界深度是保证不引起土壤盐碱化所要求的地下水最小埋深,它是调控地下水位的标准,也是垦区土壤发生次生盐碱化预测预报的重要依据。

(4)地形、地貌是垦区盐碱土形成的强化因素

垦区地处高山环绕的准噶尔盆地,垦区内河流均为内陆河流,地上、地下径流及盐分没有出路,只能从高地向低地转移和积聚。地形、地貌在盐分随径流转移的过程中,对盐分起着重新再分配的作用,从而强化了灌区的积盐过程。

(5)人为因素是垦区次生盐碱土形成的重要条件

耕地土壤由于人为因素造成积盐,使非盐碱土变成盐碱土,或轻盐化土变成强盐化土的过程,称为土壤次生盐碱化。垦区发生土壤次生盐碱化的主要原因有:

1)人为引起地下水位上升,超过临界深度从而形成次生盐碱土

①灌溉渠系渗漏。垦区开发过程中,20 世纪 80 年代以前渠系防渗率很低,每年在引水、输水过程中,渠系的渗漏损失很大,造成垦区地下水位的大幅升高,垦区土壤次生盐碱化迅速发展。进入 20 世纪 90 年代以后,随着灌区配套与节水改造工程的持续推进,渠系的防渗率也得到了大幅度的提高,渗漏损失也逐年减少。但之前造成的地下水位高的问题需要逐步缓解。

渠道渗漏首先使未防渗渠道两侧的地下水位升高,在渠床下形成一个较高的水丘。由于水丘的扩散和受地下径流的顶托,使距渠道较远的地下水位被抬高。渠道渗漏引起地下水位升高的范围一般为(单侧):总干渠 600~1 600 m,干渠 200~300 m,支渠 80~200 m,斗渠 50~150 m,农渠 10~40 m。

②田间灌水渗漏。据 1980 年以前的灌溉资料,当时的用水观念、灌水技术和灌溉管理措施较为落后,大水漫灌、串灌和重灌轻排比较普遍。作物灌溉定额明显偏高,过量灌溉产生大量深层渗漏,在促进灌区地下水位升高的同时,还将表土盐分淋洗入地下水,使灌区的水环境质量逐渐下降。1990 年以后,灌区在用水观念、灌水技术和灌溉管理上有了明显的提高,田间

灌水定额明显降低,但由于灌溉造成的地下水位高的问题在短期内难以得到彻底解决,因此继续推进节水灌溉技术是不容忽视的。

③平原水库的渗漏。垦区现有平原水库 15 座,其中大型水库 3 座,中型水库 4 座,小型水库 8 座。总库容 5.44 亿 m³,其中大型水库库容 3.85 亿 m³,中型水库 1.35 亿 m³,小型水库 0.25 亿 m³。垦区平原水库渗漏量较大,抬升了地下水位,使水库周围土地产生次生盐碱化。

在排水系统不健全的情况下,大量的渠系、田间灌溉和水库产生的渗漏水,必然会抬高地下水位。当地下水位超过临界深度时,土壤必然会发生盐碱化。

2)耕作制度不合理,土地不平整,引起土壤次生盐碱化

耕作不当,土地不平整,使条田的局部高地形成盐斑,其土壤含盐量可达到盐土标准。在新垦荒地或脱盐不彻底的耕地上,由于灌水技术差或入渗水量太少,不能把已压至土壤剖面中下部的盐分继续压到深层,反而使该层盐分活化,造成盐分重新返至表层;灌水不均,使未灌上水的部位,成为干排盐地段,逐步变成盐土。

无计划撂荒、赤地休闲等不合理的耕作制度,或作物安排不当降低了地面的覆盖度,使土壤长时间裸露,加速了土壤盐分的表聚。

耕作粗放,耕翻时漏耕,夏收后未及时伏耕,秋收后未及时秋耕,春季未及时耙地跑墒,播前整地未耙糖平整,苗期和雨后未及时耙地、破除板结,灌后未及时中耕,冲洗后未及时翻耕种植等等,都会加剧耕层土壤水分蒸发,造成表土返盐。

3)长期引用矿化水进行灌溉

由于"重灌轻排",过分强调上排下灌,加上近些年水资源供需关系日趋紧张,短期内不可能得到缓解,灌区内部每年均引用排水,与地表水或井水混合后用于灌溉,其后果一是长期引用矿化水进行灌溉,造成部分引灌地区土壤盐碱化加重;二是排水渠堵塞,排水不畅,逐渐失去排水的作用。

上述的人为因素,除了造成灌区地下水位上升以外,还会使灌区周边的荒地和灌区内部的夹荒地地下水位上升,导致这些土壤盐分增加或变成盐土。

12.4.6 盐碱地造成的危害

(1)危害作物生长、阻碍农业生产的发展

1)盐碱化使土壤理化性质变差,作物的生存条件变坏

①土壤有机质含量相对较低。土壤盐碱化抑制了土壤的生草化过程和土壤有机质的累积过程,因而土壤有机质含量相对较低,从而影响到土壤的理化性质。

②土壤营养条件变差。在排水、洗盐和加大定额灌溉的影响下,土壤中的有效氮素损失严重。有机质是土壤磷素的主要来源,有机质的分解产物能促使磷素释放而提高其有效性,盐碱土有机质含量低,速效磷的含量也就低。加之盐碱地 pH 值偏高,碳酸钙含量高,土壤中的磷易形成难溶性磷酸盐,从而降低了磷的有效性。此外,锌、锰、铁、铜等微量元素也皆因土壤 pH 值高而降低了有效性。

③土壤物理性状不良。盐碱化土壤结构差,直径大于 0.25 mm 的水稳定性团聚体数量少,空隙度低,非毛管孔隙少,黏结性强,保墒能力差;土壤胶体吸附 Na^+ 含量高,透水性差,土壤脱盐困难;土壤有效水含量低,无效水含量显著增高,供水能力差;春秋地温偏低,土性冷凉,影响作物的及时播种和幼苗生长,夏季地温偏高,加速了地表蒸发和积盐。

④土壤微生物活性受到抑制。盐碱地上的固氮菌、硝化菌数量很少,活性差,因而土壤中的氮化作用和硝化作用微弱或完全受到抑制。

2)土壤溶液直接毒害作物细胞

由于盐碱土溶液浓度高,渗透压大,不但作物吸收水分和养分的能力降低,而且作物根系选择性吸收营养离子的能力也相应降低,因此非营养离子大量进入作物体内,而营养离子吸收减少或吸收不上,从而打乱了作物体内正常的离子平衡,干扰了作物正常的新陈代谢机能,破坏蛋白质的合成与分解,引起氨和可溶性盐类离子在作物体内积聚,从而产生离子毒害,危及作物的生长发育,甚至死亡。不同盐类对作物的危害顺序是:碳酸钠＞碳酸氢钠＞氯化钠＞硫酸钠。

3)作物生长不良造成缺苗、减产、死亡

根据一般的调查统计,非盐化土作物不缺苗,产量正常;轻盐化土缺苗减产 10%～20%(平均为 15%);中盐化土缺苗减产 20%～50%(平均为 35%);重盐化土缺苗减产 50%～80%(平均为 65%);盐土只能个别植株成活,无收成。

总之,土壤盐碱化不仅损害作物赖以生存的土壤条件,而且危及作物的生长发育,造成缺苗、减产甚至死亡,从而阻碍农业生产的发展。土壤盐碱化是垦区农业生产发展的重要限制因素。

(2)浪费资源,危害生态环境

1)土壤盐碱化严重的地区,造成弃耕、荒芜,浪费了大量的土地资源。

2)为了开垦盐碱荒地,采取泡荒压盐;为了降低耕层盐分,采用管理性洗盐或者加大灌水定额,浪费了宝贵的水资源。

3)为了改良盐碱土地,需要兴修一系列的土壤改良工程,浪费了人力、物力和财力。

4)在盐碱耕地上播种,不可避免地要缺苗,根据统计资料分析,因盐碱因素播了种出不了苗的面积,轻盐化地约为 5%,中盐化地约为 15%,重盐化地约为 35%,盐土一般不出苗。每年因不出苗造成大量损失,还浪费了播种花费的人力、机力、种子、肥料和灌水。

5)盐碱使土壤的工程力学性质变差。土壤含过量的可溶性盐类,除了其流限、塑限、盐胀、膨胀、收缩、强度、冻涨等工程力学性质随含盐种类和数量的不同而发生明显的变化外,还对砂浆、混凝土和沥青等建筑材料产生腐蚀、侵蚀,从而加大了工程的投入,缩短了工程的使用年限。

6)灌区土壤次生盐碱化后,为了降低耕层的盐分,需要进行大水洗盐或加大灌水定额进行灌溉,在排水系统不完善的情况下,必然会使地下水位上升,矿化度增高,水质逐渐变差,对灌区水环境造成损害。灌区水环境变差反过来使土壤盐碱化又进一步加剧,使灌区的土壤改良利用条件形成恶性循环。

12.4.7　盐碱地改良利用的经验与发展趋势

(1)盐碱地改良利用的经验

在长期的生产和盐碱地改良利用实践中,垦区采取了很多有效的改良利用措施,获得了有益的经验。

①垦区盐碱地改良由单一措施发展为综合治理。把改良盐碱地同灌区治理、改变生产条件和抵御自然灾害结合成一体来进行,起到了事半功倍的成效。

②明沟排水。截止到 2006 年,全灌区 2006 年现有排水渠总长 2 839 km,其中干排长 467

km,支排长 699 km,斗排长 1 059 km,农排长 613 km。排水出路多为玛纳斯河故道或沙漠区。石河子、下野地的排水系统较为完整,其余未形成完整系统。

③竖井排灌。截止到 2006 年,竖井排灌在各灌区均有实践经验,尤其是安集海灌区,竖井排灌运行多年,取得了明显的效果。

④在有排水系统的条件下,泡荒洗盐,夏秋对盐碱耕地进行管理性洗盐和低洼地带种稻改土,是当地长期采用的脱盐改土的有效措施。

⑤农田营造防护林网,居民点发展片林,田间发展果木林,风沙前沿的灌区外围营造水土保持林,利用泄洪发展改善下游生态,对防治风沙、生物排水、改善农田小气候、保护生态环境和促进土壤脱盐都有积极作用。

⑥采用水利、农业和生物等综合措施,进行以盐碱为主因的中低产田改造成效显著。

⑦全面推行节水灌溉措施。在加大渠系防渗力度的同时,平整土地,大力推行标准的沟、畦灌和膜上灌,逐步推广喷、滴灌和低压管道灌,改革水费征收和灌溉管理制度,可同时收到节水、增产和降低地下水位的效果。

⑧推广生物养地技术。垦区推广的秸秆还田、牧草绿肥种植、豆粮间作和作物换茬等生物养地技术,对培肥土壤、改良土壤理化性状有明显的成效。

上述经验在当地是可行的,已在不同程度上进行了实施,但由于存在各种问题,影响到措施的完整到位,因而有些实施效果不佳。例如,骨干明沟排水系统已初步形成,但田间排水系统尚未配套,加之管理养护差、坍塌淤塞严重,排水效果不甚理想;竖井排灌虽已运行多年,但由于井灌井排和两水统管的管理制度未能切实有效地建立,职工嫌井水贵,不抽水或少抽水,造成竖井的作用得不到充分发挥。

(2)垦区盐碱地改良利用的发展趋势

根据 1980 年全国第二次土壤普查、地下水开发利用规划的调查和当前规划所收集的资料的对比分析,灌区由于近些年灌溉面积的不断扩大,家庭农场的建设,新增耕地排水系统的不健全,特别是最近十几年新发展起来的耕地,基本上没有及时配套排渠,盐渍化土地面积有逐年扩大的趋势。因此,推广盐碱地综合改良技术,是农业发展的必然选择。

12.4.8　盐碱地改良利用的必要性及紧迫性

随着灌区经济的发展和人口的增加,耕地面积也在不断扩大,受当地自然和人为因素的影响,造成目前灌区盐碱地面积较大,危害较重,从而造成作物减产或土地弃耕。而灌区风沙沿线长,弃耕地随时面临着沙化的威胁。

灌区的土地资源十分紧张和宝贵,经过几十年的开发建设,目前可供新开发的土地资源已非常少了,为保障灌区经济社会的可持续发展,对现有耕地中的盐碱地进行改良,增加可利用土地资源是十分必要的。

耕地土壤盐碱化使耕地质量下降,农业成本上升,土地产出率减少,农业综合生产力显著降低,这对灌区农业经济发展必将造成不利影响。为建设社会主义新农村,实现和谐社会,必须重视和推进盐碱地的改良利用。

总之,抓好盐碱地改良利用,取得稳定的成效,是彻底治理灌区、改善自然面貌和生产条件的需要,是充分利用自然资源、农业可持续发展的需要,是发展当地经济、建设和谐社会的需要。当前,合理利用改良盐碱地不仅是必要的,而且是十分迫切的。

第 13 章　绿洲盐碱化遥感反演及其影响因素

在实际应用中,由于不同区域实际情况不同,所以针对不同区域进行盐碱化研究时,所选用的盐碱化分类系统也就不尽相同。表 13.1 选用《玛纳斯河流域规划报告》* 确定的盐碱土分类系统,根据全盐含量的不同可将土壤划分为非盐碱土、轻度盐碱化土、中度盐碱化土、重度盐碱化土及盐土五类。

表 13.1　不同土壤盐碱化程度分类标准

全盐含量(%)	<0.3	0.3~0.5	0.5~1.0	1.0~2.0	>2.0
土壤类型	非盐碱土	轻度盐碱化土	中度盐碱化土	重度盐碱化土	盐土

根据选择的土壤分类系统,经过对实测土壤样点进行分类(表 13.2),结果显示,非盐碱化土样最多,有 57 个,占总数的一半以上;轻、中、重度盐碱化土样总共为 27 个,所占比例为30%;盐土土样为 5 个,占总数的 6%。

表 13.2　区域不同土壤盐碱化程度统计表

盐碱化程度	非盐碱化	轻度盐碱化	中度盐碱化	重度盐碱化	盐土
数目(个)	57	13	12	2	5
比例(%)	64	15	13	2	6

经过对实测土壤样点的盐碱土进行分类得知,随着含盐量的增加,采集的土样数目基本呈减少趋势。从表 13.2 可以看出,流域内土壤含盐量变异强烈,差异较大,普遍存在盐渍化威胁(卢艳丽 2007)。

13.1　玛纳斯河流域土壤盐分光谱特征分析

地物光谱特征分析可以为成像光谱数据的定量分析识别技术选择合适的特征表达空间,从而以最少、最佳的波段数目达到对地物目标高精度识别分类的目的。研究不同程度盐碱化土壤的光谱特征是利用成像光谱数据进行盐碱化分类的基础,本节主要利用多种方法来分析地面实测光谱数据与土壤含盐量的相关性,从而尝试确定农八师土壤盐分离子的敏感波段。

13.1.1　土壤光谱分析

分析实测光谱曲线特征后显示,土壤反射率随波长的增加而增加,见图 13.1(a)。在 350~600 nm 反射率呈指数增加;大约在 600~800 nm 范围内,反射率呈现出直线上升趋势;在近

---

* 新疆生产建设兵团勘测设计院.1997.下同。

红外 800~1 335 nm 之间,土壤反射率一般在 0.35~0.41 之间,整体仍然为增加趋势,但增加缓慢;受土壤中水分的影响,在 1 420 nm 附近出现了一个反射低谷;在 1 450~1 800 nm 区间内,呈现出一个反射率高峰,反射率最大值达到了 0.45;在 1 920~2 400 nm 之间,有两个反射率高峰和一个低谷,即在 2 150 和 2 270 nm 附近的反射高峰以及在 2 210 nm 附近的吸收低谷;受大气中二氧化碳及水汽影响,在 1 380,1 900 及 2 450 nm 附近,反射率变化较大,所以在后期研究时将剔出此三个范围附近的波段。

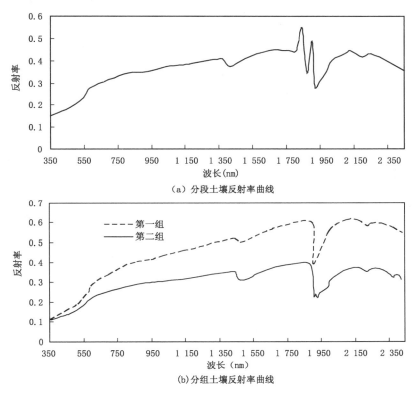

图 13.1　土壤原始反射率曲线

土壤中具有反射光谱效应的成分主要有矿物质(原生矿物、次生矿物)、有机质、质地、结构和水,此外土壤是固相、液相、气相三相共存的复杂而异质的体系,所以土壤的光谱特征也极其复杂。根据实测土壤光谱数据显示,土壤含盐量空间差异及其各波段光谱反射率变化较大[图13.1(b)]。图 13.1(b)中所示数据采集于同一裸地试验田,试验田面积为 60 m×60 m,共采集土样 40 个,其土壤含盐量为 0.332%~13.384%,平均含量为 9.06%,土壤类型为灌耕灰漠土。在分析造成土壤反射率变化的原因时,了解到在东北平原上由于土壤类型不一样会造成光谱的变化(卢艳丽 2007)。但本试验田仅为 60 m×60 m,其土壤类型也为单一的灌耕灰漠土,所以本研究中出现反射率变化的原因可能不是由于土壤类型的差异产生的。另外,本节也将土壤含水量同反射率进行了相关性分析,发现在可见光范围内,相关系数在 550~600 nm波段达到了最高值,但其相关系数仅为 0.20,说明土壤含水量也不是造成反射率变化的主要原因,可能是受到土壤有机质、矿物质等因素变化而产生了这种变化。

另外,对不同盐渍化程度土壤反射率曲线进行分析后发现,土壤反射率曲线并没有随着含盐量的增加而增加,不同盐渍化程度土壤在不同波段的反射率大小不一(图 13.2):在 600～730 nm 这一波长区间内,各盐渍化程度类型土壤反射率由大到小的顺序为非盐渍土＞重度盐渍化土＞盐土＞轻度盐渍化土＞中度盐渍化土;在 1 240～1 800 nm,大致表现为非盐渍土＞中度盐渍化土＞重度盐渍化土＞盐土＞轻度盐渍化土;在大于 2 010 nm 区间内,表现为非盐渍土＞中度盐渍化土＞盐土＞重度盐渍化土＞轻度盐渍化土,但盐土与重度盐渍化土壤间反射率变化不大。根据以上实测结果,可以看出在 350～2 500 nm 范围内,各类型土壤并没有呈现出单调性的变化,并且中度、重度盐渍化土及盐土的反射率变化非常小。

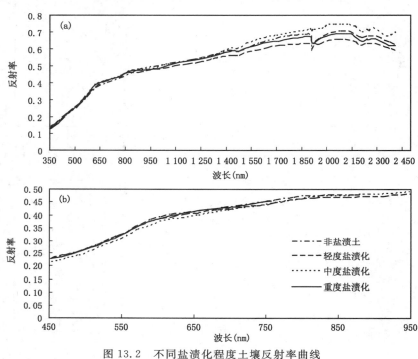

图 13.2　不同盐渍化程度土壤反射率曲线

13.1.2　敏感波段提取

由于实测光谱包含光谱噪声,因此需要对其进行平滑处理以削弱噪声的影响,与此同时对光谱数据进行各种变换,如光谱微分、光谱倒数、光谱对数、包络线等,以便于突出光谱数据的细微差别。进行光谱间的对比分析,从大量高光谱数据中选出能够反映研究区土壤盐渍化程度差异的最佳波段,我们是通过相关系数大小来确定。

利用 SPSS 软件将实测土壤含盐量与反射率做相关性分析(图 13.3、附彩图 13.3 和图 13.4),结果显示采用包络线消除法得到的各波段反射率与土壤含盐量的相关关系较为明显,其最大相关系数为 0.45,明显高于经过原始反射率法(相关系数为 0.11)、log 倒数法(相关系数为 0.24)、一阶微分法(相关系数为 0.25)及包络线深度 log 倒数法(相关系数为 0.32)变换后的最大相关系数。

在对实测光谱数据进行分析后得知,不同盐渍化程度土壤的光谱数据间变化较大;在经过多种变换后,土壤含盐量与各波段的相关性并不明显,无法寻找到土壤含盐量敏感波段,从而使得反演土壤含盐量的工作需要更深入的研究。

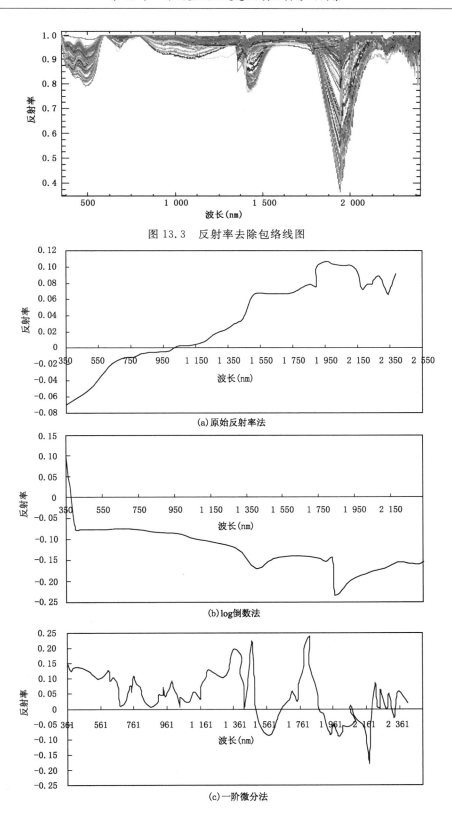

图 13.3　反射率去除包络线图

(a) 原始反射率法

(b) log 倒数法

(c) 一阶微分法

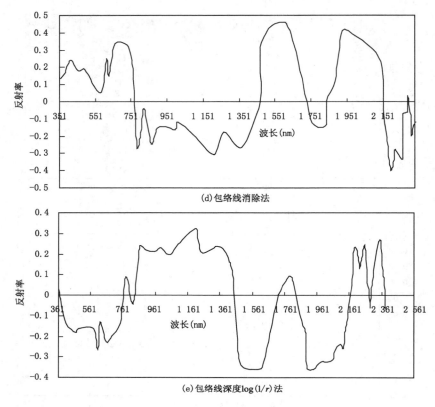

(d)包络线消除法

(e)包络线深度$\log(1/r)$法

图 13.4　各波段反射率与土壤含盐量相关系数

13.2　玛纳斯河流域土壤含盐量及其影响因素分析

13.2.1　土壤含盐量测定及分析

在 2009 年 6 月 5 日—9 月 30 日期间进行了野外调查和采样,共采集了 89 个土样,野外工作中采用 2000 年 ETM 数据作为参考遥感影像,辅助野外考察和选点。

取回土样后,将土样放置在室内干净白纸上,充分摊开,剔除大的根系等杂物,自然风干,在水分适宜时,将大土块用手掰碎,完全风干后,用玻璃瓶将土块压碎,并进一步剔除杂物后过 1 mm 筛,未通过孔的土粒,重新压碎过筛,直至土样全部过筛孔为止;过筛后的土样,充分混合后,装入 1 000 ml 广口玻璃瓶中,放在干燥避光处。采集的 89 份土样由中国科学院新疆生态与地理研究所按土壤农化分析要求,对风干并过 1 mm 筛的土样按 5:1 水土比进行浸提,同时测定浸出液中 Ca^{2+},Na^+,Mg^{2+},K^+,SO_4^{2-},Cl^-,HCO_3^-,CO_3^{2-} 等八大盐基离子含量。其中,CO_3^{2-} 和 HCO_3^- 用硫酸滴定容量法测定;SO_4^{2-} 用硫酸钡比浊法测定;Cl^- 用硝酸银容量法测定;Ca^{2+} 和 Mg^{2+} 用原子吸收分光光度法测定;K^+ 和 Na^+ 用火焰光度法测定。土壤盐分为八大离子之和(鲍士旦 2000)。

经过对 89 个实测土壤含盐量样点进行统计分析(图 13.5 和图 13.6),确定区域平均土壤含盐量为 0.50％；含盐量最大值为 7.95％，此点位于 148 团的裸地中；最小含盐量出现在玉米地土壤样点中，全盐含量为 0.025 6％。

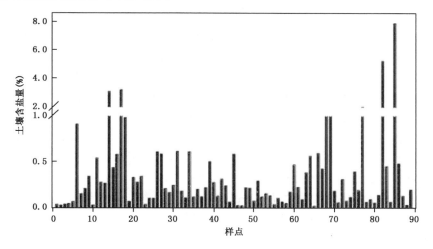

图 13.5　各样点实测土壤含盐量

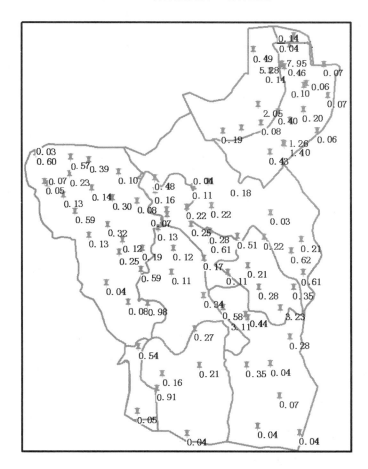

图 13.6　区域实测样点土壤含盐量（单位：％）

13.2.2　区域土壤含盐量空间变异性分析

为了得到区域土壤含盐量分布图,首先需要对数据进行统计及变异分析。本节通过半方差函数及其参数所代表的意义,来对区域土壤盐分的空间变异性特征进行描述(表 13.3、表 13.4)。块金值通常表示测量误差和小于最小取样尺度引起的变异性,块金值越大表明较小尺度上的某种过程越不可忽视。基台值通常表示系统内部的总变异,其中块金值/基台值可以表明系统变量空间自相关的程度,如果该比值<0.25,则说明系统具有强烈的空间自相关;比值在 0.25~0.75 之间,表明系统具有中等的空间自相关;比值>0.75 说明系统空间自相关很弱。土壤属性受结构性因素和随机性因素共同影响,其中结构性因素包括气候、母质、地形、土壤类型等,随机性因素包括施肥、耕作措施、种植制度等人为活动。对于模拟结果的精度,选择采用决定系数(R^2)及残差(RSS)来反映(许文强 等 2006)。

首先,需要检验原始数据是否符合正态分布,以消除变异函数计算时的比例效应。在对原始数据进行 K-S 检验后发现,原始数据不符合正态分布。在对原始数据进行对数转换和幂转换后,数据仍旧不符合正态分布。另外,根据统计数据显示(表 13.3),原始数据及转换后数据的峰度、偏度均大于 0,这也表明数据不符合正态分布。

表 13.3　区域盐分描述性统计特征

最小值	最大值	均值	标准差	偏度	峰度	变异系数
0.03	7.95	0.50	1.17	4.75	30.71	0.76

其次,选择 RSS 及 R^2 均较高的指数模型来确定盐分的空间变异特征(表 13.4),对数据进行变异性分析后发现,其变异系数为 0.76,土壤盐分为中等变异(<0.1 为弱变异性;0.1~1 为中等变异性;>1 为强变异性);块金值/基台值为 0.59,表明土壤盐分在区域上表现为中等空间自相关性,这与研究区位于绿洲区,同时受到地形、气候等结构性因素及耕作、灌溉等人为随机因素的影响相一致。

最后,估算结果中,半方差函数的 RSS 为 0.09,而 R^2 仅为 0.26(表 13.4),数据不符合正态分布,又因受到空间变异函数模型及随机性因素的影响,所以流域内盐分已不适合选用 Kriging 方法进行插值,因此本节通过 IDW 插值得到研究区土壤含盐量分布图。

表 13.4　区域盐分空间变异特征值

变程	块金值	基台值	块金值/基台值	RSS	R^2
0.01	0.74	1.25	0.59	0.09	0.26

依据实测的 246 个土壤含盐量样点,选用 ArcGIS 9.2 软件中的 Geostatistics Analysts 模块中的 IDW 插值方法及全局趋势分析,得到区域不同土壤盐渍化程度分布及其空间趋势图(图 13.7、附彩图 13.7)。研究区中,非盐渍土面积最大,为 1 302.96 km²,约占研究区面积的 40%;其次为轻度盐渍化和中度盐渍化,分别为 1 117.77 和 550.42 km²,分别占研究区总面积的 34.17%和 16.83%;最少的是重度盐渍化和盐土,两者面积之和约为中度盐渍化面积的一半,分别占研究区总面积的 7.10%和 2.06%(表 13.5)。分析研究区 9 个团场/县市不同盐渍化程度的面积(表13.5),其中以非盐渍土为主的是 147 团、玛纳斯县和沙湾县;以轻度盐渍化为主的是石河子市、石河子总场和新湖农场;以中度盐渍化为主的是 148 团;以重度盐渍化为

主的是 149 团。

表 13.5　各团场/县市不同土壤盐渍化程度面积统计　　　　单位：km²

	非盐渍土	轻度盐渍化	中度盐渍化	重度盐渍化	盐土	总计
147 团	112.06	46.92	2.93	0.00	0.00	161.91
148 团	44.38	77.50	125.35	37.71	26.81	311.75
149 团	10.12	63.78	40.42	101.89	24.60	240.81
152 团	7.05	0.77	0.00	0.00	0.00	7.81
玛纳斯县	513.19	299.50	137.02	50.26	3.97	1 003.94
沙湾县	364.01	226.42	92.28	6.85	0.00	689.57
石河子市	95.98	191.48	55.27	0.00	0.00	342.73
石河子总场	124.72	158.29	54.63	6.81	0.00	344.45
新湖农场	31.46	53.11	42.52	28.78	11.93	167.80
总计	1 302.96	1 117.77	550.42	232.31	67.31	3 270.77

在统计分析区域各团场不同土壤盐渍化程度面积基础上，在此我们选择趋势面来分析区域土壤盐分的空间趋势。趋势面分析是根据空间抽样数据来拟合一个数学曲面，并通过该曲面来反映空间分布的变化情况。空间趋势反映了空间物体在空间区域上变化的主体特征，主要解释了空间物体的总体规律(汤国安 等 2006)。区域土壤含盐量，在东西方向上，总体呈现出越往东土壤含盐量越大；在南北方向上，具有微弱的 U 形趋势，且北部含盐量要比南部含盐量大，见图 13.7(b)。

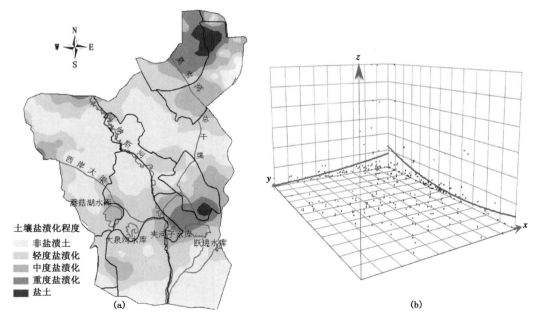

图 13.7　区域不同土壤盐碱化程度分布及其空间趋势图

13.2.3　区域土壤含盐量影响因素分析

在自然因素和人为因素的共同影响下，形成了现在的区域土壤含盐量格局。下面着重阐述区域气候条件、蒸发能力、土壤特性、地形地貌、地下水埋深和矿化度等变量的区域格局及其与区域土壤含盐量的关系。

在研究区内,区域表层土壤含盐量以 4 个盐分含量高值区为中心向外扩散递减分布(图 13.8、附彩图 13.8),分别位于夹河子—跃进水库北部(Ⅰ)、沙湾县中西部(Ⅱ)、沙湾县北部(Ⅲ)及 149 团中北部(Ⅳ);分析区域土壤含盐量分布特征的形成原因大概有以下几方面:

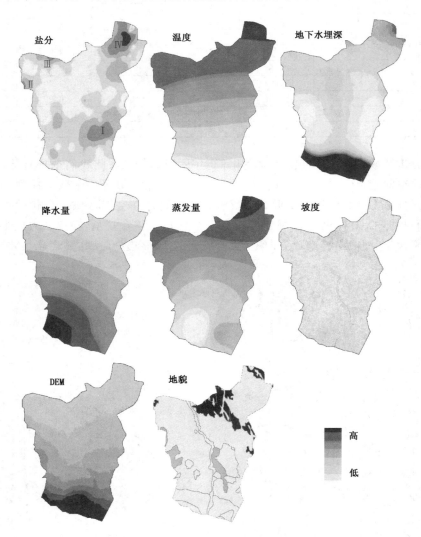

图 13.8　区域土壤盐分、温度、降水量、蒸发量、坡度及地下水埋深等分布图

(1)气候条件影响

研究区由南向北,气候条件差异较大:年平均气温为 6~9 ℃,年降水量为 110~200 mm,而年蒸发量为 1 500~2 000 mm,年蒸发量约为年降水量的 10 倍。在北部沙漠边缘莫索湾区域,多年平均降水量为 117.2 mm,而蒸发量却达到 1 943.3 mm,如此大的蒸发量使得土壤水分强烈蒸发,加剧了毛管水自下而上的运动,溶解于地下水中的盐分随之带入土壤表层,水分散失,盐分积累,从而形成了盐碱地。基于此种因素,在研究区中远离水源的Ⅲ、Ⅳ区成为土壤含盐量的高值区。

（2）地下水影响

盐碱地的出现主要是由于地下水位高于某一深度，强烈的蒸发作用带动土壤毛细管不断地输送矿物盐分积聚地表，在没有降水对这部分盐分进行淋溶脱盐的情况下，盐分在地表积累形成了灾害，因此盐渍地又可以说是"由水而发"（黄荣翰 1985）。另外，在大气蒸发能力和土壤特性一定的情况下，土壤积盐程度主要与地下水埋深有关（王全九 等 2001）。据前人研究，西北干旱区地下水埋深低于 2 m 将会危害作物生长（崔亚莉 等 2001），在研究区内地下水埋深特点为"南北高，东西低"。

由于本研究区土地开发程度较高，尤其是在过去的大面积灌溉期间，地下水潜水位普遍上升。其中，地下水位埋深在 0～3 m 之间的矿化度为 0～3 g/L，表层土壤含盐量为 0.09%～2.90%，面积为 2 263.0 km²，约占研究区总面积的 69.04%；地下水位埋深为 3～5 m 的面积约为 512.21 km²，矿化度为 1～3 g/L 或 5～10 g/L，尤其是在 147 团至六户地、148 团团部之间，矿化度高达 10～30 g/L，表层土壤含盐量约为 0.20%～2.80%，此区约占研究区总面积的15.63%；地下水埋深大于 5 m 的区域面积为 502.40 km²，仅占研究区面积的 15.33%，矿化度小于 1 g/L，表层土壤含盐量为 0.09%～4.43%。受地下水埋深及其矿化度影响，区域平均土壤含盐量达到了 0.18%

（3）地形地貌影响

地形地貌影响着土壤母质的分布和地下水的动态，从而决定了盐分的再分配。地形高低起伏和物质组成的不同，影响了地面、地下径流的运动，在土体中的盐分也随之发生分异。在玛纳斯河流出出山口后，形成了较大的冲洪积扇，石河子市、沙湾县及玛纳斯县均位于冲洪积扇中下部，海拔 400～600 m，地形坡度在 9‰～33‰ 之间；北部为冲洪积平原，海拔在 300～380 m，地形较为平坦，坡度在 0.5‰～2.5‰ 之间（图 13.8）。

从研究区大地形上看，土壤盐分的累积，是从高处向低处逐渐加重，并且在小范围区域内，土壤积盐最重的往往发生在局部凸起的部位，例如 Ⅱ、Ⅲ、Ⅳ 区及玛纳斯河以西区域，在这些地区因为盐类溶液不论是水平方向还是垂直方向的迁移，都是趋向地表干燥和蒸发较快的地方——小地形中凸起的部分。

（4）人为因素影响

研究区地处洪积扇扇缘地带或平坦地区，渠系防渗不完善，灌溉不合理，排水沟道失修，淤积堵塞严重，或有灌无排、地下水位抬高，这是导致耕地盐渍化的直接原因（代涛 2004）。另外，由于人们从灌区内开挖大量的排碱渠道通向沙漠低洼地带，形成了在靠近沙漠的边缘地区盐渍化较为严重，这样也就造成 Ⅲ、Ⅳ 区域成为高盐分区。

由于莫索湾主干渠和西岸大渠的渗透补给及多年来农田灌溉的影响，促使了区域地下水水位逐年上升（图 13.8），并且西岸大渠为东西向，阻隔了南北区域间的地下水流。另外，地下水位上升与渠道渗漏密切相关，凡潜水位埋深浅的地方，均有规律地分布在莫索湾总干渠两侧及其一、二、三支干渠中上段两侧。

干旱区土壤本身盐分含量高及不合理灌溉引起的农田土壤次生盐渍化是灌溉农业可持续发展的最大障碍。在研究区内开垦耕地面积扩大，总灌溉量增加，特别是蘑菇湖、大泉沟等一系列水库，建造年代较久远，水库内淤泥堆积使得库区抬高，湖水水位上升，较高的水位差使得外围地下水水位逐渐升高，这就造成了水库之间的低洼地带成为了地下水水位相对较高区域，土壤含盐量较高，如 Ⅰ 区就位于夹河子水库和跃进水库北部的地势较低地区，其土壤含盐量均在 1.50%以上。

(5)土壤母质及盐生植被的影响

土壤母质在干旱半干旱的气候条件下淋溶微弱,因此都含有一定量的盐分。据研究显示,研究区内越接近地表,土壤母质中含盐量越高,当这些盐分遇到足够的水分时,就不断地溶解,可溶性盐就随地下水水位的升高和土壤水分的强烈蒸发,在土壤表层积聚,最终造成土壤的次生盐渍化。位于冲积平原上的研究区,土壤母质含盐量较高,在 5 m 以内土层平均含盐量达到了 0.12%~0.15%,区域平均土壤含盐量达到了 0.48%。

另外,区域内盐生植被的根系在吸收水分和养分的同时,也把深层土壤或地下水中的盐分带入植物体内。进入植物体内的有害盐分一般淀积在细胞间或滞留在细胞液中,当这些植物的残体分解时,盐分直接累积于表土,它们虽然每年对土壤积累的盐分少、速度慢,但它们长期起着积盐作用。

第 **14** 章　盐分胁迫条件下绿洲生物量时空变化

在全球变化中,植被作为陆地生态系统中不可或缺的一部分,在地表与大气之间的能量和物质交换中扮演着重要角色。它通过对地表反射率、气孔阻抗、光合呼吸及表面粗糙度的影响调节着能量、水分、CO_2 及动量的传输,在全球变化研究中占有举足轻重的地位,它既是气候变化的承受者,同时又对气候变化产生着积极的反馈作用,使得植被-气候相互作用的研究成为国际地圈生物圈计划(International Geosphere-Biosphere Programme,IGBP)的核心内容之一,而生物量是表征植物活动的关键变量,因此对生物量的研究不仅是生物生产力、净初级生产力,而且还是碳循环、全球变化研究的基础。

生物量研究的是生态系统现存量,有助于碳存储的研究。净初级生产力(Net Primary Productivity,NPP)研究的是净生产力,是对生物量研究的推进,而生物量估算则是 NPP 估算的基础。NPP 作为全球碳循环的一个主要组成部分,其研究则有助于碳循环和碳动态的研究,其敏感性对全球气候系统有着重要的影响。陆地生态系统在全球碳循环中居重要地位,因此对陆地生物量的研究有助于对全球碳存储、碳循环、碳平衡变化的理解,同样也有助于对全球变化的理解和研究。

由于传统生物量估测方法具有一定的局限性,很难及时反映大面积宏观生态系统的动态变化及生态环境状况,因此,探求利用遥感技术建立以绿度值、叶面积和生物量变化为基础,以电磁波理论和生物学、生态学为原理,借助于计算机系统和 GIS 与数理统计的功能,通过地面与航空航天影像的印证、现实及历史的气象环境参数的趋势分析,经一系列专业化的加工处理,在不破坏植被的前提下,对植被生物量做出评估和动态监测,其生产意义和社会经济效益是不言而喻的。

14.1　基本概念

生物量是指一定时间内单位面积所含的一个或一个以上生物种或一个生物地理群落中所有生物有机体的总干物质量,也指在某一特定时刻、某一空间范围内现存的有机物质或碳的总量,也称为现存量。单位通常为 g/m^2 或者 t/hm^2。在生物学上,植物生物量是净生产量的积累量,即在某一给定时刻、单位面积内生态系统所累积下来的地表上、下活的有机质总量(里斯等 1985)。

地上生物量是指土壤层以上以干重表示的所有活生物量,可分为乔木层(包括干、根桩、枝、皮、种子和叶)和下木层(灌木、草本和幼树)。活立木上未脱落的各种死的器官、附生植物及气生根都应包括在地上生物量碳库中。本书的研究对象为地上生物量。

地下生物量是指所有活根生物量(包括根状茎、块根、板根)。由于细根通常很难从土壤有机成分或枯落物中区分出来,因此通常不将其纳入该部分。

　　枯落物/凋落物是指矿质土壤或有机土壤上、直径小于 10 cm 或其他规定直径的、处于不同分解状态的所有死生物量，包括凋落物、腐殖质及不能凭经验从地下生物量中区分出来的小于一定直径的活细根。

　　总初级生产力（Gross Primary Productivity，GPP）是指绿色植物在单位时间内单位面积上通过光合作用所固定的有机物质总量或有机碳总量，又称为总第一性生产力或总生态系统生产力。它是进入生态系统的初始物质和能量，是生态系碳循环的基础。单位为 $g/(m^2 \cdot a)$ 或 $t/(hm^2 \cdot a)$。

　　净初级生产力（NPP）是指绿色植物在单位时间内单位面积上由光合作用所产生的有机物质总量（GPP）中，扣除植物自身的呼吸消耗部分之后，真正用于植物生产和生殖的光合产物量或有机碳量，也称为净第一性生产力，即指绿色植物在单位时间和单位面积上所能累积的有机干物质，它反映了植物固定和转化光合产物的效率，描述了生态系统可供异养生物消费的有机物质和能量的水平，也是表示植物固定 CO_2 能力的重要指标。

　　净生态系统生产力（Net Ecology Productivity，NEP）是指在 NPP 中再减去异养生物（土壤）的呼吸作用所消耗的光合作用产物之后的部分。它直接定量地描述了生态系统的碳源或汇的性质和能力，可以用来评价生态系统是否是大气 CO_2 的源或汇及源或汇的大小。其值大于 0，表明生态系统是大气 CO_2 的汇；其值小于 0，表明生态系统是大气 CO_2 的源；其值等于 0，表明生态系统的 CO_2 排放和吸收达到平衡状态。

　　从净初级生产力和生物量的概念分析可见，生物量与生产力的区别关键在于，前者表示一段时间积累的生产量，后者表示单位时间（通常为一年）内所产生的生物量，后者仅是前者的一部分，即一年的生物量，表示积累的速率。净初级生产力是形成生物量的基础，生物量是每年净生产力的存留部分，即净生长量或由生物量增量积累形成的。

14.2　生物量估算模型

　　20 世纪初，我国就开展了生态系统生物量和生产力方面的研究，并取得了一定成果。最初，人们用 Landsat MSS 来监测植被叶面积指数和活体生物量。后来，更多的是利用 Landsat TM 和 NOAA/AVHRR 数据来监测植被生长和生物量。就植被生物量遥感监测模型而言，许多学者开展了卓有成效的研究。冯宗炜等（1982）采用每木调查与分层切割等方法，对湖南省会同县森林群落的生物量及 NPP 进行了研究；陈灵芝等（1982）在对英国 Hampsfell 蕨菜草地生态系统 NPP 的研究中运用收获法来测定生物量；李月树等（1983）对羊草种群地上部生物量形成规律进行探讨，得出总生物量曲线为单峰形式；刘志刚等（1994）对内蒙古大兴安岭三个气候区天然幼、中龄林的生物量和 NPP 进行了分析研究，结果表明地上部分生物量的分布受热量带的影响；王庆锁等（1994）对鄂尔多斯沙地油蒿群落生物量的研究表明，生物量的分布具有地带性和季节性。

14.2.1　光谱与生物量的关系

　　近年来，应用各种估算模型完成区域生物量的估算较为普遍，利用近红外波段与生物量的显著相关性完成生物量的估算已经成为了一个重要的发展趋势。范伟民等（1993）以羊草地上生物量的构成因素为依据，通过测定 100 多株不同物候、下同长势的单株羊草的相关易测参数,建立了羊草地上生物量的估测模型;王秀珍等(2003)研究表明,以比值植被指数为变量的模型作为高光谱估算地上鲜生物量的最佳模型;刘占宇等(2006)运用高光谱原始反射率及微分光谱变量进行天然草地地上生物量的估算,并把估算草地地上生物量的一元二次曲线方程确定为最佳估算模型;张凯等(2008)通过分析春小麦地上鲜生物量随生育期的变化,以及地上鲜生物量与冠层反射光谱和一阶微分光谱之间的相关关系,采用相关系数较大的特征波段及其组合构建了以光谱特征参数为变量的春小麦地上生物量的高光谱估算模型。

不同植被生物量与各光谱波段的相关性研究正在逐步开展,并且已经取得了一些成果。唐延林等(2004)研究指出,四种光谱植被指数与水稻、玉米和棉花三种作物的 LAI 均达到极显著相关,与水稻、玉米的地上鲜生物量均达极显著相关,而只有两种光谱植被指数与棉花地上鲜生物量达极显著相关;宋开山等(2005)研究发现大豆 LAI 与地上鲜生物量关系密切,用以估算大豆 LAI 的有效波段及比值植被指数,都可以用来估算大豆地上鲜生物量;苏楞高娃(2007)在内蒙古锡林郭勒盟的荒漠草原研究了草地生物量与放牧羊体重变化之间的相关性,结果表明生物量动态与放牧羊体重动态之间存在极显著相关($P<0.01$),表明草地生物量与各类放牧羊体重关系非常密切;黄晓霞等(2008)研究指出亚高山草甸的地上生物量与物种多样性为正相关关系,而近地面温度和土壤养分条件对于草甸植物地上生物量的形成起到了重要作用;李仁东等(2001)应用 Landsat ETM 数据估算鄱阳湖湿生植被生物量的研究表明,采样数据与 ETM 第 4 波段数据相关性最高,并建立了采样数据与 ETM 第 4 波段数据的线性相关模型。

14.2.2　生物量遥感监测模型

人类关于生物量和生产力的研究已有 100 多年的历史,早在 1876 年德国学者就发表了几种主要森林的枝叶凋落量和木材重量的文章,这是目前所知道的最早研究生物量的相关报道(Ghosh 等 1984)。

在作物生物量监测方面,主要是通过直接建立植被指数或遥感反演的各种植被状态变量与作物最终生物量之间的经验统计关系进行生物量监测。如对冬小麦地面辐射观测研究表明,作物产量与生长季植被指数的累积值有很强的相关关系(冯险峰 2000),其他作物也有类似关系。Tucker(1977)使用卫星数据建立了基于累积植被指数计算生物量的经验模型;Hatfield 等(1993)的研究表明,如果作物生长后期的环境条件正常,作物生长初期的植被指数将和潜在产量有关;Hayes 等(1987)利用 NOAA/AVHRR 数据计算了连续 8 a 的全球植被指数(Global Vegetation Index,GVI),然后在一个小区域建立该植被指数序列与产量的经验关系,进而预测作物产量;Manjunath 等(2008)建立了一个 NDVI、降水量与产量之间的辐射气象统计模型,预测结果表明比用单一 NDVI 或单一降水量所建模型的预测效果要好;Labus 等(2002)建立作物生长的 AVHRR-NDVI 季节变化廓线以预测区域和田块尺度上的小麦产量,统计结果表明,在这两种空间尺度上,瞬时 NDVI 和 NDVI 的时间累积都与产量有很强的相关关系,而且越靠近作物生长后期的瞬时 NDVI 与产量的相关性越强,另外,在区域尺度上的产量预测精度比田块尺度上的高。

随后发展了生物量遥感监测的半经验模型,这类模型部分地考虑了遥感信息与作物生物量之间的生物物理关系。如从生物量形成的能量转换观点出发,利用太阳总辐射乘以光合有效辐射比例、辐射截光系数及能量干物质转换效率等系数,计算生物量的 Monteith 效率模型,通过不同波段的遥感数据计算 Monteith 模型中的三个系数,进而可以估计作物生物量。Leblon 等(1991)使用 SPOT 可见光和近红外波段辐射估计水稻的辐射截光系数;Seguin 等(1994)又考虑到干旱胁迫等因素,利用远红外辐射观测数据获得半干旱地区的由作物冠层表层温度、冠层温差计算的水分胁迫系数,订正了干物质转换效率。但其预测结果精度仍需进一步提高。

此外,从 20 世纪 90 年代开始,利用 Landsat TM 遥感数据估测热带森林植被生物量并取得了一定的成功(Steven 等 1989)。Gilabert 等(1996)利用实验遥感方法对作物冠层的叶面积指数(LAI)、生物量与归一化植被指数(NDVI)的关系进行研究,结果显示生物量与 NDVI 为对数关系;Casanova 等(1998)实测的连续两年水稻生长季节的地上生物量和估计的累积光合有效辐射 PAR 有很好的线性相关($R = 0.97$);Steininger(2000)同样利用 TM 数据对巴西和玻利维亚热带次生森林的地上生物量进行了估测;Houghton 等(2001)用 7 种方法对巴西亚马孙森林生物量进行了估测,其中 5 种方法基于现场调查,2 种方法利用了 NOAA AVHRR 卫星数据。

14.3　统计模型和生物量遥感模型原理

生物量研究方法可分为传统统计模型和基于 GIS 的生物量遥感模型,其中基于 GIS 的生物量遥感模型又可分为生物量遥感参数模型和生物量遥感机理模型。目前对于区域生物量估算多采用生物量遥感机理模型。

14.3.1　统计模型

生物量的研究是一个相对比较早的课题。最初的研究,采用以实测数据为基础进行宏观拓展估算或相关分析的方法:一般先选取样区,而后利用收获法去实地称量作物、草类或林木的干重、湿重、秸秆重量(树干重量)、叶重、地上部重量、地下部重量等数据;或以收获法为基础,利用每木调查、树干解析、材积转换等方法进行各部分生物量及总生物量的测量,而后通过这些实测数据进行宏观拓展估算,以获知整个研究区域的生物量状况;或者对样区生物量及其影响因素进行分析,建立相关模型并推而广之。研究内容主要是对农作物、草场及森林产量的估测。这种传统的方法一直沿用至今。Sims 等(1978a,1978b)采用美国西北部高原 10 个地区 6 种草地类型测定样点的数据,对该地区草原生态系统的生物量及 NPP 进行了较深入地研究;Sala 等(1989)对遍布美国中部草原地区近 950 个点的 NPP 进行了全面系统地概括;Webb 等(1983)全面综合了美国国际生物学计划期间的生产力测定材料,根据 30 个地区 64 个样点的地上部分生产力实测数据,进一步分析不同类型陆地生态系统地上部分生产力与叶生物量、地上部分生物量、太阳辐射、温度和潜在蒸散量等因子之间的相关规律,并建立了一系列的相关模型(Auken 2000)。

上述研究或利用森林草地连续清查样地资料和相对生产关系,按地类估算生物量;或利用农业普查和森林清查所提供的各县土地利用面积和收获量资料,采用适当的转换因子推算而得生物量;或利用最适当的生物量指标在环境变量上的回归关系推算得到。而这些传统的方法,或者需要大量固定的样地运用收获法或其他方法进行实测,或者需要有关部门提供每个县不同地类面积和收获量统计材料。实测方法对于小区域的研究甚为理想,但进行大范围、大区域的植被清查,不但要耗费巨资和投入庞大的人力,而且事实上也是做不到的。然而,传统方法在定位点和典型区所做的大量工作,为植被遥感提供了大量的地面实测数据,是植被遥感机理研究的基础。这些数据不仅是建模的依据,也是检验模型的标准之一。

14.3.2　基于 GIS 的生物量遥感模型

生物量的遥感参数模型多是通过红波段和近红外波段的组合即植被指数与 LAI、植被覆盖度等的关系,推断出植被指数与生物量之间的关系进而求得生物量,这种方法快速、便捷。但是由于植被遥感在理论和技术上的一些不完备性,估算精度还不是很高;而且,在研究过程中,遥感数据源和植被指数的选取甚为关键,不同的遥感数据和植被指数,所得结果相差悬殊。

(1)生物量遥感参数模型

生物量遥感估算研究可分为三个阶段:

第一阶段的生物量遥感估算是利用单波段进行研究的,如 Prince 等(1995)的研究认为,地上生物量与植物生长季内最小的可见光反射率存在着负相关,从而建立了地上生物量遥感估算的统计模型:

$$W = 716.61 \, \rho^{-2.6} \tag{14.1}$$

式中:W 为地上生物量;ρ 为生长季内 NOAA AVHRR 第 1 通道反射率最小值。

虽然利用单通道来估算生物量运算简便,但其受大气、土壤、传感器性能、太阳角度等一系列因素的影响强烈,因此,估算精度较差。

第二阶段是利用植被指数来估算生物量,因其方法简便、估算精度较高而广为应用,从使用高空间分辨率的 TM 和 MSS 数据等到使用高时间分辨率的 NOAA 数据,从小区域的精细研究(如一个实验区、一个县)到大范围的宏观研究(如全球尺度)。如金丽芳等(1986)利用 Landsat/TM 数据得出 NDVI 与生物量之间的关系式为:

$$Biomass = 49.5 \, e^{3.69 \, NDVI} \tag{14.2}$$

第三阶段则是 20 世纪 90 年代兴起的利用主动微波遥感手段进行生物量估算,是生物量估算研究的进一步深入,使估算精度进一步提高。Kasischke 等(1992)利用航空或航天 SAR 数据,研究表明雷达影像密度与生物量高度相关,论证了其相关系数在 0.87～0.93 之间;Jin 等(2008b)提出了适用于 SIR-C 和 ERS-1 等航天遥感数据的人工神经网络反演生物量参数的方法,对小麦生长期中生物量参数做了很好的反演。

(2)生物量遥感机理模型

生物量遥感机理模型是用卫星遥感数据和其他方式获得的相关数据及 GIS 软件来详细描述生态系统中的各种作用过程如光合作用、呼吸作用等,以及它们对环境条件如气候、土壤类型、营养物质等的依赖,从而进行动态模拟和仿真的生态机理模型,是基于生态系统内部功能过程的仿真模拟。这类模型目前发展较快。在这类模型中,不是仅仅对生物量和 NPP 做出简单的估算,而是将其纳入全球变化和养分循环的模型之中,生物量只是模型输出量之一,时间步长一般是小时到月。目前,具有代表性的模型有 CENTURY,TEM 和 CASA 等全球模型及 BEPS 和 NECT 等区域模型(冯险峰 2000)。

生态机理模型着重考虑生态系统中的各种物理、化学、生物、生态学机理,描述详尽,能解释其内在的原因和机理,并且许多生态机理模型都考虑到了土地覆被变化、人类扰动等因素,因此此类模型是对生态系统的仿真模拟。但是,此类模型也往往过于庞大,运行非常复杂,需要输入的变量较多,如 FOREST 模型的驱动和被驱动的环境变量共 19 个,中间变量 62 个,初始条件和参数值共 65 个。模型的应用往往取决于所选取的数据的质量,但数据获取又非常困难,而且作为机理模型,无论它如何精细和复杂,永远不可能包括系统所有的机制。因此,生物量的估算和动态监测研究还要不断地完善和改进(赵士洞 等 1998)。

与传统的生物量估算方法比较,遥感方法可快速、准确、无破坏地对生物量进行估算,对生态系统进行宏观监测,研究者可以利用遥感的多时相特点定位分析同一样区一段时间后的非干扰变化,使传统方法难以解决的问题轻而易举就得到解决,使动态监测成为可能。RS 和 GIS 技术的集成推动了生物量遥感估算的进程,即在 GIS 环境下实现包括 RS 信息在内的多种信息的复合,建立生物量遥感模型。

14.4　生物量观测与地物解译

14.4.1　野外样本测定及分析

当冠层光谱测定完之后,把对应的农作物光谱采集处的一株棉花贴根割下来,将鲜生物量分别装袋,以随身携带的电子秤称量每株鲜重(共 $20 \times 5 = 100$ 株)。到达实验室后,将棉花置于 105 ℃烘干箱中杀青 30 min,之后将烘干箱调至 80 ℃恒温烘干,48 h 后称重,若两次称重相差≤5‰时,测定样本干重,并同时计算单位面积生物量干重,把每个样区地上鲜生物量的平均值作为该样区的一个结果。

通过对 6 月份 20 个实测生物量样地进行统计分析后得知(图 14.1),各样地生物量介于 6.23~38.87 g C/m² 之间,平均生物量为 23.02 g C/m²。其中,生物量最大值位于 7 号样地,为 38.87 g C/m²,其次为 5 号样地,为 37.12 g C/m²;最小生物量出现在 11 号样地,为 6.23 g C/m²,其次为 3 号样地的 10.94 g C/m²。

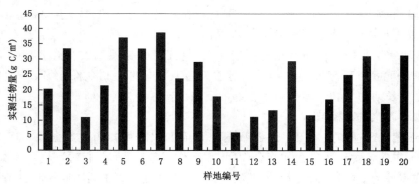

图 14.1　2009 年 6 月份各样地生物量

通过对 9 月份 20 个实测生物量样地进行统计分析后得知(图 14.2),各样地生物量介于 212.54~1 782.31 g C/m² 之间,平均生物量为 649.43 g C/m²。其中,生物量最大值位于 19 号样地,为 1 782.31 g C/m²,其次为 8 号样地,为 1 267.37 g C/m²;同 6 月份最小生物量样地相一致,9 月份最小生物量同样出现在 11 号样地,为 212.54 g C/m²,其次为 4 号样地的 299.09 g C/m²。

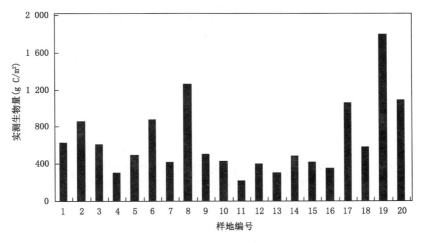

图 14.2　2009 年 9 月份各样地生物量

14.4.2　遥感影像数据特点

本节所用遥感数据源主要来自于 Landsat-5 TM 及"环境一号卫星"CCD 影像,这两种数据主要应用于研究区地物分类及地上生物量的估算。本文将主要介绍我国的"环境一号卫星",又称为"环境和灾害监测小卫星星座"(以下用"HJ"来表示),主要用于对生态破坏、环境污染和灾害进行大范围、全天候、全天时动态监测,及时反映生态环境和灾害发生、发展的过程,对生态环境和灾害发展变化趋势进行预测,对灾情进行快速评估,并结合其他手段,为紧急救援、灾后救助和重建工作提供科学依据。

该星座采用分步实施战略进行建设。第一阶段,发射 2 颗光学小卫星和 1 颗合成孔径雷达小卫星(即 2+1 方案),初步形成对环境与灾害进行监测的能力;第二阶段,形成 4 颗光学小卫星和 4 颗合成孔径雷达小卫星组成的星座(即 4+4 方案),即再发射 2 颗光学小卫星和 3 颗合成孔径雷达小卫星,实现对我国及周边国家、地区的灾害与环境的动态监测。其中,环境一号 A,B 卫星(2+1 方案中的两颗光学小卫星)于 2008 年 9 月 6 日采用一箭双星发射成功。

环境与灾害监测预报小卫星星座 A,B 星(HJ-1-A/B 星)于 2008 年 9 月 6 日上午 11 点 25 分成功发射,HJ-1-A 星装载了 CCD 相机和超光谱成像仪(HSI),HJ-1-B 星装载了 CCD 相机和红外多光谱相机(IRS)。在 HJ-1-A 卫星和 HJ-1-B 卫星上均装载的两台 CCD 相机设计原理完全相同,以星下点对称放置,平分视场、并行观测,联合完成对地刈幅宽度为 700 km、地面像元分辨率为 30 m、4 个光谱谱段的推扫成像。此外,在 HJ-1-A 卫星上装载有一台超光谱成像仪,完成对地刈幅宽度为 50 km、地面像元分辨率为 100 m、110~128 个光谱谱段的推扫成像,具有±30°侧视能力和星上定标功能。在 HJ-1-B 卫星上还装载有一台红外多光谱相机,完成对地刈幅宽度为 720 km、地面像元分辨率为 150 m/300 m、4 个光谱谱段的成像。HJ-1-A 卫星和 HJ-1-B 卫星的轨道完全相同,相位相差 180°。两台 CCD 相机组网后重访周期仅为 2 d。主要荷载参数如表 14.1 所示。

将 Landsat TM 与 HJ CCD 数据进行对比后发现(表 14.2),就波段数目而言,HJ 星略占优势,TM 和 HJ 分别拥有 7 和 8 个波段;对比各波段波长范围后发现,在可见光波段,两数据源都拥有 3 个波段,且波长基本相似;在近红外波段,相比于只有一个波段的 TM,HJ 星拥有 2

个不同空间分辨率的波段;其余波段中,两星热红外波段波长相似,TM 拥有 2 个短波红外,而 HJ 星则拥有短波红外、中红外各一个。对比两数据源的时间分辨率,TM 的时间分辨率为 16 d,而 HJ 星 CCD 数据则仅为 2 d,可见国产 HJ 星数据可以满足客户实时监测的需要。

表 14.1　HJ-1-A/B 卫星主要荷载参数

平台	有效荷载	波段号	光谱范围（μm）	空间分辨率（m）	刈幅宽度（km）	侧摆能力	重访时间（d）
HJ-1-A	CCD 相机	1	0.43～0.52	30	360(单台) 700(2 台)	—	4
		2	0.52～0.60	30			
		3	0.63～0.69	30			
		4	0.76～0.90	30			
	超光谱成像仪	—	0.45～0.95 (110～128 个谱段)	100	50	±30°	4
HJ-1-B	CCD 相机	1	0.43～0.52	30	360(单台) 700(2 台)	—	4
		2	0.52～0.60	30			
		3	0.63～0.69	30			
		4	0.76～0.90	30			
	红外多光谱相机	5	0.75～1.10		720		4
		6	1.55～1.75	150(近红外)			
		7	3.50～3.90				
		8	10.5～12.5	300(10.5～12.5 μm)			

表 14.2　TM 与 HJ 数据波长范围及分辨率对比

波段	TM 波长（μm）		分辨率(m)	HJ 波长（μm）		分辨率(m)
1	0.45～0.515	蓝	30	0.43～0.52	蓝	30
2	0.525～0.605	绿	30	0.52～0.60	绿	30
3	0.63～0.69	红	30	0.63～0.69	红	30
4	0.75～0.90	近红	30	0.76～0.90	近红	30
5	1.55～1.75	短波红外	30	0.75～1.10	近红	150
6	10.40～12.50	热红外	60	1.55～1.75	短波红外	150
7	2.09～2.35	短波红外	30	3.50～3.90	中红外	150
8				10.50～12.50	热红外	300

14.4.3　数据预处理

由于遥感系统空间、波谱、时间及辐射分辨率的限制,很难精确地记录复杂地表的信息,因而误差不可避免地存在于数据获取过程中。这些误差降低了遥感数据的质量,从而影响图像分析的精度。因此,在实际的图像分析和处理之前,有必要对遥感原始图像进行分析与处理。图像的预处理又被称为图像的纠正和重建,其主要目的是纠正原始图像中的几何与辐射变形,即通过对图像获取过程中产生的变形、扭曲、模糊(递降)和噪声的纠正,以得到一个尽可能在几何和辐射上真实的图像(赵英时 等 2003)。

(1)辐射定标

由遥感器的灵敏度特性引起的辐射畸变是指由其光学系统或光电转换系统的特性形成,光电转换系统的灵敏度特征通常很重复,其校正一般是通过定期的地面测定值进行的。Landsat 5 和 7 系列的遥感器纠正是通过飞行前实地测量,预先测出了各个波段的辐射值和记录值之间的校正增益系数及校正偏移量。遥感器光谱辐射定标时采用以下转换算式：

$$L_{rad} = Bias + (Gain \cdot DN) \tag{14.3}$$

式中：各变量单位为 W/(m² · sr · μm)；L_{rad} 为定标后的辐射亮度值；$Bias$ 为偏移；$Gain$ 为增益；DN 为影像像元亮度值。

可以看出经过辐射定标后（图 14.3、附彩图 14.3），除红波段外，其他各波段亮度值有所增加，地物信息被增强，为下一步进行大气校正奠定了良好的基础。

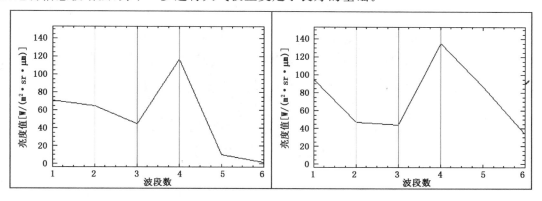

图 14.3　辐射定标前后结果对比

（2）大气校正

FLAASH(Fast Line-of-sight Atmospheric Analysis of Spectral Hypercubes)是由世界一流的光学成像研究所——波谱科学研究所在美国空气动力实验室支持下开发的大气校正模块。波谱科学研究所在 1989 年大气辐射传输模型开发初期就广泛从事 MODTRAN 的研究工作，已成为大气辐射传输模型开发过程中不可缺少的一员。FLAASH 是基于 MODTRAN 4 的大气纠正模块，它可以从高光谱遥感影像中还原出地物的地表反射率。FLAASH 可对 Landsat，SPOT，AVHRR，ASTER，MODIS，MERIS，AATSR 和 IRS 等多光谱与高光谱数据、航空影像及自定义格式的高光谱影像进行快速大气校正分析，能有效消除大气和光照等因素对地物反射的影响，获得地物较为准确的反射率、辐射率及地表温度等真实的物理模型参数。

FLAASH 大气校正基于太阳波谱范围内（不包括热辐射）标准的平面朗伯体在传感器处接收到的单个像元光谱辐射亮度，其计算公式为：

$$L = \frac{A\rho}{1 - \rho_e S} + \frac{B\rho_e}{1 - \rho_e S} + L_a \tag{14.4}$$

式中：L 为在传感器处接收到的单个像元的辐射亮度；ρ 为该像元的地表反射率；ρ_e 为该像元及周边像元的混合平均地表反射率；S 为大气球面反照率；L_a 为大气后向散射的辐射率；A，B 是由大气条件及地表下垫面几何条件所决定的系数，与地表反射率无关。ρ，ρ_e 的区别主要来自于大气散射引起的"邻近像元效应"。FLAASH 是利用大气点扩散函数进行空间均衡化处理，它描述了地面不同距离的点对点的贡献率，对邻近像元效应进行纠正（Matthew 等 2002）。

对 TM 及 HJ 影像进行 FLAASH 大气校正后显示（图 14.4、附彩图 14.4），植被信息被明显增强，较好地消除了大气散射对植被的影响。

（3）几何校正

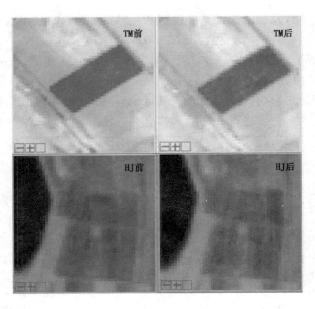

图 14.4　TM 及 HJ 影像大气校正比较

几何校正是指从具有几何畸变的图像中消除畸变的过程。由于原始 HJ 遥感图像包含了严重的几何变形,而且原始 JZ 影像误差在 1 km 左右,因此在应用前,需对其进行几何纠正(图 14.5、图 14.6 和附彩图 14.6)。本研究在 ENVI 4.4 中对 HJ 影像与 TM 影像进行了影像对间的 GCP 纠正,共在采样点区域中选择定位点 20 个,纠正结果显示,RMS 误差为 0.54 个像元,满足误差小于 1 个像元的要求。

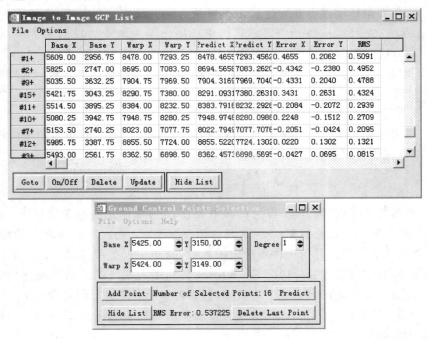

图 14.5　HJ-TM 几何纠正误差结果

第 14 章　盐分胁迫条件下绿洲生物量时空变化　　　　　　　　　　　　　　　　　　　　　· 195 ·

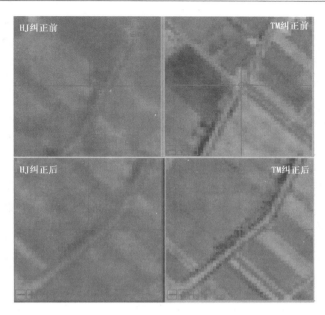

图 14.6　HJ 与 TM 影像几何纠正前后比较

(4)遥感影像分类

本研究采用 ENVI 4.6 软件中的支持向量机(Spectral Vector Machine,SVM)分类方法将 6 和 9 月份影像进行分别分类,同时利用决策树最终确定区域类别。在此基础上将研究区内地物分为 9 类:棉花、玉米、小麦、果园、其他植被、盐碱地、裸地、水体及建设用地和道路。

分类结果显示,总分类精度为 96.26%(67 860/70 495),Kappa 系数为 84.56%。分类后混淆矩阵结果显示,主要类别间的误分、错分发生在棉花、玉米、小麦等地类之间,主要是因为玉米和小麦种植面积较小,且均距大块棉田较近,导致了类别间的误分。另外,本研究依据统计数据得到的 2008 年研究区内三个兵团的棉花、玉米及小麦的面积,同 SVM 法分类结果进行对比(表 14.3),误差总面积 12 985.71 m²,平均约为 1 855 m²,误差像元个数为 14.2 个。总而言之,基于 ENVI 软件 SVM 分类方法进行的遥感地物分类结果精度很高,能够满足研究的要求。

表 14.3　统计及分类数据对比　　　　　　　　　　　　　　　　单位:m²

名称		147 团	148 团	149 团
棉花	统计值	72 666 700.00	129 700 000.00	80 800 000.00
	估算值	72 667 887.13	129 702 758.01	80 801 980.74
	绝对误差	1 187.13	2 758.01	1 980.74
小麦	统计值	8 800 000.00	12 300 000.00	9 300 000.00
	估算值	8 797 991.88	12 298 875.18	9 298 695.14
	绝对误差	−2 008.12	−1 124.82	−1 304.86
玉米	统计值	3 600 000.00	—	—
	估算值	3 602 622.03	—	—
	绝对误差	2 622.03	—	—

对遥感影像解译结果进行分析后,得到区域内 9 种地物类别分布范围及面积(表 14.4、图 14.7 和附彩图 14.7)。区域中棉花种植面积为 811.78 km²,占整个区域面积的 24.81%,为区

域中种植面积最大的作物,并远远超过玉米和小麦种植面积的总和,研究区 147 团、148 团、149 团、石河子总场等地所种植作物均以棉花为主;果园主要包括葡萄、蟠桃、番茄等,面积为336.81 km²,约占区域面积的 10.29%,主要分布在石河子市区以南区域及中部公路沿线;玉米、小麦种植面积较小,分别为 185.30 和 190.90 km²,共占区域面积的 10.75%,主要分布在石河子总场、石河子市及沙湾县等地,为零星种植;水体、盐碱地面积分别为 92.22 和 328.49 km²,共占区域面积的12.86%,水体主要由研究区内的蘑菇湖、大泉沟等水库构成,相应的盐碱地则主要分布在水库以北区域;建设用地和道路面积约为 323.21 km²,占整个区域面积的9.88%;裸地面积仅次于棉花,约为 678.88 km²,约占研究区面积的 21.49%,主要是由北部古尔班通古特沙漠、石河子市、玛纳斯河道等区域构成;其他植被类型为除棉花、小麦、玉米、果园以外的植被,面积为 324.10 km²,占区域面积的 9.91%,主要由水生植被、城市绿地及林地组成,分布在蘑菇湖水库、大泉沟水库、玛纳斯河道及石河子市区等地周围。

表 14.4　研究区不同类型地物面积统计表

类别	I	II	III	IV	V	VI	VII	VIII	IX
面积(km²)	811.78	190.90	185.30	336.81	92.22	678.88	328.49	323.21	324.10
占区域百分比(%)	24.81	5.83	4.92	10.29	2.82	21.49	10.04	9.88	9.91

注:I 棉花,II 小麦,III 玉米,IV 果园,V 水体,VI 裸地,VII 盐碱地,VIII 建设用地和道路,IX 其他植被。

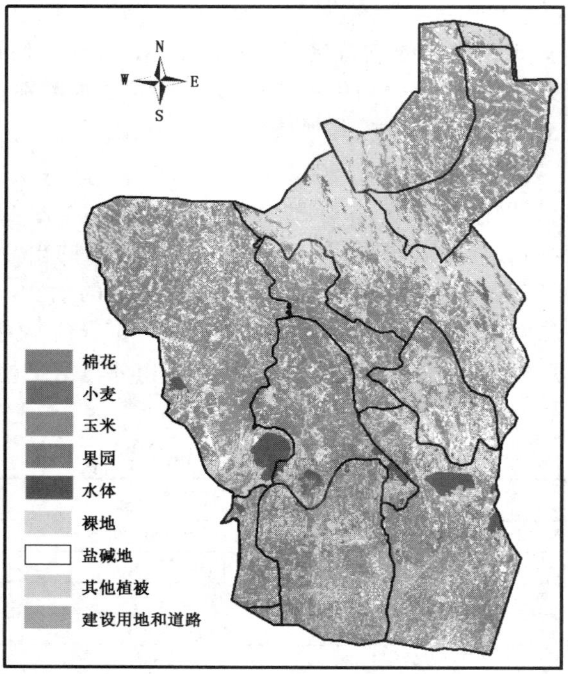

图 14.7　研究区地物分类结果图

(5)模型参数获取

1)气象数据

从国家气象中心获取 2009 年新疆区域范围内的 52 个气象站点的月数据集,包括月平均气温(℃)、月降水量(mm)、空气相对湿度(%)、月日照百分率(%)及 10 m 高月平均风速(m/

s)。对气象数据进行处理的流程为：

①根据数据中提供的站点经纬度信息，建立矢量点图层，并赋予 Krasovsky_1940_Albers 投影。

②将以逗号为分隔符的 txt 格式的气象数据在 excel 中打开，并另外存储为 .xls 格式，以方便链接入矢量点图层中，并将数据转换为标准单位数据。

③在 ArcGIS 的空间统计模块中对各属性值进行 Kriging 插值，设置栅格大小为 30 m，得到相应气象要素的栅格数据。

这样就获得了 2009 年 6—9 月份研究区域内的各气象要素（包括平均气温、平均降水量、空气相对湿度、日照百分率及 10 m 高平均风速）插值后的栅格数据，空间分辨率为 30 m，时间分辨率为 1 mon，共 3 个时相 15 副影像数据。

2）遥感数据

为了满足研究需要，选择了两种卫星影像即美国 Landsat 卫星的 TM 影像和我国 HJ 卫星的 CCD 影像。

通过两种遥感数据 6—9 月份的影像可以看出（图 14.8、附彩图 14.8、图 14.9 和附彩图 14.9），两种数据源均可以实时显示作物的生长变化。但将影像放大显示，则 HJ 影像表现为边界较为模糊，目视影像清晰度不如 TM 影像。

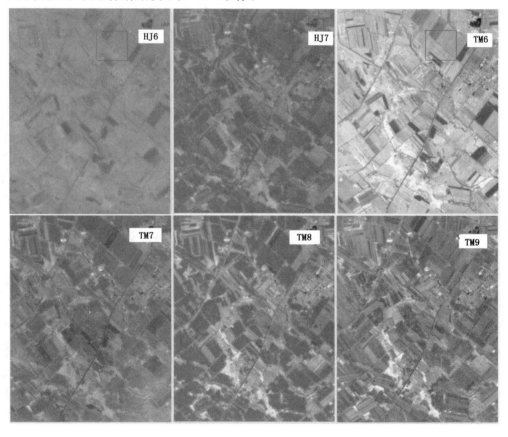

图 14.8   2009 年 6—9 月份研究区 HJ 和 Landsat TM 遥感影像

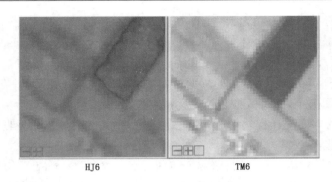

HJ6　　　　　　　　　　TM6

图 14.9　HJ6 与 TM6 影像对比

14.5　绿洲区作物生物量遥感估算

14.5.1　作物生物量估算模型

(1)生物量估算模型介绍

在区域研究中,可通过作物主要关键期的光合有效辐射累积值、光合有效辐射分量的平均值和光能转化干物质效率的平均值来求算主要关键生育期内作物干物质累积量(Tao 等 2005,任建强 等 2009,侯英雨 等 2007):

$$A_{\text{biomass}} = NPP \cdot \gamma \tag{14.5}$$

$$T_{\text{biomass}} = A_{\text{biomass}} \cdot \beta \tag{14.6}$$

式中:A_{biomass} 为整个植株干物质量,包括地上和地下生物量;T_{biomass} 为植株地上部生物量;γ 为植物碳素含量与植物干物质量间的转化系数,对于一种作物而言,γ 为常数,作物生物体碳素含量约为 0.45,其 γ 值约为 2.22(任建强 等 2009,David 2003);β 为地上部植株占整个植株的比例。

根据王海江等(2009)在玛纳斯河流域实测结果显示,棉花地上部分生物量占整个植株干重的比例平均为 87.57%,但在不同的生长期内所占比例有所不同,具体如表 14.5 所示。

表 14.5　棉花地上部及根部生物量占植株的比例

品种	苗期(6 月 7 日)	蕾期、花铃期(7 月 1 日—8 月 31 日)	吐絮期(9 月 10 日)
根部所占比例(%)	18.01	15.94	7.88
地上部所占比例(%)	81.99	84.06	92.12

(2)NPP 估算模型

1993 年,Potter 建立了 CASA(Carnegie-Ames-Stanford Approach)模型,实现了基于光能利用率原理的陆地净初级生产力全球估算。在 CASA 模型中,遥感提供了光合有效辐射吸收比率(Fraction of Photosynthetically Active Radiation,FPAR)、反照度及各种植被指数等重要的模型输入参数,另外,光能利用率的确定对 NPP 估算非常重要。Potter 等提出通过温度和土壤水分的可利用性来调节光能利用率值,允许种群内、季节间光能利用率存在变化,且不限定具体生态系统的光能利用率值。1995 年,Field 等(1995)对 CASA 模型中光能利用率等问题进行了深入讨论和改进。

与其他 NPP 模型相比,CASA 模型具有如下优点:①模型比较简单,所需的输入参数不是太多,易于掌握和计算;②利用遥感数据获得 FPAR,摆脱了地面站点资料数据的束缚,实现了区域尺度的 NPP 估测,进而能分析 NPP 的空间分布;③可利用遥感数据进行现实植被分类,及时反映植被的变化情况;④能利用多时相遥感数据对 NPP 进行动态监测,为研究 NPP 的时相变化提供了有力手段。本节选用 CASA 模型估算流域的 NPP,并对模型中的光能利用率进行了改进。下面详细阐述改进的 CASA 模型的算法。

$$NPP(x,t) = APAR(x,t) \cdot \varepsilon(x,t) \tag{14.7}$$

式中:x 为像元位置;t 为月份;$NPP(x,t)$ 为像元 x 在 t 月份的净初级生产力;$APAR(x,t)$ 为像元 x 在 t 月份的光合有效辐射;$\varepsilon(x,t)$ 为像元 x 在 t 月份的光能利用率。

(3)辐射子模型

CASA 模型中关于辐射的计算都是通过辐射子模型来完成的,具体包括地表太阳总辐射和地表净辐射,地表太阳总辐射用来计算光合有效辐射,地表净辐射用来计算潜在蒸散(PET)。

1)光合有效辐射

太阳辐射光谱包括无线电波、红外线、可见光、紫外线、X 射线和 Y 射线等几个波谱范围。在地球大气上界,太阳总辐射能量中,波长小于 400 nm 的紫外辐射约占 9%,波长在 400~760 nm 的可见光区的辐射约占 45.5%,波长超过 760 nm 的红外辐射约占 44.5%。

$$APAR(x,t) = SOL(x,t) \cdot FPAR(x,t) \tag{14.8}$$

式中:$APAR(x,t)$ 为像元 x 在 t 月份的光合有效辐射;$SOL(x,t)$ 为像元 x 在 t 月份的太阳总辐射量;$FPAR(x,t)$ 为像元 x 在 t 月份的光合有效辐射吸收比率。

2)太阳总辐射

太阳总辐射也称陆表太阳辐射,SOL 可以通过大气外界辐射 R_a 与日照百分率 n/N 之间的经验关系求得:

$$SOL(x,t) = (a + b \cdot n/N) \cdot R_a \tag{14.9}$$

式中:$SOL(x,t)$ 为像元 x 在 t 月份的太阳总辐射量;n 为 t 月实际日照时数;N 为 t 月最大日照时数;n/N 为 t 月日照百分率(%);a,b 为随地区而定的常数(研究区 $a=0.191,b=0.758$);R_a 为 t 月大气外界辐射。

3)大气外界辐射

$$R_a = \frac{24}{\pi} G_{sc} \cdot dr \cdot (w_s \cdot \sin\varphi \cdot \sin\delta + \cos\varphi \cdot \cos\delta \cdot \sin w_s) \tag{14.10}$$

式中:R_a 为大气外界辐射,亦称大气上界太阳辐射[MJ/(m² · d)];G_{sc} 为太阳常数,取值为 0.082 MJ/(m² · min),日均 G_{sc} 为 118.08 MJ/(m² · d);dr 为大气外界相对日地距离(km);w_s 为太阳时角;φ 为地理纬度;δ 为太阳赤纬。

4)植被层对入射光合有效辐射的吸收比率

$$FPAR(x,t) = \min\left\{\frac{SR(x,t) - SR_{\min}}{SR_{\max} - SR_{\min}}, 0.95\right\} \tag{14.11}$$

$$SR(x,t) = \frac{1 + NDVI(x,t)}{1 - NDVI(x,t)} \tag{14.12}$$

式中:$FPAR(x,t)$ 为植被层对入射光合有效辐射的吸收比率;常数 0.95 表示植被所能利用的太阳有效辐射(即光合有效辐射,波长范围 0.4~0.7 μm)占太阳总辐射的比例。SR_{min} 取值 1.08,SR_{max} 的大小与植被类型有关,取值范围在 4.14~6.17 之间;$NDVI(x,t)$ 为归一化植被指数。

(4)光能利用率子模型

$$\varepsilon(x,t) = T_{\varepsilon1}(x,t) \cdot T_{\varepsilon2}(x,t) \cdot W_{\varepsilon}(x,t) \cdot \varepsilon^* \tag{14.13}$$

$$T_{\varepsilon1}(x,t) = 0.8 + 0.02T_{opt}(x) - 0.0005[T_{opt}(x)]^2 \tag{14.14}$$

$$T_{\varepsilon2}(x,t) = \frac{1}{\{1 + e^{0.2[T_{opt}(x)-10-T(x,t)]}\} \cdot \{1 + e^{0.3[T(x,t)-T_{opt}(x)-10]}\}} \tag{14.15}$$

式中:$T_{\varepsilon1}(x,t)$ 和 $T_{\varepsilon2}(x,t)$ 为影像光能利用率的两个温度因子,即温度胁迫系数;$W_{\varepsilon}(x,t)$ 为影像光能利用率的土壤水分因子,即水分胁迫系数;ε^* 为最大光能利用率,通常选择 0.389 g C/MJ,植被最大光能利用率不仅受植被类型的影响,同时也受到空间分辨率和植被覆盖均匀程度的影响,鉴于以往研究均表明最大光能利用率的取值对于净初级生产力的估算结果影响很大(Zhu 等 2006,朴世龙 等 2001),由于本节研究对象为农田,所以选择最大光能利用率为 0.650 g C/MJ;$T_{opt}(x)$ 为像元 x 在一年内 NDVI 值达到最高时所对应月份的平均气温,本节选用每年 7 和 8 月份平均气温作为 $T_{opt}(x)$;$T(x,t)$ 为月平均气温。随着环境中有效水分的增加,W_{ε} 逐渐增大,其取值范围为 0.5~1(极端干旱→极端湿润),具体计算方法如式(14.16):

$$W_{\varepsilon}(x,t) = 0.5 + 0.5EET(x,t)/PET(x,t) \tag{14.16}$$

式中:EET 为估计蒸散量(Estimated Evapotranspitation)(mm);PET 为潜在蒸散量(Potential Evapotranspitation)(mm),采用彭曼公式计算。

(5)蒸散子模型

1)估计蒸散量

估计蒸散量采用周广胜和张新时(1995)建立的区域实际蒸散模型求取:

$$EET(x,t) = \frac{P(x,t) \cdot R_s(x,t) \cdot \{[P(x,t)]^2 + [R_s(x,t)]^2 + P(x,t) \cdot R_s(x,t)\}}{[P(x,t) + R_s(x,t)] \cdot \{[P(x,t)]^2 + [R_s(x,t)]^2\}}$$

$$\tag{14.17}$$

式中:$EET(x,t)$ 为 x 像元在 t 月份的估计蒸散量(mm/mon);$P(x,t)$ 为像元 x 在 t 月份的降水量(mm/mon);$R_s(x,t)$ 为像元 x 在 t 月份的太阳净辐射量(W/m^2);

2)潜在蒸散量

对于潜在蒸散量,本文采用 1998 年 FAO 修订推荐的参考作物蒸散量估算方法,即 FAO Penman-Monteith 模型:

$$PET = \frac{0.408\Delta(R_n - G) + \gamma\dfrac{900}{t+273}u_2(e_s - e_a)}{\Delta + \gamma(1 + 0.34u_2)} \tag{14.18}$$

式中:PET 为潜在蒸散量(mm/d);R_n 为净辐射[MJ/(m^2 · d)];G 为土壤热通量[MJ/(m^2 · d)];t 为日平均气温(℃);u_2 为 2 m 高处风速(m/s);e_s 为饱和水汽压(kPa);e_a 为实际水汽压(kPa);Δ 为饱和水汽压-温度曲线斜率(kPa/℃);γ 为干湿表常数(kPa/℃);

14.5.2　作物生物量估算结果验证

为了检验估算结果的精度,本文选择采用国际上常用的决定系数(R^2)、均方根误差(Root Mean Square Error,RMSE)、相对误差(Relative Error,RE)对模型模拟值和实测值之间的符合度进行统计检验。

（1）决定系数（R^2）

样本决定系数 R^2 的取值在 $[0,1]$ 之间，越接近于 1，表明回归拟合的效果越好；越接近于 0，表明回归拟合的效果越差。可用于检验回归方程对样本观测值的拟合程度。决定系数可被用于描述估算结果的精确度，即实测值和估算值之间的决定系数，其值越接近于 1，精确度越高。

（2）准确度

准确度是指截距等于 0 时的估算值和实测值之间线性回归方程的斜率，其值越接近于 1，准确度越高。

（3）相对误差

取相对误差绝对值的平均值作为模型精度检验指标，其值越小则模型预测精度越高。

$$RE = (y_i - \hat{y}_i)/y_i \times 100 \tag{14.19}$$

式中：RE 为相对误差；y_i 和 $\hat{y}_i$ 分别为实测值和估算值。

在实际采样中，由于样地面积小于 TM 图像的一个像素，并且校正后的遥感影像误差约为 0.5 个像素，因此样地可能会发生偏移，补救的方法是提取以样地为中心的周边 9 个像元的生物量平均值作为样地生物量估算值，尽量减小由此对估算结果产生的较大误差。

（4）结果验证

采用遥感参数方法估算出区域作物生物量，利用 6 和 9 月实测作物生物量对估算结果进行验证。

分析 2009 年 6 月份估算结果，其准确度大于 1，说明估算值略大于实际值，可能是由于 6 月份时棉花处于苗期，苗株并未完全覆盖地表，受地膜、盐碱等背景因素的影响，使得估算值略高于实测值。另外，估算值与实测结果的误差分析显示（表 14.6、表 14.7），6 月份平均绝对误差、相对误差分别为 2.10 g C/m^2 和 9.43%，9 月份平均绝对误差、相对误差分别为 16.97 g C/m^2 和 2.90%，也表示出在植被未完全覆盖地表的情况下，模型估算偏差略大。

表 14.6　2009 年 6 月研究区生物量对比

编号	实测生物量（g C/m²）	估算生物量（g C/m²）	绝对误差（g C/m²）	相对误差（%）
1	19.87	18.46	1.41	7.10
2	33.62	34.43	0.81	−2.41
3	10.94	11.76	0.82	−7.50
4	21.42	20.62	0.80	3.73
5	37.21	46.89	9.68	−26.01
6	33.47	39.71	6.24	−18.64
7	38.87	39.19	0.32	−0.82
8	24.07	24.59	0.52	−2.16
9	29.44	25.11	4.33	14.71
10	17.73	16.94	0.79	4.46
11	6.23	6.44	0.21	−3.37
12	11.08	13.41	2.33	−21.03
13	13.56	11.21	2.35	17.33
14	29.52	30.47	0.95	−3.22
15	12.12	11.30	0.82	6.77
16	17.09	19.94	2.85	−16.68
17	25.18	26.71	1.53	−6.08
18	31.16	33.19	2.03	−6.51
19	15.87	19.12	3.25	−20.48
20	31.92	32.52	0.60	−1.88

表 14.7　2009 年 9 月研究区生物量对比

编号	实测生物量（g C/m²）	估算生物量（g C/m²）	绝对误差（g C/m²）	相对误差（%）
1	625.82	622.86	2.96	0.47
2	859.46	826.15	33.31	3.88
3	607.34	609.39	2.05	−0.34
4	299.09	306.76	7.67	−2.56
5	489.48	480.75	8.73	1.78
6	862.04	852.08	9.96	1.16
7	408.48	401.24	7.24	1.77
8	1 267.37	1 158.68	108.69	8.58
9	501.40	502.14	0.74	−0.15
10	423.79	436.34	12.55	−2.96
11	212.54	247.04	34.50	−16.23
12	386.27	382.94	3.33	0.86
13	302.91	304.62	1.71	−0.56
14	480.46	496.33	15.87	−3.30
15	425.52	416.24	9.28	2.18
16	344.44	323.19	21.25	6.17
17	1 058.48	1 052.03	6.45	0.61
18	575.92	588.20	12.28	−2.13
19	1 782.31	1 821.34	39.03	−2.19
20	1 075.51	1 073.78	1.73	0.16

对估算结果进行验证后显示（图 14.10），6 和 9 月份的估算精确度分别达到了 0.83 和 0.84，其准确度分别为 1.054 7 和 0.990 9。在本研究中，6 和 9 月的精确度和准确度均接近于 1，说明估算结果基本能够显示出区域实际情况。

本研究除应用统计方法对结果进行验证外，还进行了影像与影像间估算结果的验证，即采用同时间段的我国 HJ 卫星和 Landsat 卫星来进行互相验证。除此之外，若将我国 HJ 卫星 CCD 影像应用于生物量的估算，同样也要证明此数据在本研究区的适用性。

应用两种遥感影像估算结果显示（图 14.11、附彩图 14.11），我国 HJ 卫星完全可以应用于生物量的估算研究，且在一定程度上可以反映区域植被生长状况。与 Landsat TM 影像相比，HJ 卫星影像结果较模糊，地块内地物界限不明显，混合像元现象普遍比较严重，由于目前 CCD 传感器成像不稳定，因此所获得的遥感影像质量不一。但对于大区域的应用，HJ 卫星的这些缺点仍可以接受，并且具有一定的时间和空间上的优势。

除了进行空间上的比较外，本研究应用 ArcGIS 软件的 Zonal Statistics 功能，统计出了研究区内 6 和 9 月 9 个地区的区域平均生物量，两种遥感影像中 HJ 的估算结果均略大于 TM 的估算结果（图 14.12）。

14.5.3　作物生长期内生物量变化分析

已有研究表明，作物生长发育阶段所形成的干物质累积既控制着生物产量，也控制着经济产量。这是因为绿色部分的增长可以为籽粒或贮藏组织提供光合产物，没有后者，就没有经济产量的形成（Mengel 等 1980）。较高的生物量是作物高产优质的前提。棉花群体生物量积累与产量密切相关，协调好棉花群体干物质生产是建立棉花高效群体结构的基础（罗新宁 等 2009）。

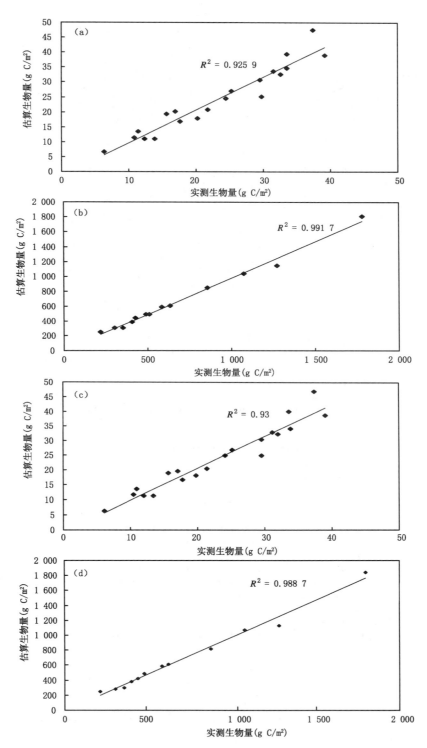

图 14.10　6 和 9 月估算结果精确度及准确度图

(a)和(b)分别为 6 和 9 月精确度图；(c)和(d)分别为 6 和 9 月准确度图

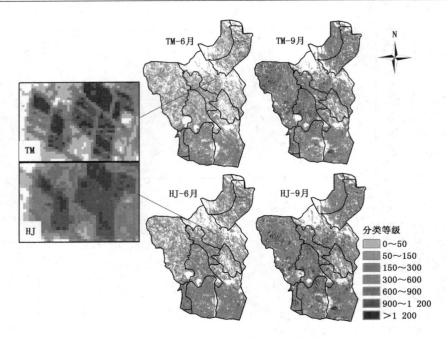

图 14.11　HJ 影像与 TM 影像估算结果比较

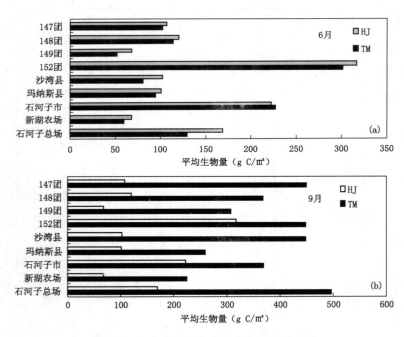

图 14.12　各区域平均估算生物量结果比较

对于经济作物——棉花而言,现蕾后棉花生物量累积对最终产量影响较大,生产中提高棉花花铃前期干物质累积有利于棉花的高产(罗新宁 等 2009)。因此,通过分析棉花生物量大小可以初步估算出棉花产量的高低。棉花生物量是经济产量的基础,以遥感方式准确、方便、快捷地获取生物量,对长势监测和估产有重要意义。

在区域棉花平均生物量的计算中,估算出的 152 团的数据并不具有普遍代表性,首先是因为在本研究区中 152 团仅占研究区面积的 0.24%,而棉花种植面积仅为整个 152 团面积的 5.16%;其次,152 团位于石河子市城郊,主要农产品为葡萄、番茄、玉米等,在大力发展城郊经济,因此研究区内 152 团的棉花生物量并不具有区域代表性,在此次分县市/团场棉花平均生物量分析中,152 团将不参与其中。

在本研究区域内,不同时期各个县市/团场生物量高低不一(图 14.13),生物量较高的区域为 147 团、148 团、149 团及石河子总场,生物量较低的区域为新湖农场及沙湾县。2009 年 6—9 月区域平均棉花生物量分别为 34.77,780.59,944.39 和 558.79 g C/m²;6—9 月份中,除 152 团的八县市/团场平均棉花生物量由大至小分别为石河子市>石河子总场>147 团>148 团>149 团>玛纳斯县>沙湾县>新湖农场;新湖农场平均生物量最低,分别为 17.70,457.78,685.80 和 406.19 g C/m²;石河子市平均生物量最高,6—9 月份分别为 64.16,1 288.47,1 364.55 和 783.69 g C/m²。

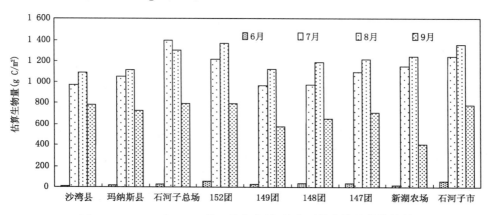

图 14.13　2009 年 6—9 月 9 县市/团场棉花平均生物量估算结果

通过上述分析可知,随着作物生长天数的增加,作物生物量在 7 和 8 月份达到最大值,在 9 月份处于成熟阶段的作物生物量减少明显。区域棉花平均生物量大小在空间上的变化表现为"对角线"式,即东北—西南对角线方向高,西北—东南对角线方向低(图 14.14、附彩图 14.14)。6—7 月份生物量增加较大区域为石河子总场、147 团、148 团及 149 团,基本上增加了 500 g C/m² 以上;在新湖农场及沙湾县生物量增加最少,有很大部分区域增加量少于 200 g C/m²。7—8 月份为主要的作物生物量累积期,对于在 6—7 月累积生物量较少的新湖农场和沙湾县,此时该区部分生物量增加较快。

14.6　绿洲作物生物量与盐分胁迫的关系

有研究显示,作物在盐分胁迫下能够生存的一个重要适应机能就是减缓生长速度。盐分对作物生长的危害主要有影响种子发芽和出苗、作物对水分的吸收、作物对养分的吸收和利用,盐分离子对作物的毒害,以及破坏作物的生理功能等方面,具体表现在出苗率下降、茎和根的鲜重及干重降低、净光合速率下降、叶绿素含量降低等方面,最终表现为对作物生长的抑制及作物生物量和产量的下降(李彦 等 2008)。另外,棉花属于抗盐作物,低浓度的盐分可以促

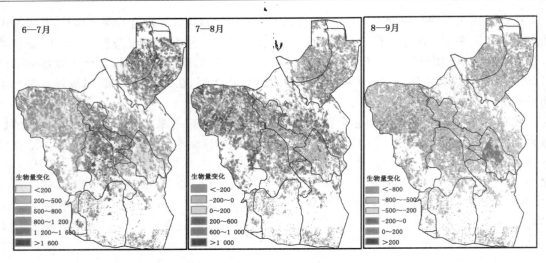

图 14.14　研究区作物生长期内生物量变化状况（单位：g C/m²）

使棉花根部和地上部分的生长，能够增加棉花干物质量的积累，但是过量的盐分会明显抑制棉花根部和地上部分生长，导致侧根长度和数量下降、叶面积减少、茎部纤细等。在长期的盐分胁迫下，棉花会出现长势下降、发育期推迟、产量降低等现象，并且有研究认为盐分胁迫对于棉花地上部分的影响比对根系的影响更明显（肖丽 2008）。同时，地表生物量是进行农作物长势监测与估产、农作区生态环境评价等研究的重要参数（于嵘 等 2008）。因此，研究不同盐渍化程度下棉花地上生物量的空间差异，将有利于指导农业生产实践。

　　分析绿洲区开发历史可以发现，新疆生产建设兵团自 1996 年开始实施棉花膜下滴灌（肖丽 2008），经过 10 多年的发展，现 90％的棉花均采用滴灌。大面积节水灌溉的实施，在调控着当地的水循环，同时必然会对当地的水盐运移规律产生深远的影响，而土壤盐分又对产量构成要素产生影响，从而造成作物产量下降（王全九 等 2001）。

　　关于采用滴灌技术对土壤产生积盐作用还是脱盐作用，目前还没有定论。有人认为，由于膜下滴灌采用小定额的连续供水，一般不产生土壤深层渗透，灌溉水带来的盐分在土体中运移而无法消除。因此，随着膜下滴灌技术连续多年的应用，膜下滴灌农田土壤盐分积累问题越来越严重。随着土壤盐分的不断积累，绿洲灌溉节水农业的发展面临困境，膜下滴灌大幅度减少农业用水后，灌区呈现出膜下滴灌种植年限越长，土壤盐碱化程度越高的趋势（谷新保 等 2009）。另外，还有人认为，膜下滴灌有显著的压盐作用，在膜下滴灌条件下，由于滴灌带铺设在膜下，不仅棵间蒸发很少，而且水滴进入土壤后还会溶解土壤盐分，并向左、右下方扩散，而把盐分淋洗到湿润峰边缘，湿润峰中心部位的土壤则形成一个淡化区（严以绥 2003），可以对土壤的次生盐渍化达到有效的抑制。在干旱半干旱地区，不合理的灌溉方式往往加剧土壤的盐渍化程度。本节将对实行膜下滴灌后的农田棉花的地上生物量的空间分布开展研究，以达到了解不同盐渍化程度下棉花生物量空间差异性的目的。

14.6.1　土壤含盐量与作物生物量相关性分析

　　受人类活动干扰，盐分对作物生物量的影响在作物生长期的不同阶段也在不断变化。为了研究生长期内土壤含盐量对作物生物量的影响，本节利用 ArcGIS 软件中的 Zonal Statistics

功能,统计了不同盐渍化程度区域在作物生长的 6—9 月份的平均生物量,同时利用相关系数来衡量不同区域上土壤含盐量对作物生物量的影响。

结果显示(图 14.15),在 6 和 9 月盐分对作物生物量的影响比较明显,且随着盐渍化程度的增加,作物生物量在逐渐减小,在 7 和 8 月份,盐分对作物生物量的影响并不明显。具体分析造成这种变化的原因,为:在 6 月份,尽管为了保障作物的正常出苗,在绿洲区采取了多种灌溉措施以减弱土壤盐分对作物的影响,使得在这一时期不同盐渍化程度区域作物生物量相差不大,但研究区不同盐渍化程度区域平均生物量仍表现出随着盐渍化程度的增加,作物生物量有逐渐减小的趋势;7 和 8 月份为作物生物量增加的主要时段,虽然温度、作物需水量都在增加,但这一时段区域降水量、灌溉用水也增加迅速,这对土壤盐分在地表的聚集起到了一定的抑制作用,相比于 6 月份,作物生物量增加了 850 g C/m²;进入到 9 月份后,此时区域温度较高,降水量较小,蒸发量大,而作物进入吐絮期,此时期的灌溉用水量远小于 7 和 8 月份,土壤含盐量对作物生物量的影响开始显现。

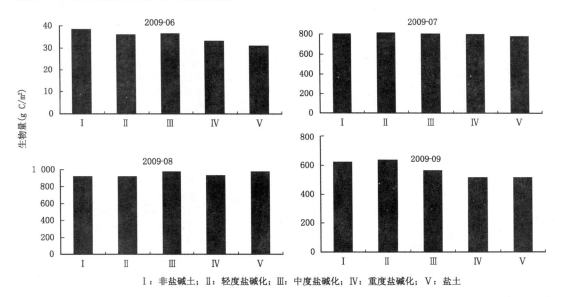

Ⅰ:非盐碱土;Ⅱ:轻度盐碱化;Ⅲ:中度盐碱化;Ⅳ:重度盐碱化;Ⅴ:盐土

图 14.15　作物生长期(6—9 月)内不同盐碱化程度区域的平均生物量

此外,利用 ArcGIS 软件提供的空间分析模块,对土壤含盐量与作物生物量进行相关性分析后发现(图 14.16、附彩图 14.16),区域土壤含盐量与作物生物量表现为负相关关系,说明在本研究区土壤含盐量会影响作物生物量的增加,土壤含盐量达到一定程度会影响到作物的正常生长。

受人类活动的影响,不同区域土壤含盐量与作物生物量的相关系数的大小不尽相同。相关系数在 −0.25～0 之间,显示生物量与土壤含盐量为弱的负相关,主要分布在 147 团、石河子总场、148 团中南部等区域,其土壤含盐量在 0.30% 以下,为非盐碱化土,平均生物量在 800 g C/m² 以上;相关系数在 −0.75～−0.25 之间,显示生物量与土壤含盐量为中等负相关,主要分布在沙湾县、玛纳斯县、149 团中部等地,其土壤含盐量在 0.30%～0.50% 之间,为轻度盐渍化土壤,平均生物量在 400～800 g C/m² 之间;相关系数在 −1.00～−0.75 之间,表示该区域土壤含盐量与作物生物量为显著负相关,盐分对作物生长产生明显影响,主要分布在 4 个土

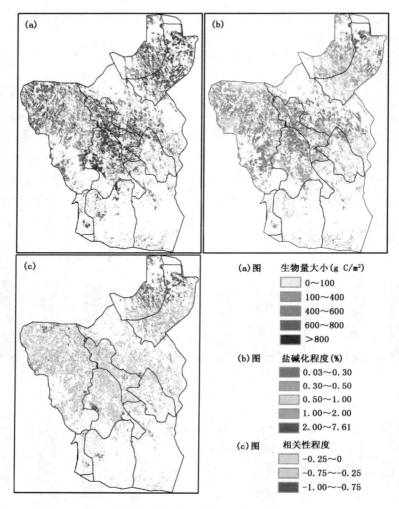

图 14.16　区域作物生物量、盐碱化程度分布图及其相关关系

壤含盐量最高区,即 149 团中北部、148 团北部、沙湾县北部等地,此区域土壤含盐量基本在 0.50%～7.61%之间,生物量为 750 g C/m² 左右,并且表现出越靠近沙漠,作物生物量越低的现象。

14.6.2　不同盐碱化程度下作物生物量的变异特征

　　为了研究不同区域不同盐碱化程度下生物量的差异,本节分别对 9 个团场/县市 5 种盐渍化程度上 9 月份的平均作物生物量进行了统计,发现同一盐碱化程度下在不同区域的生物量不同,而同一区域在低盐碱化程度下生物量变化不大(图 14.17)。其中,各团场/县市非盐碱化和轻度盐碱化区域作物生物量较大的为 152 团(分别为 783.93 和 832.42 g C/m²)、石河子市(分别为 720.13 和840.52 g C/m²)及石河子总场(分别为 757.17 和 840.52 g C/m²),较小的为 148 团(分别为 566.28 和 648.21 g C/m²)、149 团(分别为 622.63 和 629.80 g C/m²)及新湖农场(分别为 664.12 和 641.86 g C/m²);中度盐碱化区域作物生物量较高的是石河子总场(841.51 g C/m²)及沙湾县(846.02 g C/m²),较低的为新湖农场(526.80 g C/m²)、149 团

（506.74 g C/m²）；重度盐碱化区域作物生物量较高的为 148 团（635.18 g C/m²）、沙湾县（781.69 g C/m²），较低的为石河子总场（435.38 g C/m²）、新湖农场（515.63 g C/m²）；有盐土的 4 个区域生物量分别为沙湾县（473.04 g C/m²）、新湖农场（554.12 g C/m²）、149 团（520.78 g C/m²）及 148 团（664.78 g C/m²）。

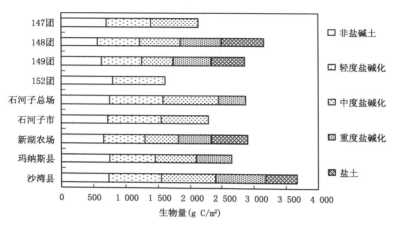

图 14.17　不同区域不同盐碱化程度下平均生物量变化状况

在沙湾县和玛纳斯县受土壤含盐量影响，作物生物量变化较大；研究区中部石河子总场、石河子市等地生物量普遍高于北部靠近沙漠的 148 团、149 团，这可能与同一生长期内灌溉水量、地理位置、地下水埋深、矿化度等因素不同有关。

根据分析结果，148 团、149 团在各土壤盐碱化情况下作物生物量变化不大，且土壤含盐量与作物生物量表现为显著的负相关，但是此区域土壤含盐量变化较大，因此，需要研究此区域不同盐渍化程度上作物生物量的变异特性。在 148 团及 149 团采点，利用地统计学方法对不同盐碱化程度下作物生物量的异质性开展分析。依据采样均匀、合理的原则，在棉田上进行采样，图 14.18（附彩图 14.18）所示为不同盐碱化程度下作物生物量的采样点分布，其中非盐碱土 173 个，轻度盐碱化土 307 个，中度盐碱化土 365 个，重度盐碱化土 433 个，以及盐土 204 个。

表 14.8 是不同盐碱化程度作物生物量变异函数理论模型及相应参数。非盐碱土和中度盐碱化土和重度盐碱化土的理论模型很好地符合了高斯模型，其他类型符合指数模型。

由表 14.8 可知，不同盐碱化程度下作物生物量最小值、最大值均表现为随着含盐量的增加，作物生物量在减小；各样本变异系数均在 0.1～1.0 之间，表示为中等变异程度，此区域生物量的空间分布差异较大，且变异受到结构性及随机性因素共同影响；另外，重度盐碱化区域变异函数达到了 0.93，接近于 1，具有强烈变异的趋势。

利用块金/基台值可以表明系统变量的空间自相关程度的特性，可以看出，除了非盐碱土大于 0.75，为弱的空间自相关外，其他 4 种盐碱化土的作物生物量均为中等程度空间自相关。总之，各盐碱化程度下作物生物量具有中等或者较弱的空间自相关，说明由随机因素引起的空间异质性较大，即在这些区域受种植、灌溉、施肥等人为活动的影响较大。

变程表示变异函数达到基台值所对应的距离，表明了变量属性的空间自相关范围。非盐碱土区域作物生物量变程仅为 239 m，表示此区域作物生物量变化较大，在 239 m 以外区域生

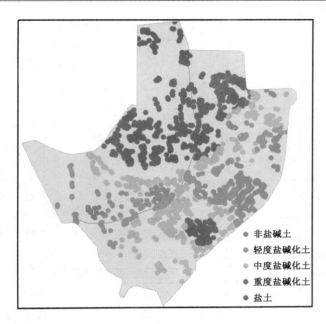

图 14.18　不同程度盐碱化土的棉田采样点分布图

物量间不具有空间自相关关系；对于轻度盐碱化土、重度盐碱化土、盐土三类，其变程均在 950 m 左右，说明在这一范围内，生物量具有较高空间自相关性；中度盐碱化土变程约为 700 m，大于非盐碱土而小于轻度盐碱化土、重度盐碱化土和盐土，说明中度盐碱化土区域作物生物量空间自相关性范围介于非盐碱土与后者之间。

表 14.8　不同盐渍化程度作物生物量空间变异特征值

	非盐碱土	轻度盐碱化土	中度盐碱化土	重度盐碱化土	盐土
数值个数	173	307	365	433	204
最小值(g C/m²)	427.21	381.90	346.62	335.05	327.02
最大值(g C/m²)	1 066.96	1 450.40	1 427.52	1 268.70	1 249.53
均值(g C/m²)	671.90	749.41	708.30	659.89	699.13
平均偏差	95.54	134.88	130.24	172.06	153.15
标准偏差	123.99	183.33	169.08	610.96	187.98
变异系数	0.18	0.24	0.24	0.93	0.27
块金/基台值	0.78	0.68	0.64	0.73	0.52
变程(m)	239	942	696	960	950
基台值	16 100	14 140	35 900	104 500	26 780
模型	高斯	指数	高斯	高斯	指数
RSS	0.25	0.325	0.26	0.75	0.16
R^2	0.89	0.61	0.67	0.45	0.72

　　分析区域作物生物量与土壤含盐量产生上述变化的原因，主要有以下几点：首先，在作物生长期内，由于受农业灌溉的影响，土壤盐渍化程度对作物生物量的危害在 7 和 8 月份较弱，农作物可以正常生长，生物量累积较快，而在 6 和 9 月份，灌溉水量减少，温度较高，蒸发量较大，常为返盐期，所以此时作物生物量受土壤盐分危害较大；其次，土壤含盐量与作物生物量的相关关系一般表现为土壤含盐量越大，作物生物量越小，当然由于本研究区为新疆典型的绿洲

区,人为活动较为强烈,土地开发程度较高,对于土壤含盐量较高地区,经常采取各种方法进行压盐,以使作物可以较好地生长,因此在本研究区的 149 团中北部,尽管部分区域土壤含盐量达到了1.0%,但是通过使用各种压盐方法,其作物生物量仍然达到了 750 g C/m² 左右;最后,以研究区东北部的 148 团、149 团为例,针对这一区域中土壤含盐量与作物生物量表现为显著负相关及作物生物量较高的现象,利用地统计分析方法来对区域不同盐渍化程度上作物生物量的变异性开展研究,结果显示,这一区域各盐渍化程度土壤上作物生物量均显示出了中等空间自相关及变异性,这一现象的出现是受区域自然及人为因素共同作用的结果。因此,对于土壤含盐量变化较大地区,利用地统计分析方法可以很好地监测到其作物生物量的变异性。

参 考 文 献

鲍士旦.2000.土壤农化分析[M].北京:中国农业出版社.

曹永强,杜国志,王方雄.2006.洪灾损失评估方法及其应用研究[J].辽宁师范大学学报,29(3):355-358.

车涛,李新.2005.1993—2002年中国积雪水资源时空分布与变化特征[J].冰川冻土,27(1):64-67.

陈百明,刘新卫,杨红.2003.LUCC研究的最新进展评述[J].地理科学进展,22(1):22-29.

陈丙咸,杨戊,黄杏元.1996.基于GIS的流域洪涝数字模拟和灾情损失评估的研究[J].环境遥感,11(4):409-314.

陈建明,刘潮海,金明燮.1999.重复航空摄影测量方法在乌鲁木齐河流域冰川变化监测中的应用[J].冰川冻土,18(4):331-336.

陈灵芝,林德莱.1982.英国Hampsfell蕨菜草地生态系统的第一性生产量的研究[J].植物生态学与地植物学丛刊,6(2):302-313.

陈梦熊.2001.西北干旱区水资源与生态环境建设[J].国土资源通讯,(10):38-41.

陈秀万.1999.洪灾损失评估系统——遥感与GIS技术应用研究[M].北京:中国水利水电出版社.

陈亚宁,杨思全.1994.高山区冰川突发洪水混沌机制研究[J].灾害学,22(2):77-81.

陈亚宁,禄建中,颜新.1995.天山北坡春季融雪洪水灾害分析[J].干旱区地理学集刊,(9):75-90.

程国栋,康尔泗.2001.西北干旱区冰川水资源和出山径流[M].北京:中国水利水电出版社.

程国栋,王根绪.2006.中国西北地区的干旱与旱灾——变化趋势与对策[J].地学前缘,13(1):3-14.

程涛,吕娟,张立忠,等.2002.区域洪灾直接经济损失即时评估模型实现[J].水利发展研究,2(12):40-47.

程玉菲,王根绪,席海洋,等.2007.近35年来黑河干流中游平原区陆面蒸散发的变化研究[J].冰川冻土,29(3):406-412.

辞海编辑委员会.1999.辞海(缩印本).上海:上海辞书出版社.

崔彩霞.2001.新疆近40年气候变化与沙尘暴趋势分析[J].气象,27(12):38-41.

崔亚莉,邵景力,韩双平,等.2001.西北地区地下水的地质生态环境调节作用研究[J].地学前缘,8(1):191-196.

崔亚莉,徐映雪,邵景力,等.2005.应用遥感方法研究黄河三角洲地表蒸发及其与下垫面关系[J].地学前缘,12(S1):160-164.

代涛.2004.西北干旱区水盐动态模拟及排水优化模型研究[D].武汉:武汉大学.

丁凤.2009.一种基于遥感数据快速提取水体信息的新方法[J].遥感技术与应用,24(2):167-171.

丁一汇,任国玉.2006.气候变化国家评估报告(1):中国气候变化的历史和未来趋势[J].气候变化研究进展,21:3-6.

丁志雄,李纪人,李琳.2004.基于GIS格网模型的洪水淹没分析方法[J].水利学报,(6):56-67.

董新光.2004.新疆地下水资源调查与评价[M].乌鲁木齐:新疆科学技术出版社.

董新光,等.2005.新疆地下水资源[M].乌鲁木齐:新疆科学技术出版社.

范宝俊.1998.中国国际减灾10年委员会工作报告和今后工作建议[J].中国减灾,8(4):23-28.

范广洲,吕世华,程国栋.2001.气候变化对滦河流域水资源影响的水文模式模拟[J].高原气象,20(2):173-179.

范伟民,李鸿昌,邱星辉.1993.羊草地上生物量的估测模型[J].植物学通报,32(S1):32-35.

樊自立,穆桂金,马英杰,等.2002.天山北麓灌溉绿洲的形成和发展[J].地理科学,22(2):185-188.

冯国章.1994.区域蒸散发量的气候学计算方法[J].水文,(3):7-11.

冯丽丽,李天文,陈正江,等.2007.基于 ArcGIS 的渭河下游洪水淹没面积的计算[J].干旱区地理,**30**(6):
　　921-925.

冯民权,周孝德,张根广.2002.洪灾损失评估的研究进展[J].西北水资源与水工程,**13**(1):32-36.

冯险峰.2000.GIS 支持下的中国陆地生物量遥感动态监测研究[D].西安:陕西师范大学.

冯学智,鲁安新,曾群柱.1997.中国主要牧区雪灾遥感监测评估模型研究[J].遥感学报,**1**(2):49-54.

冯宗炜,陈楚莹,张家武,等.1982.湖南会同地区马尾松林生物量的测定[J].林业科学,**18**(2):127-131.

傅湘,纪昌明.2000.洪灾损失评估指标的研究[J].水科学进展,**11**(4):431-435.

高卫东,魏文寿,张丽旭.2005.近 30 年来天山西部积雪与气候变化——以天山积雪雪崩研究站为例[J].冰川
　　冻土,**27**(1):68-73.

葛京凤,黄志英.2005.河北太行山区土地利用/覆被变化及其环境效应[J].地理与地理信息科学,**21**(2):
　　62-65.

葛小平,许有鹏,张琪,等.2002.GIS 支持下的洪水淹没范围模拟[J].水科学进展,**13**(4):456-460.

谷新保,虎胆·吐马尔白,翟永先,等.2009.主成分分析法在膜下滴灌不同年限棉田土壤表层盐渍化评价中的
　　应用[J].新疆农业科学,**46**(5):935-940.

郭利华.2002.基于 DEM 的洪水淹没分析[J].测绘通报,(11):25-30.

郭晓寅.2005.黑河流域蒸散发分布的遥感研究[J].自然科学进展,**15**(10):1 266-1 270.

郭晓寅,程国栋.2004.遥感技术应用于地表面蒸散发的研究进展[J].地球科学进展,**2**(1):107-114.

韩丽娟,王鹏新,王锦地,等.2005.植被指数-地表温度构成的特征空间研究[J].中国科学(D 辑:地球科学),
　　35(4):371-377.

侯英雨,柳钦火,延昊,等.2007.我国陆地植被净初级生产力变化规律及其对气候的响应[J].应用生态学报,
　　18(7):1 546-1 553.

胡汝骥.2004.中国天山自然地理[M].北京:中国环境科学出版社.

胡瑞鹏,黄少华,王迅.2007.GIS 在洪水淹没灾害评估中的应用[J].水利水文自动化,**6**(2):5-15.

黄国标.1999.气候变化对我国东北国际河流的影响研究[J].地理学报,**54**(S1):152-156.

黄荣翰.1985.中国盐碱地的水利土壤改良[A].国际盐渍土改良学术讨论会论文集[C].北京:北京农业大学
　　出版社.

黄涛珍,王晓东.2003.BP 神经网络在洪灾损失快速评估中的应用[J].河海大学学报,**31**(4):457-460.

黄晓东,张学通,李霞,等.2007.北疆牧区 MODIS 积雪产品 MOD10A1 和 MOD10A2 的精度分析与评价[J].
　　冰川冻土,**29**(5):722-729.

黄晓霞,韩京萨,刘全儒,等.2008.小五台亚高山草甸植物地上生物量及其营养成分研究[J].草业科学,**25**
　　(11):5-12.

江东,王乃斌.2005.植被指数-地面温度特征空间的生态内涵及其应用[J].地理科学进展,**20**(2):146-152.

姜逢清.2004.20 世纪下半叶新疆洪水灾害的新趋向[J].灾害学,(6):29-35.

姜逢清,胡汝骥.2004.近 50 年来新疆气候变化与洪旱灾害扩大化[J].中国沙漠,**24**(1):35-40.

姜逢清,朱诚,胡汝骥.2002.新疆 1950—1997 年洪旱灾害的统计与分形特征分析[J].自然灾害学报,**11**(4):
　　96-100.

姜红,刘志辉,唐舰,等.2006.遥感技术在蒸发(散)量估算上的研究进展[J].水土保持应用技术,(3):37-39.

金丽芳,徐希孺,张猛.1986.内蒙古典型草原地带牧草产量估算的光谱模型[J].草业科学,**15**(2):51-54.

李发文,张行南,杜成旺.2005.基于 GIS 和数学形态学的洪水淹没研究[J].水利水电科技,**25**(6):14-16.

李弘毅,王建.2008.SRM 融雪径流模型在黑河流域上游的模拟研究[J].冰川冻土,**30**(5):769-775.

李红英,李洋.2007.基于 GIS 的洪灾损失评估应用研究[J].西北水力发电,**23**(1):45-48.

李纪人,丁志雄,黄诗峰,等.2003.基于空间展布式社会经济数据库的洪涝灾害损失评估模型研究[J].中国水

利水电科学研究院学报,1(2):104-110.

李健,王辉,黄勇,等.2008.柴达木盆地格尔木河流域生态需水量初步估算探讨[J].水文地质工程地质,(1):71-75.

李江风.2002.乌鲁木齐河山区冰雪水资源及径流量丰枯频率[J].新疆气象,(1):30-33.

李江风.1991.新疆气候[M].北京:气象出版社.

李娜.2002.基于GIS的洪灾风险管理系统[D].北京:中国水利水电科学研究院.

李仁东,刘纪远.2001.应用Landsat ETM数据估算鄱阳湖湿生植被生物量[J].地理学报,56(5):532-540.

里斯H,惠R.1985.生物圈的第一性生产力.王业蘧,译.北京:科学出版社.

李小玉,肖笃宁.2005.石羊河流域中下游绿洲土地利用变化与水资源动态研究[J].水科学进展,16(5):643-648.

李新,程国栋,陈贤章,等.1997.地形对高山区TM积雪定量遥感的影响[J].遥感技术与应用[J],12(1):1-8.

李彦,张英鹏,孙明,等.2008.盐分胁迫对植物的影响及植物耐盐机理研究进展[J].中国农学通报,24(1):258-265.

李元寿,贾晓红,鲁文元.2006.西北干旱区水资源利用中的生态环境问题及对策[J].水土保持研究,13(1):217-219,242.

李月树,祝廷成.1983.羊草种群地上部生物量形成规律的探讨[J].植物生态学与地植物学丛刊,7(4):289-298.

李珍,姜逢清.2007.1961—2004年新疆气候突变分析[J].冰川冻土,29(3):352-359.

李震,曾群柱,孙文新.1996.天山地区SAR数据雪盖制图研究[J].冰川冻土,18(4):366-372.

李忠勤,韩添丁,井哲帆.2003.乌鲁木齐河源区气候变化和1号冰川40年观测事实[J].冰川冻土,25(2):117-123.

梁继,张新焕.2007.基于NDVI背景场的雪盖制图算法探索[J].遥感学报,11(1):85-93.

刘昌明.2002.21世纪中国水资源若干问题的讨论[J].水利水电技术,33(1):15-19.

刘潮海,谢自楚,久尔盖诺夫.1998.天山冰川作用[M].北京:科学出版社.

刘光.2003.地理信息系统二次开发教程——组件篇[M].北京:清华大学出版社.

刘坤,郑旭荣,谢云.2005.玛纳斯河流域农业节水潜力分析[J].石河子大学学报(自然科学版),23(2):237-239.

刘仁义,刘南.2001.基于GIS的复杂地形洪水淹没区计算方法[J].地理学报,56(1):1-6.

刘绍民.2004.基于互补相关原理的区域蒸散量估算模型比较[J].地理学报,59(3):331-340.

刘树华,蔺洪涛,胡非,等.2004.土壤-植被-大气系统水分散失机理的数值模拟[J].干旱气象,22(3):1-10.

刘贤赵,康绍忠,刘德林,等.2005.基于地理信息的SCS模型及其在黄土高原小流域降雨-径流关系中的应用[J].农业工程学报,21(5):93-97.

刘占宇,黄敬峰,吴新宏,等.2006.草地生物量的高光谱遥感估算模型[J].农业工程学报,2(22):111-115.

刘志刚,潘向丽.1994.兴安落叶松天然林生物量及生产力的研究[J].植物生态学报,18(4):328-337.

陆平.2005.基于MODIS数据的新疆玛纳斯河流域积雪监测与融雪径流模拟[D].北京:中国地质大学.

卢艳丽.2007.东北平原土壤有机质及主要养分高光谱定量反演[D].北京:中国农业科学院.

罗新宁,陈冰,张巨松,等.2009.氮肥对不同质地土壤棉花生物量与氮素积累的影响[J].西北农业学报,18(4):160-166.

马丹.2008.基于MODIS数据的水体提取研究[J].地理空间信息,6(1):25-27.

马宗晋.1993.自然灾害损失评估指标体系的研究[J].自然灾害学报,2(3):1-7.

聂中青,贾冰,丁贞玉,等.2009.近50年葫芦河流域气候变化特征[J].兰州大学学报,45(2):7-19.

裴欢,房世峰,刘志辉,等.2008.分布式融雪径流模型的设计及应用[J].资源科学,30(3):454-459.

裴致远,杨邦杰.1999.应用NOAA图像进行大范围洪涝灾害遥感监测的研究[J].农业工程学报,15(4):

203-206.

朴世龙,方精云,郭庆华.2001.利用 CASA 模型估算我国植被净第一性生产力[J].植物生态学报,**25**(5):
  603-608.

秦大河.2005.中国气候与环境演变[M].北京:科学出版社.

邱国玉,吴晓,王帅,等.2006.三温模型——基于表面温度测算蒸散和评价环境质量的方法Ⅳ.植被蒸腾扩散
  系数[J].植物生态学报,**30**(5):852-860.

仇家琪,颜新.1994.天山北坡中段春季融雪洪水及其灾害成因研究[J].干旱区地理,**17**(3):35-42.

任建强,刘杏认,陈仲新,等.2009.基于作物生物量估计的区域冬小麦单产预测[J].应用生态学报,**20**(4):
  872-878.

尚豫新,祝宏辉.2009.荒漠绿洲农业可持续发展模式探析——以新疆兵团农八师 149 团为例[J].新疆农垦经
  济,(3):11-14.

邵爱军,左丽琼,阮新,等.2008.河北省近 50 年气候变化对地表径流量的影响[J].水土保持学报,**22**(6):
  19-24.

石河子水电局,自治区玛纳斯河流域管理处.1985.玛纳斯河流域水利志.乌鲁木齐:新疆人民出版社.

施雅风.2000.中国冰川与环境[M].北京:科学出版社.

施雅风.2008.简明中国冰川目录[M].上海:上海科学普及出版社.

施雅风,沈永平.2002.西北气候由暖干向暖湿转型的信号:影响和前景初步探讨[J].冰川冻土,**24**(3):
  219-226.

施雅风,沈永平,李栋梁,等.2003.中国西北气候由暖干向暖湿转型的特征和趋势探讨[J].第四纪研究,**23**
  (2):152-164.

施雅风,张祥松.1995.气候变化对西北干旱区地表水资源的影响和未来趋势[J].中国科学(B 辑),**25**(9):
  968-977.

司建华,冯起,张小由,等.2005.植物耗水量测定方法研究进展[J].水科学进展,**16**(3):450-459.

司希礼,杨增元,杨增丽,等.2003.区域综合蒸散发量计算方法研究[J].水文,**23**(4):17-21.

宋敦江,罗年学.2004.地图代数在洪水淹没模拟与分析中的应用[J].测绘信息与工程,**29**(4):20-22.

宋开山,张柏,李方,等.2005.高光谱反射率与大豆叶面积及地上鲜生物量的相关分析[J].农业工程学报,**21**
  (1):36-40.

宋帅,鞠永茂,王汉杰.2008.有序人类活动造成的土地利用变化对区域降水的可能影响[J].气候与环境研究,
  13(6):759-774.

苏布达,姜彤,郭业友,等.2005.基于 GIS 栅格数据的洪水风险动态模拟模型及其应用[J].河海大学学报(自
  然科学版),**33**(4):370-374.

苏楞高娃.2007.荒漠草原草地生物量及营养动态与放牧羊体重变化的相关性研究[D].乌和浩特:内蒙古农
  业大学.

苏珍,刘宗香,王文悌,等.1999.青藏高原冰川对气候变化的响应及趋势预测[J].地球科学进展,**14**(6):
  607-612.

孙昌禹,董博飞,董文琦.2006.区域蒸散量估算技术研究进展[J].河北农业科学,**10**(3):103-106.

孙自武,任岗,周君,等.2008.1956—2006 年玛纳斯河流域棉花生长季气候变化分析[J].石河子大学学报(自
  然科学版),**26**(5):552-556.

汤国安,杨昕.2006.ArcGIS 地理信息系统空间分析实验教程[M].北京:科学出版社.

唐国平,李秀彬,刘燕华.2000.全球气候变化下水资源脆弱性及其评估方法[J].地球科学进展,**15**(3):313.

汤奇成.1985.中国干旱区河川径流特征[J].自然资源,(3):29-67.

唐延林,王秀珍,王福民,等.2004.农作物 LAI 和生物量的高光谱法测定[J].西北农林科技大学学报,**32**
  (11):100-104.

田国良.2006.热红外遥感[M].北京:电子工业出版社.236-271,297-302.

王国庆,张建云,章四龙.2005.全球气候变化对中国淡水资源及其脆弱性影响研究综述[J].水资源与水工程学报,**16**(2):7-12.

王海江,崔静,侯振安,等.2009.膜下滴灌棉花干物质积累与耗水量关系研究[J].干旱地区农业研究,**27**(5):83-87.

王化齐,董增川,权锦,等.2009.石羊河流域天然植被生态需水量计算[J].水电能源科学,**27**(1):51-53,87.

王建,李硕.2005.气候变化对中国内陆干旱区山区融雪径流的影响[J].中国科学(D辑:地球科学),**35**(7):664-670.

王建,Paolo Federicis,等.2001a.基于遥感与地理信息系统的 SRM 融雪径流模型在 Alps 山区流域的应用[J].冰川冻土,**23**(4):436-441.

王建,沈永平,鲁安新,等.2001b.气候变化对中国西北地区山区融雪径流的影响[J].冰川冻土,**23**(1):28-33.

王净,李亚春,景元书.2009.基于 MODIS 数据的水体识别指数方法的比较研究[J].气象科学,**29**(3):342-347.

王黎明.2005.吉林省西部区域遥感蒸散模型研究及其应用[D].吉林:吉林大学.

王玲,吕新,高秀平.2009.石河子荒漠绿洲土地利用景观格局的定量分析[J].安徽农业科学,**37**(4):1 689-1 691,1698.

王鹏新.2003.基于植被指数和土地表面温度的干旱监测模型[J].地球科学进展,**18**(4):527-533.

王鹏新,龚健雅,李小文.2001.条件植被温度指数及其在干旱监测中的应用[J].武汉大学学报(信息科学版),(5):412-418.

王庆锁,李博.1994.鄂尔多斯沙地油蒿群落生物量初步研究[J].植物生态学报,**18**(4):347-353.

王全九,王文焰,汪志荣,等.2001.排水地段土壤盐分变化特征分析[J].土壤学报,**38**(2):271-276.

王志坚,艾萍,周晓丽.2001.信息化与水利信息化概论[M].南京:河海大学出版社.

王志杰,迪里木拉提,李从林.2002.天山北麓低山丘陵地区春季融雪洪水的研究——以三工河古河道为例[J].干旱区地理,**25**(4):302-308.

王秀珍,黄敏峰,李云梅,等.2003.水稻地上鲜生物量的高光谱遥感估算模型研究[J].作物学报,**29**(6):815-821.

王娅娟,孙丹峰.2005.基于遥感的区域蒸散研究进展[J].农业工程学报,7(21):162-167.

王帅,陈海滨,邱国玉.2008.干旱区若干水文过程研究进展[J].水资源与水工程学报,**19**(3):32-37.

王艳艳,陆吉康,郑晓阳,等.2001.上海市洪涝灾害损失评估系统的开发[J].灾害学,**16**(2):7-13.

王中根,刘昌明,黄友波,等.2003.SWAT 模型的原理、结构及应用研究[J].地理科学进展,**22**(1):79-86.

魏庆朝.1996.灾害损失及灾害等级的确定[J].灾害学,**11**(1):1-5.

武汉水利水电学院,华东水利学院.1983.水力学[M].北京:高等教育出版社.

吴健平,杨星卫.1995.遥感数据分类结果的精度分析[J].遥感技术与应用,**10**(1):17-24.

吴开新.2011.新疆玛纳斯河流域水文特征[J].内蒙古水利,(6):40-41.

吴塞,张秋文.2005.基于 MODIS 遥感数据的水体提取方法及模型研究[J].计算机与数字工程,**33**(7):1-4.

吴素芬,刘志辉,邱建华.2006.北疆融雪洪水及其前期气候积雪特征分析[J].水文,**26**(6):84-87.

武夏宁,胡铁松,王修贵,等.2006.区域蒸散发估算测定方法综述[J].农业工程学报,**22**(10):257-262.

夏军.2002.水文非线性系统理论与方法[M].武汉:武汉大学出版社.

肖丽.2008.土壤盐度和滴灌施肥方式对棉花生长与氮肥利用率的影响[D].石河子:石河子大学.

新疆维吾尔自治区农业厅,新疆维吾尔自治区土壤普查办公室.1996.新疆土壤.北京:科学出版社.

辛晓洲.2003.用定量遥感方法计算地表蒸散[D].北京:中国科学院.

许文强,罗格平,陈曦,等.2006.天山北坡绿洲土壤有机碳和养分时空变异特征[J].地理研究,**25**(6):1 013-1 021.

严以绥.2003.膜下滴灌系统规划设计与应用[M].北京:中国农业出版社.

杨邦杰,裴志远.1999.农作物长势的定义与遥感监测[J].农业工程学报,**15**(3):214-218.

杨针娘.1992.祁连山冰川水资源及其在河川径流中的作用[A].中国科学院兰州冰川冻土研究所集刊(第5号)[C].北京:科学出版社.

喻光明,王朝南,钟儒刚,等.1996.基于DEM的洪涝灾害信息提取与损失估算[J].国土资源遥感,(1):42-50.

于贵瑞,孙晓敏.2006.陆地生态系统通量观测的原理与方法[M].北京:高等教育出版社.

于庆东,沈荣芳.1996.灾害经济损失评估理论与方法探讨[J].灾害学,**11**(2):10-14.

于嵘,蔡博峰,温庆可.2008.基于MODIS植被指数的西北农业灌溉区生物量估算[J].农业工程学报,**24**(10):141-145.

于兴修,杨桂山.2002.中国土地利用/覆被变化研究的现状与问题[J].地理科学进展,**21**(1):51-56.

袁国映,屈喜乐,李竟生.1995.中国新疆玛纳斯河流域农业生态环境资源保护与合理利用研究[M].乌鲁木齐:新疆科技卫生出版社.

翟盘茂,潘晓华.2003.中国北方近50年温度和降水极端事件变化[J].地理学报,**58**(S1):1-10.

翟宜峰.2003.基于NOAA气象卫星的1998年嫩江洪水动态监测[J].水能源科学,**21**(2):69-71.

占车生.2005.中国陆面蒸散发量的遥感反演及时空格局[D].北京:中国科学院.23-43.

詹志明,冯兆东,秦其明.2004.陇西黄土高原陆面蒸散的遥感研究[J].地理与地理信息科学,**20**(1):16-19.

张成才,陈秀万,郭恒亮.2004.基于GIS的洪灾淹没损失计算方法[J].武汉大学学报(工学版),**37**(1):55-58.

张成才,许志辉,孟令奎,等.2005.水利地理信息系统[M].武汉:武汉大学出版社.

张凯,王润元,王小平,等.2008.黄土高原春小麦叶面积指数与高光谱植被指数相关分析[J].生态学杂志,**27**(10):1 692-1 697.

张继群.1995.洪灾神经网络模型与遥感分析系统研究[D].武汉:武汉水利电力大学.

张家宝,史玉光.2002a.新疆气候变化及短期气候预测[M].北京:气象出版社.21-85.

张家宝,袁玉江.2002b.试论新疆气候对水资源的影响[J].自然资源学报,**17**(1):28-34.

张金存,魏文秋.2001.洪水灾害的遥感监测分析系统研究[J].灾害学,**16**(1):39-44.

张仁华,孙晓敏,刘纪远,等.2001.定量遥感反演作物蒸腾和土壤水分利用率的区域分异[J].中国科学(D辑),**31**(11):959-968.

张仁华,孙晓敏,朱治林,等.2002.以微分热惯量为基础的地表蒸发全遥感信息模型及在甘肃沙坡头地区的验证[J].中国科学(D辑),**32**(12):1 041-1 050.

张仁华,孙晓敏,王伟民,等.2004.一种可操作的区域尺度地表通量定量遥感二层模型的物理基础[J].中国科学(D辑:S1):200-216.

张业成.1998.中国长江1998年大洪灾反思及21世纪防洪减灾对策[M].北京:海洋出版社.

张永芳,张勃,张耀宗.2008.张掖绿洲土地利用/覆被变化的水文效应[J].人民黄河,**30**(12):50-51,61.

赵士洞,罗天祥.1998.区域尺度陆地生态系统生物生产力研究方法[J].资源科学,**20**(1):23-34.

赵文智,程国栋.2001.生态水文学——揭示生态格局和生态过程水文学机制的科学[J].冰川冻土,**23**(4):451-456.

赵文智,程国栋.2008.生态水文研究前沿问题及生态水文观测试验[J].地球科学进展,**23**(7):671-674.

赵雪莲,陈华丽.2003.基于GIS的洪灾遥感监测与损失风险评价系统[J].地质与资源,**12**(1):53-60.

赵英时,等.2003.遥感应用分析原理与方法[M].北京:科学出版社.

郑伟,刘闯,曹云刚,等.2007.基于ASAR与TM图像的洪水淹没范围提取[J].测绘科学,**32**(5):180-181.

中华人民共和国水利部.1999.灌溉与排水工程设计规范.北京:中国计划出版社.

周广胜,张新时.1995.自然植被净第一性生产力模型初探.植物生态学报,**19**(3):193-200.

周聿超.1999.新疆河流水文水资源[M].乌鲁木齐:新疆科技卫生出版社.

周云轩,王黎明,陈圣波,等.2005.吉林西部陆面遥感蒸散模型研究[J].吉林大学学报(地球科学版),**35**(6):

812-817.

Abdulla F A, Lettenmaier D P. 1997. Development of regional parameter estimation equations for a macroscale hydrologic model. *Journal of Hydrology*, **197**(1-4): 230-257.

Anderson E A, Greenan H J, Whipkey R Z, et al. 1977. NOAA-ARS Cooperative Snow Research Project-Watershed Hydro-Climatology and Data for Water Years 1960—1974[M]. Department of Commerce, National Oceanic and Atmospheric Administration, National Weather Service, Office of Hydrology.

Andersen J, Refsgaard J C, Jensen K H. 2001. Distributed hydrological modelling of the Senegal River Catchment-Model construction and validation [J]. *Journal of Hydrology*, **247**: 200-214.

Anderson M C, Norman J M, Diak G R, et al. 1997. A two source time integrated model for estimation surface fluxes using thermal infrared remote sensing [J]. *Remote Sensing of Environment*, **60**(2): 195-216.

Arnell N W. 1999. Climate change and global water resources. *Global Environmental Change*, **9**(S1): S31-S49.

Arnell N, Tompkins E, et al. 2005. Vulnerability to Abrupt Climate Change in Europe. Tyndall Centre Technical Report 34. Tyndall Center for Climate Change Research, University of Southampton.

Arnold J G, Srinivasan R, Muttiah R S, et al. 1998. Large area hydrologic modelling and assessment part Ⅰ: Model development [C]. *Journal of the American Water Resources Association*, **34**(1): 73-89.

Athavale R N, Rangarajan R. 1988. Natural recharge measurements in the hard rock regions of Semi-Arid India using tritium injection—A review [J]. *Estimation of Natural Groundwater Recharge*, **222**: 175-194.

Auken Van O W. 2000. Shrub invasions of North American semiarid grasslands [J]. *Annual Review of Ecology and Systematics*, **31**: 197-215.

Ault T W, Czajkowski K P, Benko T, et al. 2006. Validation of the MODIS snow product and cloud mask using student and NWS cooperative station observations in the Lower Great Lakes Region [J]. *Remote Sensing of Environment*. **105**: 341-353.

Baird A J, Wilby R L. 1999. Ecohydrology: Plants and Water in Terrestrial and Aquatic Environments [M]. London and New York: Routledge.

Barnett T P, Adam J C, et al. 2005. Potential impacts of a warming climate on water availability in snow-dominated regions [J]. *Nature*, **438**(17): 303-309.

Barnett T P, Pennell W. 2004. Impact of global warming on Western US water supplies. *Climate Change*, **62**: 206-223.

Bastiaanssen W G M, Menenti M, Feddes R A, et al. 1998. A remote sensing surface energy balance algorithm for land(SEBAL)1. Formulation [J]. *Journal of Hydrology*, **212**: 198-212.

Bates B C, Kundzewicz Z W, et al. 2008. Climate Change and Water. Technical Paper of the Intergovernmental Panel on Climate Change [M]. IPCC Secretariat, Geneva. 210.

Baumb A. 1999. Trepteq a grouped threshold approach for scene identification in AVHRR imagery [J]. *Journal of Atmospheric and Oceanic Technology*, **16**(6): 793-800.

Baumgartner M, Seidel K, Martinec J, et al. 1986. Snow Cover Mapping for Runoff Simulations Based on Landsat-MSS Data in an Alpine Basin [J]. *Hydrological Applications of Space Technology*, **160**: 191-199.

Bloschl G, Sivapalan M. 1995. Scale issues in hydrological modeling—a review [J]. *Hydrological Processes*, **9**(3-4): 251-290.

Boegh E, Soegaard H, Hanan N, et al. 1999. A remote sensing study of the NDVI-Ts relationship and the transpiration from sparse vegetation in the Sahel based on high-resolution satellite data [J]. *Remote Sensing of Environment*, **69**(3): 224-240.

Braun L N, Renner C B. 1992. Application of a conceptual runoff model in different physiographic regions of Switzerland. *Hydrological Sciences Journal*, **37**(3):217-231.

Brutsaert W, Stricker H. 1979. An advection-aridity approach to estimate actual regional evapotranspiration [J]. *Water Resour Res*, **15**(2):443-450.

Burn D H, Boorman D B. 1993. Estimation of hydrological parameters at ungauged catchments [J]. *Journal of Hydrology*, **143**:429-454.

Caballero C, Voirin-Morel S, Habets F, et al. 2007. Hydrological sensitivity of the Adour-Garonne river basin to climate change [J]. *Water Resour Res*, **43**(7): W07448. doi:10.1029/2005WR004192.

Carlson T N. 1995. A new look at the simplified method for remote sensing of daily evapotranspiration [J]. *Remote Sensing of Environment*, **54**(2):161-167.

Carlson T N, Gillies R R, Perry E M. 1994. A method to make use of thermal infrared temperature and NDVI measurements to infer surface soil water content and fractional vegetation cover [J]. *Remote Sensing Reviews*, **9**(1-2):161-173.

Casanova D, Epema G F, Goudriaan J. 1998. Monitoring rice reflectance at field level for estimating biomass and LAI [J]. *Field Crops Research*, **55**(1-2):83-92.

Chen D, Huang S, Yang C. 1999. Construction of watershed flood disaster managment and its application to the catastrophic flood of the Yangtze River in 1998 [J]. *Journal of Chinese Geography*, **9**(2):163-168.

Chen M. 2005. Rational development and utilization of water resources related to prevention of desertification in arid area of northwest China [J]. *Journal of Earth Sciences and Environment*, (4):1-7.

Cherkauer D S, McKereghan P. 1991. Groundwater discharge to Lake: focusing in embayments [J]. *Ground Water*, **29**:72-80.

Cherkauer D S. 2004. Quantifying ground water recharge at multiple scales using PRMS and GIS [J]. *Ground Water*, **24**:97-110.

Choudhury B J, Monteith J L. 1988. A four-layer model for the heat budget of homogeneous and surfaces [J]. *Q J R Meteorol Soc*, **114**:373-398

Christine E M, Allen S H, Hugo A L. 2006. Distributed hydrological modeling in California semi-arid shrublands: MIKE SHE model calibration and uncertainty estimation [J]. *Journal of Hydrology*, **317**: 307-324.

Das S, Lee R. 1998. A nontrasitional methodology for flood stage-samage calulations [J]. *Water Resources Bulletin*, **24**(6): 1 263-1 272.

David B, Lobell G P, Asner J, et al. 2003. Remote sensing of regional crop production in the Yaqui Valley, Mexico: Estimates and uncertainties. *Agriculture Ecosystems and Environment*, **94**(2):205-220.

Dewalle D, Rango A. 2008. Principle of Snow Hydrology[M]. Cambridge: Cambridge University Press.

Dobrzanski L A, Maniara R, Sokolowski J, et al. 2007. Applications of the artificial intelligence methods for modelling of the ACAlSi7Cu alloy crystallization process. *Journal of Materials Processing Technology*, **192**:582-587.

Douville H, Bazile E, Caille P, et al. 1999. Global soil wetness project: Forecast and assimilation experiments performed at Météo-France [J]. *J Meteorol Soc Jpn*, **77**:305-316.

Droz M, Wunderle S. 2002. Snow Line Analysis in the Alps Based on NOAA-AVHRR Data Spatial and Temporal Patterns for Winter and Springtime [R]. Bern: Proceedings of EARSeL-LISSIG-Workshop Observing our Cryosphere from Space, 149-154.

Editorial. 2008. Assessing impacts, adaptation and vulnerability: Reflections on the Working Group II Report of the Intergovernmental Panel on Climate Change [J]. *Global Environmental Change*, **18**:4-7.

Edwards A C, Scalenghe R, *et al*. 2007. Changes in the seasonal snow cover of alpine regions and its effect on soil processes: A review [J]. *Quaternary International*, **162**:172-181.

English M J, Nakamura B. 1989. Effects of deficit irrigation and irrigation frequency on wheat yields [J]. *Journal of Irrigation and Drainage Engineering*, **115**:172-184.

Evenari M. 1985. The Desert Environment [A]// Evenari M, *et al*. Hot Deserts and Shrub Lands [C]. Amsterdam: Elsevier.

Fernandez W, Vogel R M, Sankarasubramanian A. 2000. Regional calibration of a watershed model [J]. *Hydrological Sciences Journal*, **45**(5): 689-707.

Fichefet T, Maqueda M A M. 1999. Modelling the influence of snow accumulation and snow-ice formation on the seasonal cycle of the Antarctic sea-ice cover [J]. *Climate Dynamic*, **15**: 251-268.

Field C B, James T R, Carolyn M M. 1995. Global net primary production—combing ecology and remote sensing [J] . *Remote Sensing of Environment*, **51**(1): 74-88.

Folland C K, *et al*. 2001. Observed Climate Variability and Change// Houghton J T, *et al*. Climate Change 2001:The Scientific Basis. New York: Cambridge University Press.

Frei A, Robinson D A. 1999. Northern Hemisphere snow extent: Regional variability 1972—1994 [J]. *International Journal of Climatology*, **19**:1 535-1 560.

Gao Q, Shi S. 1992. Water resources in the arid zone of northwest China [J]. *J Desert Res*, **124**: 1-12.

Gesell G. 1989. An algorithm for snow and ice detection using AVHRR data: An extension to the APOLLO software package [J]. *International Journal of Remote Sensing*, **10**(4,5):897-905.

Ghahraman B, Sepaskhah A R. 1997. Use of a water deficit sensitivity index for partial irrigation scheduling of wheat and barley. *Irrig Sci*, **18**:11-16.

Ghosh S K, Mandal B K, Borthakur D N. 1984. Effects of feeding rates on production of common carp and water quality in paddy-cum-fish culture [J]. *Aquaculture*, **40**(2):97-101.

Gilabert M A, Candia S, Melia J. 1996. Analysis of spectral-biophysical relationships for corn canopy [J]. *Remote Sensing of Environment*, **55**(1):11-20.

Gillies R R, Carlson T N. 1997. A verification of the "triangle" method for obtaining surface soil water content and energy fluxes from remote measurements of the Normalized Difference Vegetation Index(NDVI) and surface radiant temperature [J]. *International Jouranal of Remote Sensing*, **18**(15):3 145-3 166.

Giorgi F, Mearns L O. 1991. Approaches to regional climate change simulation: A review [J]. *Review Geophysics*, **29**:191-216.

Gomez-Landesa E, Rango A. 2002. Operational snowmelt runoff forecasting in the Spanish Pyrenees using the snowmelt runoff model [J]. *Hydrological Processes*, **16**(8): 1 583-1 591.

Gottschalk L. 2002. Advances in observational hydrology-field experiments and modelling// Takeuchi K. Proceedings of Workshop on the Prediction of Ungaged Basins (PUBs) held at 28—29 March 2002 at the Yamanashi University, Kofu, Japan.

Gotzinger J, Bardossy A. 2006. Comparison of four regionalization methods for a distributed hydrological model [J]. *Journal of Hydrology*, **333**:374-384.

Granger R J. 1989. A complementary relationship approach for evaporation from nonsaturated surfaces[J]. *Journal of Hydrology*, **111**:31-38.

Guérif M, Duke C L. 2000. Adjustment procedures of a crop model to the site specific characteristics of soil and crop using remote sensing data assimilation [J]. *Agriculture, Ecosystems & Environment*, **81**(1):57-69.

Gutowski W, Otieno F. 2004. *et al*. Diagnosis and attribution of a seasonal precipitation deficit in a US regional climate simulation [J]. *Journal of Hydrometeorology*,**5**:230-242.

Hall D K, Riggs G A. 2007. Accuracy assessment of the MODIS snow cover products [J]. *Hydrological Processes*,**21**: 1 534-1 547.

Hall D K, Riggs G A, Salomonson V V. 1995. Development of methods for mapping global snow cover using moderate resolution imaging spectroradiometer data [J]. *Remote Sensing of Environment*,**54**:127-140.

Hall D K, Riggs G A, Salomonson V V. 2001. Algorithm Theoretical Basis Document (ATBD) for the MODIS Snow and Sea Ice-Mapping Algorithms. http://modis-snow-ice.gsfc.nasa.gov/atbd0.html.

Hall D K, Riggs G A, Salomonson V V,*et al*. 2002. MODIS snow cover products [J]. *Remote Sensing of Environment*,**83**:181-194.

Hatfield P L, Pinter P J. 1993. Remote sensing for crop protection [J]. *Crop Protection*,**12**(6):403-413.

Hayes L,Cracknell A P. 1987. Georeferencing and registering satellite data for monitoring vegetation over large areas [J]. *Pattern Recognition Letters*,**5**(2):95-105.

Herath S, Dutta D. 2009. Flood Inundation Modelling and Loss Estimation Using Distributed Hydrologic Model [R]. GIS and RS, Processdings of International Workshop on the Utilization of Remote Sensing Technology to Natural Disaster Reduction, Tsukuba, Japan.

Hirsch R M, Slack J R. 1984. Non-parametric trend test for seasonal data with serial dependence [J]. *Water Resource Research*,**20**(6): 727-732.

Hlavinka P, Trnka M, *et al*. 2008. Expected Effects of Regional Climate Change on the Soil Moisture Regimes in Central Europe and Central US [J]. *Geophysical Research Abstractsts*,**10**:13-18.

Hobbins M T, Brown J A R T C. 2004. Trends in pan evaporation and actual evapotranspiration across the conterminous US: Paradoxical or complementary [J]? *Geophysics Research Letter*,**30**(13):L13503.

Horton P, Schaefli B, *et al*. 2006. Assessment of climate-change impacts on alpine dischargeregimes with climate model uncertainty [J]. *Hydrological Processes*,**20**:2 091-2 109.

Houghton R A, Lawrence K T, Hackler J L. 2001. The spatial distribution of forest biomass in the Brazilian Amazon: A comparison of estimates [J]. *Global Change Biology*,**7**:731-746.

IPCC. 2007a. Summary for Policymakers of Climate Change 2007:The Physical Science Basis. Contribution of Working Group I to the Fourth Assessment Report of the Intergovernmental Panel on Climate Change [M]. Cambridge: Cambridge University Press.

IPCC. 2007b. Summary for Policymakers. In: Climate Change 2007: Impacts, Adaptation and Vulnerability. Contribution of Working Group II to the Fourth Assessment Report of the Intergovernmental Panel on Climate Change. Cambridge: Cambridge University Press.

IPCC. 2008. Climate Change and Water [M]. Cambridge, UK and New York, USA: Cambridge University Press.

Jackson R D,Hatfield J L, Reginato R J, *et al*. 1977. Wheat canopy temperature: A practical tool for evaluating water requirements [J]. *Water Resources*,**13**:651-656.

Jakubauskas M E. 1995. Thematic mapper characterization of lodgepole pine seral stages in Yellowstone National Park, USA [J]. *Remote Sensing of Environment*, **56**(2):118-132.

James L D, Lee R R. 1971. Economics of Water Resources Planning [M]. New York: Mcgraw-hill Inc.

Jankovic I, Andricevic R. 1996. Spatial and temporal analysis of groundwater recharge with application to sampling design. *Stochastic Hydrology and Hydraulics*,**10**: 39-63.

Jin X L, Xu C Y, Zhang Q, *et al*. 2008a. Regionalization study of a conceptual hydrological model in Dongjiang basin, China [J]. *Quaternary International*,**208**:129-137.

Jin Y, Xu F. 2008b. Theory and Approach for Polarimetric Scattering and Information Retrieval of SAR Remote Sensing. Beijing: Science Press.

Kasischke E S, Christensen N L. 1995. Correlating radar backscatter with components of biomass in Loblolly Pine Forests. *IEEE Tansations on Geoscience and Remote Sensing*, **33**(3): 643-659.

Kasischke E S. 1992. Monitoring Changes in Aboveground Biomass in Loblolly Pine Forests Using Multichannel Synthetic Aperture Radar Data. Michigan: Univercity Michigan.

Kramer P J. 1993. Water Relations of Plants [M]. New York: Academy Press.

Kremer R G, Hunt E R, Running S W, *et al*. 1996. Simulating vegetational and hydrologic responses to nature: I Climatic variation and GCM-predicted climate change in a semi-arid ecosystem in Washington, USA [J]. *Journal of Arid Environments*, **33**: 23-38.

Kristensen K J, Jensen S E. 1975. A model of estimating actual evapotranspiration from potential evapotranspiration [J]. *Nordic Hydrology*, **6**: 170-188.

Kustas W P, Noman J M. 1996. Use of remote sensing for evapotranspiration monitoring over land surface [J]. *Hydrological Sciences Journal*, **41**(4): 495-516.

Kustas W P, Noman J M. 1999. Evaluation of soil and vegetation heat flux predictions using a simple two-source model with radiometric temperatures for partial canopy cover [J]. *Agricultural and Forest Meteorology*, **94**: 13-29.

Labus M P, Nielsen G A, Lawrenc R L. 2002. Wheat yield estimates using multi-temporal NDVI satellite imagery [J]. *International Journal of Remote Sensing*, **23**(20): 4 169-4 180.

Le J, Shafiqul I. 1999. A methodology for estimation of surface evaporation over large areas using remote sensing observations [J]. *Geophysical Research Letters*, **26**(17): 2 773-2 776.

Le J, Shafiqul I. 2001. Estimation of surface evaporation map over southern Great Plains using remote sensing data [J]. *Water Resources Research*, **37**(2): 329-340.

Leary, *et al*. 2008. Climate Change and Vulnerability. London: Earthscan.

Leblon B, Guerif M, Baret F. 1991. The use of remotely sensed data in estimation of PAR use efficiency and biomass production of flooded rice [J]. *Remote Sensing of Environment*, **38**(2): 147-158.

Lehning M, *et al*. 2006. ALPINE3D: A detailed model of mountain surface processes and its application to snow hydrology [J]. *Hydrological Processes*, **20**(10): 2 111-2 128.

Lerner D N, Issar A S, Simmers I. 1990. Groundwater Recharge: A Guide to Understanding and Estimating Natural Recharge [M]. Hannover: Heise.

Lhommee J P, Chehbouni A. 1999. Comments on dual-source vegetation-atmosphere transfer models [J]. *Agric for Meteorol*, **94**: 111-115.

Li H, Robock A, *et al*. 2007. Evaluation of Intergovernmental Panel on Climate Change Fourth Assessment soil moisture simulations for the second half of the twentieth century [J]. *Journal of Geophysics Reseaech*, **112**: D06106.

Li L, Simonovic S P. 2002. System dynamics model for predicting floods from snowmelt in north American prairie watersheds [J]. *Hydrological Processes*, **16**: 2 645-2 666.

Li X G, Williams M W. 2008. Snowmelt runoff modelling in an arid mountain watershed, Tarim Basin, China [J]. *Hydrological Processes*, **22**(19): 3 931-3 940.

Li Y, Li S, Zhang B, *et al*. 2001. Soil moisture in the different qualities and compositions of soil and cotton colony physiology in Mosuowan irrigation area, Xinjiang [J]. *Arid Zone Research*, **18**: 57-61.

Liang T, Huang X, Wu C, *et al*. 2008. Application of MODIS data on snow cover monitoring in pastoral area: A case study in the Northern Xinjiang, China [J]. *Remote Sensing of Environment*, **112**: 1 514-1 526.

Lichtenegger J, Seidel K, Keller M, *et al*. 1981. Snow surface measurements from digital landsat MSS data

［J］. *Nordic Hydrology*, **12**:275-288.

Liston G E, Elder K, *et al*. 2006. A distributed snow-evolution modeling system (Snow Model) ［J］. *Journal of Hydrometeorology*, **7**(6): 1 259-1 276.

Lobell D B, Asner G P, Ortiz-Monasterio J I, *et al*. 2003. Remote sensing of regional crop production in the Yaqui Valley, Mexico: Estimates and uncertainties ［J］. *Agriculture Ecosystems & Environment*, **94**(2): 205-220.

Loudjani P, Delecolle R, Guerif M, *et al*. 1995. Combined use of NOAA-AVHRR and SPOT-HRV data for the estimation of european crop yield on a regional scale ［J］. *International Colloquium Photosynthesis and Remote Sensing*, (8):28-30.

Lyons T J. 1999. Estimation of regional evapotranspiration through remote sensing ［J］. *Journal of Applied Meteorology*, **38**:1644-1654.

Ma Y, Wang J, Huang R, *et al*. 2003. Remote sensing parameterization of land surface heat fluxes over arid and semi-arid areas ［J］. *Advance in Atmospheric Sciences*, **20**(4): 530-539.

Macelloni G, Paloscia S, Pampaloni P. 2000. Passive and Active Microwave Data for Soils and Crops Characterization. Geoscience and Remote Sensing Symposium. Proceedings. IGARSS 2000. IEEE 2000 International, **6**:2 522-2 524.

Manghi F, Mortazavi B, Crother C. *et al*. 2009. Estimating regional groundwater recharge using a hydrological budget method ［J］. *Water Resources Management*, **23**:2 475-2 489.

Manjunath A S, Muralikrishnan S. 2008. Geometric and radiometric evaluation of Resouresat-1 sensors ［J］. *International Journal of Applied Earth Observation and Geoinformation*, **10**(2):159-164.

Martinec J, Rango A, *et al*. 1998. The Snowmelt Runoff Model SRM User's Manual, Version 4. 0. Switzerland: University of Berne.

Matheron G. 1975. Random Sets and Integral Geometry. New York: Wiley.

Matthew M W, Adler-Golden S M, Berk A. 2003. Atmospheric correction of spectral imagery: Evaluation of the FLASSH Algorithm with AVIRIS Data. Proc. SPIE 5093, Algorithms and Technologies for Multispectral, Hyperspectral, and ultraspectal Imagery IX, 474.

McFeeters S K. 1996. The use of Normalized Difference Water Index(NDWI) in the delineation of open Water features ［J］. *International Journal of Remote Sensing*, **17**(7): 1 425-1 432.

McGregor J J. 1997. Regional climate modeling ［J］. *Meteorology and Atmospheric Physics*, **63**:105-117.

McMichael C E, Hope A S, Loaiciga H. 2006. Distributed hydrological modelling in California semi-arid shrublands: MIKE SHE model calibration and uncertainty estimation ［J］. *Journal of Hydrology*, **317**: 307-324.

Mengel K, Kirkby E A. 1980. Principle of plant nutrition ［J］. *Journal of Plant Nutrition and Soil Science*, **143**(1):126-127.

Merz R, Bloschl G. 2004. Regionalisation of catchment model parameters ［J］. *Journal of Hydrology*, **287**:95-123.

Metnzel A, Sparks T H, *et al*. 2006. European phenological response to climate change matches the warming pattern ［J］. *Global Change Biology*, **12**: 1 969-1 976.

Monteith J L. 1965. Evaporation and environment ［M］. Cambridge University Press:205-234.

Monteith J L. 1973. Principles of environmental physics ［M］. Arnold, London: 45-78.

Moran P A P. 1950. Notes on Continuous Stochastic Phenomena ［J］. *Biometrika*, **37**:17-33.

Moron M S, Clarke T R. 1994. Estimating crop water deficit using the relation between surface air temperature and spectral vegetation index ［J］. *Remote Sensing of Environment*, **49**:246-263

Morton F I. 1983. Operational estimates of areal evapotranspiration and their significance to the science and practice of hydrology [J]. *Journal of Hydrology*, **66**: 1-76.

Mulligan M. 1996. Modelling hydrology and vegetation change in a degraded semi-arid environment [C]. Advances in Hillslope Process. Chichester: Wiley.

Nash I E, Sutcliffe I V. 1970. River flow forecasting through conceptual models [J]. *Journal of Hydrology*, **10**: 282-290.

Nash L L, Gleick P H. 1991. Sensitivity of streamflow in the Colorado basin to climatic changes [J]. *J Hydrol*, **125**(3-4): 221-241.

Nemain R R, Running S W. 1998. Estimation of regional surface resistance to evapotranspiration from NDVI and thermal-IR AVHRR data [J]. *Journal of Appiled Meteorology*, **28**: 276-284.

Nijssen B, Donnel O G M, *et al*. 2001. Hydrologic vulnerability of global rivers to climate change [J]. *Climate Change*, **50**: 143-175.

Nishida K, Nemani R, Glassy J M, *et al*. 2003. Development of an evapotranspiration index from Aqua/MODIS for monitoring surface moisture status [J]. *IEEE Transactions on Geoscience and Remote Sensing*, **41** (21): 493-501.

Nishimura K, Baba E, Hirashima H, *et al*. 2005. Application of SNOWPACK model to snow avalanche warning in Niseko, Japan [J]. *Cold Regions Science and Technology*. **43**: 62-70.

Nobel P S. 1991. Physiochemical and Environmental Plant Physiology [M]. New York: Academy Press.

Norman J M, Kustas W P, Humes K S. 1995. A two-source approach for estimating soil and vegetation energy fluxes from observations of directional radiometric surface temperature [J]. *Agricultural Forest Meteorology*, **77**: 263-293.

Patt A, Klein K R J, *et al*. 2005. Taking the uncertainty in climate-change vulnerability assessment seriously. *C R Geoscience*, **337**: 411-424.

Polsky C, Neff R, Yarna B. 2007. Building comparable global change vulnerability assessments: The vulnerability scoping diagram [J]. *Global Environmental Change*, **17**: 472-485.

Post D A, Jakeman A J. 1999. Predicting the daily streamflow of ungauged catchments in S. E. Australia by regionalizing the parameters of a lumped conceptual rainfall-runoff model [J]. *Ecological Modeling*, **123**: 91-104.

Potter C S, Randerson J T, Field C B, *et al*. 1993. Terrestrial ecosystem production: A process model based on global statellite and surface data [J]. *Global Biogeochemical Cycles*, **7**(4): 811-841.

Price J C. 1990. Using spatial context satellite data to infer regional scale evapotranspiration [J]. *IEEE Transactions on Geoscience and Remote Sensing*, **28**: 940-948.

Prince S D, Goward S N. 1995. Global primary production: A remote sensing approach [J]. *Journal of Biogeography*, **22**: 815-835.

Refsgaard J C. 1997. Parameterization, calibration and validation of distributed hydrological models [J]. *Journal of Hydrology*, **198**: 69-97.

Refsgaard J C, Storm B. 1995. Computer Models of Watershed Hydrology [M]. Englewood, USA: Water Resources Publications.

Robinson D A, Dewey K F. 1990. Recent secular variations in the extent of Northern Hemisphere snow cover [J]. *Geophysical Research Letters*, **17**(10): 1 557- 1 560.

Rodriguez-Iturhe I. 2000. Ecohydrology: A hydrologic perspective of climate-soilvegetation dynamics [J]. *Water Resources Research*, **36**(1): 3-9.

Roy L, Leconte R, risstte F P B, *et al*. 2001. The impact of climate change on seasonal floods of a southern

Quebec River basin [J]. *Hydrological Processes*, **15**(16):3 167-3 179.

Said A, Stevens D K, Sehlke G. 2005. Estimating water budget in a regional aquifer using HSPF-MODFLOW Integrated Model [J]. *Journal of the American Water Resources Association*, **40**:55-66.

Sala O E, Golluscio R A, Lauenroth W K. 1989. Resource partitioning between shrubs and grasses in the Patagonian steppe [J]. *Oecologia*, **81**:501-505.

Salomon J G, Schaaf C B, Strahler A H, et al. 2006. Validation of the MODIS bidirectional reflectance distribution function and albedo retrievals using combined observations from the Aqua and Terra platforms [J]. *IEEE Transactions on Geoscience and Remote Sensing*, **44**:1 555-1 565.

Sandholt I, Rasmussen K. 2002. A simple interpretation of the surface temperature/vegetation index space for assessment of surface moisture status [J]. *Remote Sensing of Environment*, **79**:213-224.

Sara B, Micael R, Jonathan S. 2005. Primary production of Inner Mongolia, China, between 1982 and 1999 estimated by a satellite data-driven light use efficiency model [J]. *Global and Planetary Change*, **45**(4): 313-332.

Scanlon B R, Healy R W, Cook P G. 2002. Choosing the appropriate techniques for quantifying groundwater recharge [J]. *Hydrogeology Journal*, **10**:18-39.

Schaper J, Martinec J, et al. 1999. Distributed mapping of snow and glaciers for improved runoff modelling [J]. *Hydrological Processes*, **13**(12-13): 2 023-2 031.

Seguin B, Courault D, Guérif M. 1994. Surface temperature and evapotranspiration: Application of local scale methods to regional scales using satellite data [J]. *Remote Sensing of Environment*, **49**(3):287-295.

Servat E, Dezetter A. 1993. Rainfall-runoff modeling and water resources assessment in northwestern Ivory Coast, Tentative extension to ungauged catchments [J]. *Journal of Hydrology*, **148**:231-248.

Shao J, Cui Y, Li C. 2003. Study on groundwater resource analyses and development in Manas Plain [J]. *Arid Land Geography*, **26**:6-11.

Shuttleworth W J, Wallace J S. 1985. Evaporation from sparse canopies-an energy combination theory [J]. *Quarterly Journal of the Royal Meteorological Society*, **111**:839-855.

Sims P L, Singh J S. 1978a. The structure and function of ten western North American grasslands. III. Net primary production, turnover and efficiencies of energy capture and water use [J]. *Journal of Ecology*, **66**(2):573-597.

Sims P L, Singh J S, Lauenroth W K. 1978b. The structure and function of ten western North American grasslands. I. Abiotic and vegetational characteristics [J]. *Journal of Ecology*, **66**(1):251-285.

Sivapalan M, Takeuchi K, et al. 2003. IAHS decade on predictions in ungauged basins (PUB), 2003—2012: Shaping an exciting future for the hydrological sciences [J]. *Hydrological Sciences Journal*, **48**(6): 867-880.

Steele S, Lynch D, et al. 2008. The impacts of climate change on hydrology in Ireland [J]. *Journal of Hydrology*, **356**:28-45.

Steininger M K. 2000. Satellite estimation of tropical secondary forest above-ground biomass: Data from Brazil and Bolivia [J]. *International Journal of Remote Sensing*, **6**(20):1 139-1 157.

Steven A S, Robert B W, William T L, et al. 1989. Tropical forest biomass and successional age class relationships to a vegetation index derived from landsat TM data [J]. *Remote Sensing of Environment*, **28**: 143-156.

Stewart I T, Cayan D R, Dettinger M D. 2004. Changes in snowmelt runoff timing in western North America under a business as usual climate change scenario [J]. *Climatic Change*, **62**:217-232.

Stocker T F, Raible C C. 2005. Water cycle shifts gear [J]. *Nature*, **143**: 830-832.

Stoertz M, Bradbury K. 1989. Mapping recharge areas using a ground water flow model: A case study [J]. *Ground Water*, **27**: 220-229.

Su Z. 2000. Remote sensing of land use and vegetation for mesoscale hydrological studies [J]. *International Journal of Remote Sensing*, **21**(2): 213-233.

Tao F, Yokozawa M, Zhang Z, et al. 2005. Remote sensing of crop production in China by production efficiency models: Models comparisions, estimates and uncertainties [J]. *Ecological Modelling*, **183**: 385-396.

Thodsen H. 2007. The influence of climate change on stream flow in Danish rivers [J]. *Journal of Hydrology*, **333** (2-4): 226-238.

Trenberth K, Dai A, et al. 2003. The changing character of precipitation [J]. *Bullitein of American Meteorological Society*, **84**: 1 205-1 217.

Tsai T I, Li D C. 2008. Approximate modelling for high order nonlinear functions using small sample sets [J]. *Expert Systems with Applications*, **34**: 564-569.

Tucker C J. 1997. Use of Near Infrared/Red Radiance Ratios for Estimating Vegetation Biomass and Physiological Status [C]. Greenbelt: Goddard Space Flight Center.

US Academy of Science. 1997. Climate Change and Water Supply [M]. Washington D C: National Academy Press.

Vandewiele G L, Elias A. 1995. Monthly water balance of ungauged catchments obtained by geographical regionalization [J]. *Journal of Hydrology*, **170**: 277-291.

Venturini V, Bisht G, Islam S, et al. 2004. Comparison of evaporative fractions estimated from AVHRR and MODIS sensors over South Florida [J]. *Remote Sensing of Environment*, **93**(1): 77-86.

Vrison V E, et al. 2001. Standard Method for Predicting Damage and Casualties as a Result of Floods[C]. Public Works and Water Management, Delft: Ministry of Transport, the Netherlands.

Wainwright J. 1996. Infiltration runoff and erosion characteristics of agricultural land at extreme events, SE France [J]. *Catena*, **26**: 27-47.

Webb W, Lauenroth W, Szarek S R, et al. 1983. Primary Productivity and abiotic controls in forests, grasslands, and desert ecosystems in the United States. *Ecology*, **64**: 134-151.

Wilby R L, Wigley T M. 1997. Downscaling general circulation model output: A review of methods and limitations [J]. *Progress in Physical Geography*, **21**: 530-548.

Wilby R L, Wigley T M. 2000. Precipitation predictors for downscaling: Observed and general circulation model relationships [J]. *International Journal of Climatology*, **20**(5): 641-661.

Wilcox B P, Newwman B D. 2005. Ecohydrology of semi-arid landscapes [J]. *Ecological Applications*, **15**(3): 989-900.

WMO. 1987. Water Resources and Climate Change: Sensitivity of Water Resources Systems to Climate Change and Variability. WMO/TO.

Xu H, Li Y, Xu G O, et al. 2007. Eco-physiological response and morphological adjustment of two Central Asian desert shrubs towards variation in summer precipitation [J]. *Plant, Cell and Environment*, **30**: 399-409.

Yang W, Shabanov N V, Huang D, et al. 2006. Analysis of leaf area index products from combination of MODIS Terra and Aqua data [J]. *Remote Sensing of Environment*, **104**: 297-312.

Yin Y Y, et al. 2008. Resource system vulnerability to climate stresses in the Heihe river basin of western China// Leary, et al. Climate Change and Vulnerability. Earthscan, UK.

Yuge K, Anan M, Nakano Y. 2005. Evaluation of effect of the upland field on the groundwater recharge [J]. *J Fac Agr Kyushu Univ*, **50**: 799-807.

Zahloul N A. 1998. Flow simulation in circular pipes with varable roughness using SWMM-EXTRAN model [J]. *Journal of Hydrographic Engineering*, **124**(1):73-76.

Zebarth B J, Jong E D, Henry J L. 1989. Water flow in a hummocky landscape in central Saskatchewan, Canada, II. Saturated flow and groundwater recharge [J]. *Journal of Hydrology*, **110**:181-198.

Zhang H, Song X, Deng J. 2008. Application of model-based Moran's I test in information industry [J]. *Journal of Hebei North University (Natural Science Edition)*, **24**:66-68.

Zhang X, Harvey K D, et al. 2001. Trends in Canadian streamflow [J]. *Water Resour Res*, **37**(4):987-999.

Zhang X G, Guo Y C, Chan C K, et al. 2007. Numerical simulations on fire spread and smoke movement in an underground car park [J]. *Building and Environment*, **42**:3 466-3 475.

Zhou X, Xie H, Hendrickxa M H J. 2005. Statistical evaluation of remotely sensed snow-cover products with constraints from streamflow and SNOTEL measurements [J]. *Remote Sensing of Environment*, **94**:214-231.

Zhu W, Pan Y, He H, et al. 2006. Simulation of maximum light use efficiency for some typical vegetation types in China [J]. *Chinese Science Bulletin*, **51**(4):457-463.

土壤类型

下潮灰潮土	氯盐化草甸土	灰灌耕土	苏打盐化潮土
下潮黄潮土	泥炭沼泽土	灰褐土	草甸棕钙土
二潮灰潮土	流动风沙土	石灰性灰褐土	草甸沼泽土
二潮黄潮土	浅色石灰性草甸土	硫盐化沼泽土	钠碱化灰漠土
半固定风沙土	淡栗钙土	硫盐化草甸土	钠碱化草原碱土
新积土	湿潮土	硫酸盐化草甸土	钠碱化荒漠碱土
暗栗钙土	潮土	硫酸盐典型盐土	高山寒漠土
林灌草甸土	灌淤土	硫酸盐化灰漠土	高山草甸土
栗高山草甸土	灌淤潮土	硫酸盐残余盐土	高肥灌耕土
棕钙土	灌溉风沙土	硫酸盐草甸盐土	黄土状灌耕灰漠土
氯化物典型盐土	灌耕林灌草甸土	碱化灰漠土	黄灌耕土
氯化物草甸盐土	灌耕盐化草甸土	红土状灌耕灰漠土	黑钙土
氯盐化沼泽土	灌耕石灰性草甸土	耕种栗钙土	
氯盐化灰漠土	灌耕草甸沼泽土	耕种淡栗钙土	
	灰漠土	腐泥沼泽土	

附彩图 2.1 玛纳斯河流域土壤分布

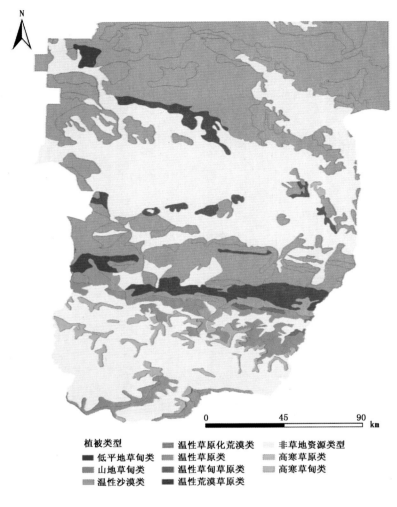

植被类型
低平地草甸类 温性草原化荒漠类 非草地资源类型
山地草甸类 温性草原类 高寒草原类
温性沙漠类 温性草甸草原类 高寒草甸类
温性荒漠草原类

附彩图 2.2 玛纳斯河流域植被分布

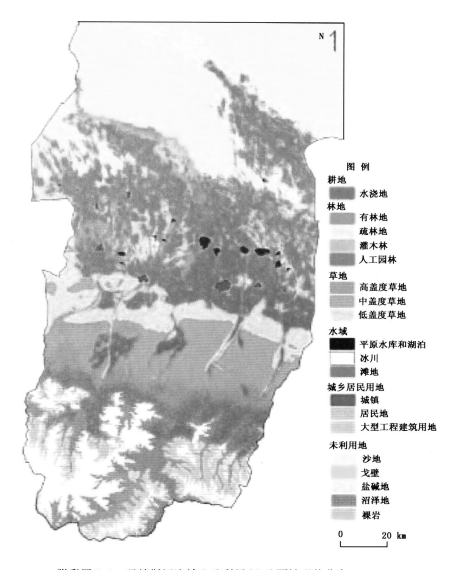

图 例

耕地
  ▨ 水浇地
林地
  有林地
  疏林地
  灌木林
  人工园林
草地
  高盖度草地
  中盖度草地
  低盖度草地
水域
  ■ 平原水库和湖泊
  □ 冰川
  滩地
城乡居民用地
  城镇
  居民地
  大型工程建筑用地
未利用地
  沙地
  戈壁
  盐碱地
  沼泽地
  裸岩

0   20 km

附彩图 2.5　玛纳斯河流域土地利用/土地覆被现状分布(2001 年)

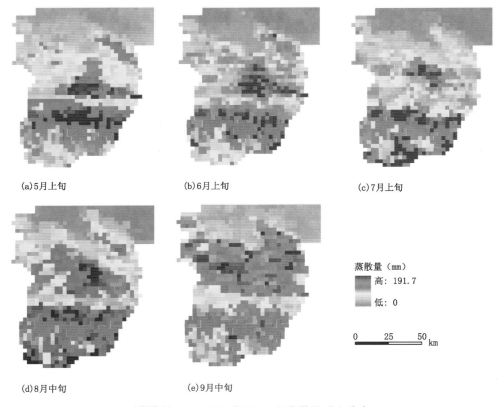

(a)5月上旬　　　　　　(b)6月上旬　　　　　　(c)7月上旬

蒸散量（mm）
高：191.7
低：0

0　　25　　50 km

(d)8月中旬　　　　　　(e)9月中旬

附彩图 3.4　1980 年 5—9 月蒸散量时空分布

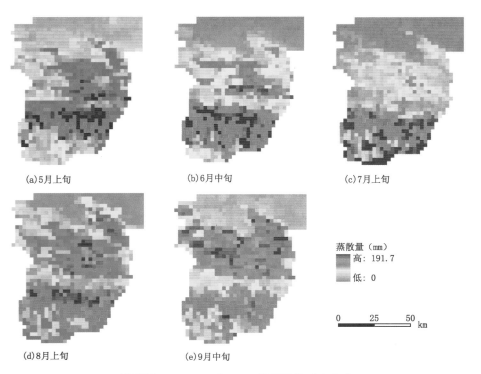

(a)5月上旬　　　　　　(b)6月中旬　　　　　　(c)7月上旬

蒸散量（mm）
高：191.7
低：0

0　　25　　50 km

(d)8月上旬　　　　　　(e)9月中旬

附彩图 3.5　1990 年 5—9 月蒸散量时空分布

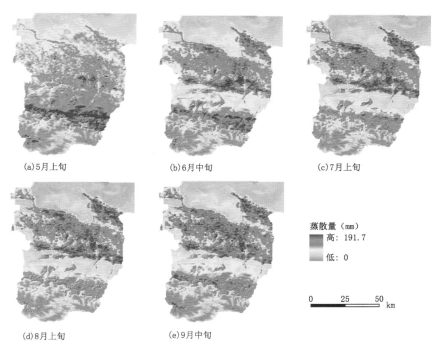

(a)5月上旬   (b)6月中旬   (c)7月上旬

(d)8月上旬   (e)9月中旬

蒸散量（mm）
高：191.7

低：0

0   25   50 km

附彩图 3.6   2005 年 5—9 月蒸散量时空分布

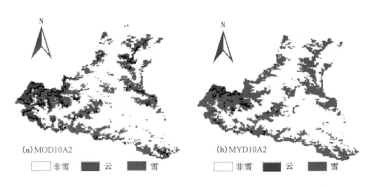

(a)MOD10A2   (b)MYD10A2

□ 非雪   ■ 云   ■ 雪   □ 非雪   ■ 云   ■ 雪

附彩图 4.1   2005 年 3 月 31 日—4 月 7 日 MODIS 积雪数据

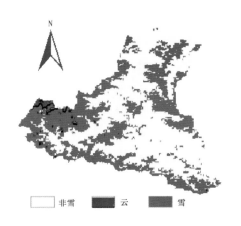

□ 非雪   ■ 云   ■ 雪

附彩图 4.2   去云结果图

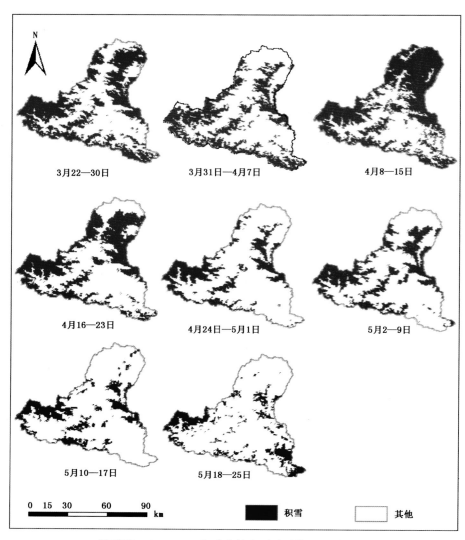

附彩图 4.13　2005 年季节性积雪消融期间雪盖变化

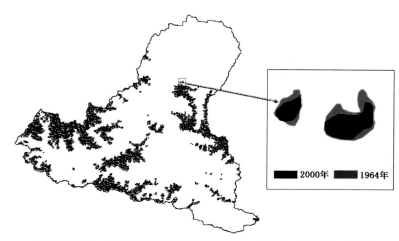

附彩图 4.21　玛纳斯河流域冰川分布(1964 年)与边缘变化示意图

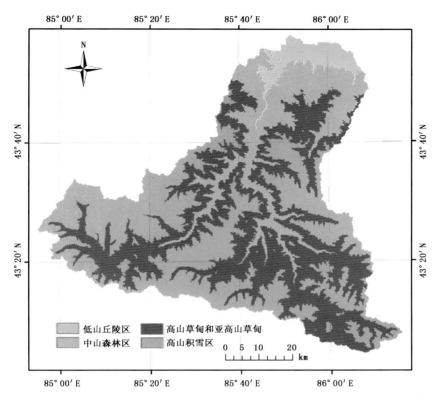

附彩图 5.1　玛纳斯河流域高程分带图

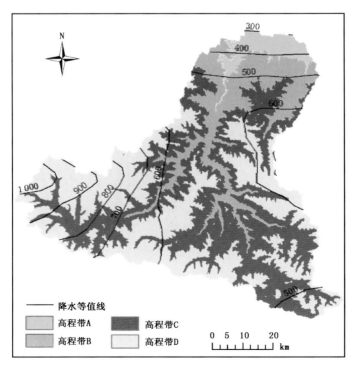

附彩图 5.4　玛纳斯河流域降水等值线分布(单位:mm)

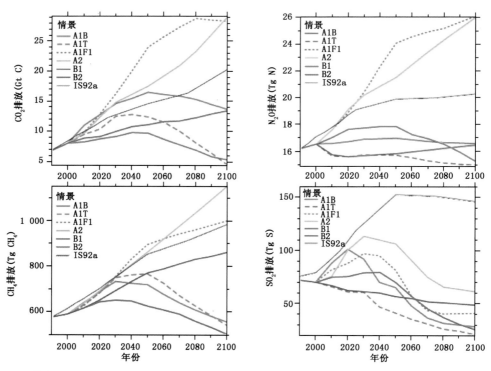

附彩图 6.1　6 个 SRES 情景 A1B,A2,B1,B2,A1F1,A1T 中,各种气体排放量的对比

(摘自 IPCC《排放情景特别报告》)

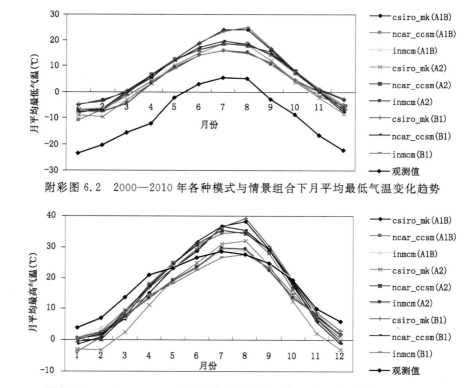

附彩图 6.2　2000—2010 年各种模式与情景组合下月平均最低气温变化趋势

附彩图 6.3　2000—2010 年各种模式与情景组合下月平均最高气温变化趋势

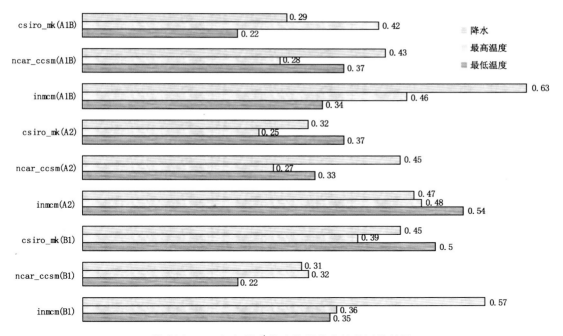

附彩图 6.4　气候模式输出数据的有效性评价结果

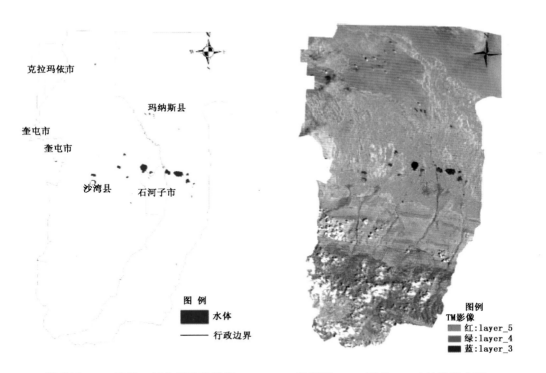

附彩图 7.2　波段 5 阈值提取结果图　　　附彩图 7.3　TM(5,4,3)波段组合图

附彩图 7.4 MODIS 影像水体提取范围

附彩图 7.5 TM 影像水体提取范围

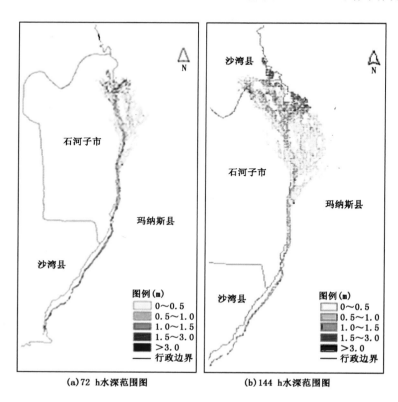

(a)72 h水深范围图　　　　(b)144 h水深范围图

附彩图 7.7 模拟洪水水深范围图(单位:m)

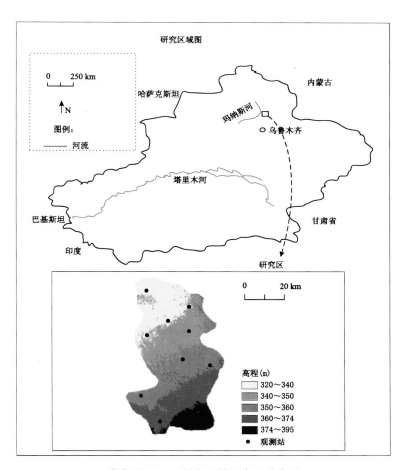

附彩图 12.1　研究区域及高程分布图

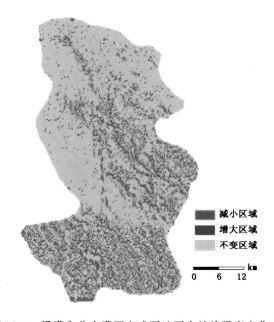

附彩图 12.4　漫灌和节水灌溉方式下地下水补给强度变化空间对比

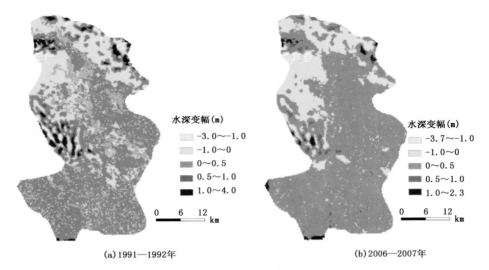

(a) 1991—1992年   (b) 2006—2007年

附彩图 12.6　地下水位空间变化

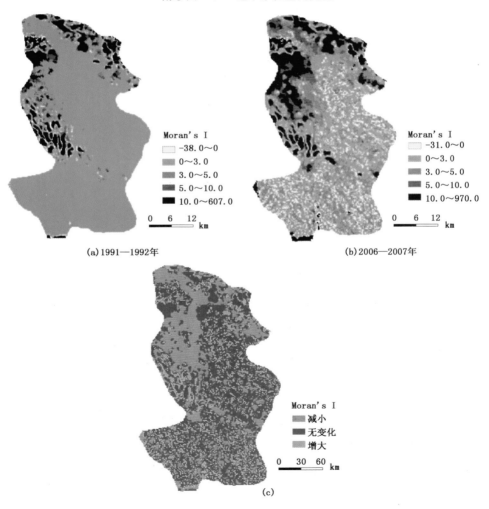

(a) 1991—1992年   (b) 2006—2007年

(c)

附彩图 12.7　Moran's I 指数的空间分布

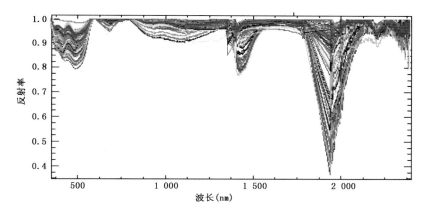

附彩图 13.3　反射率去除包络线图

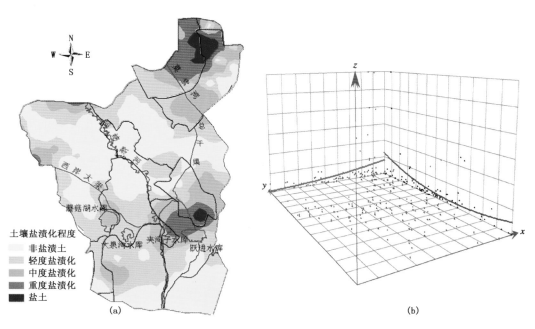

土壤盐渍化程度
非盐渍土
轻度盐渍化
中度盐渍化
重度盐渍化
盐土

(a)

(b)

附彩图 13.7　区域不同土壤盐碱化程度分布及其空间趋势图

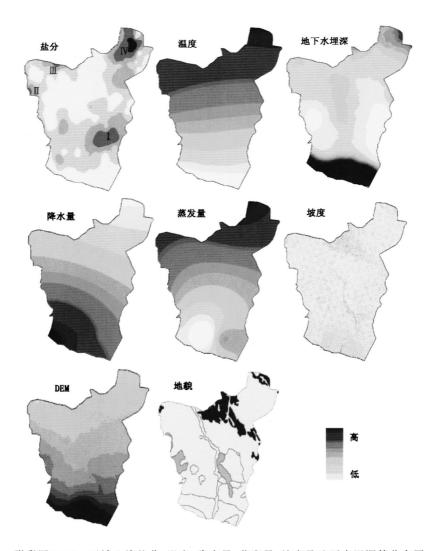

附彩图 13.8　区域土壤盐分、温度、降水量、蒸发量、坡度及地下水埋深等分布图

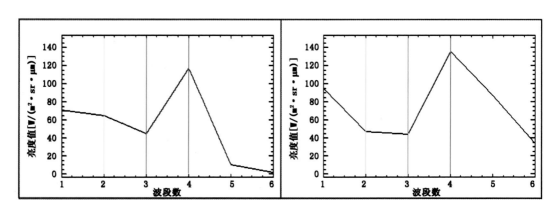

附彩图 14.3　辐射定标前后结果对比

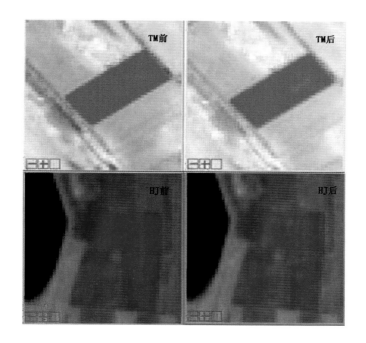

附彩图 14.4　TM 及 HJ 影像大气校正比较

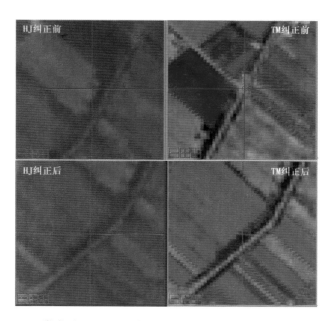

附彩图 14.6　HJ 与 TM 影像几何纠正前后比较

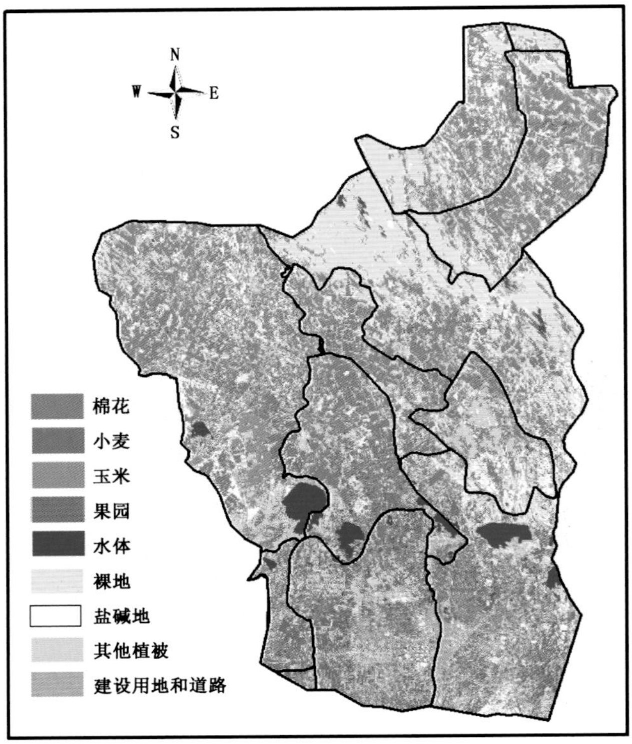
N
W
E
S
棉花
小麦
玉米
果园
水体
裸地
盐碱地
其他植被
建设用地和道路

附彩图 14.7 研究区地物分类结果图

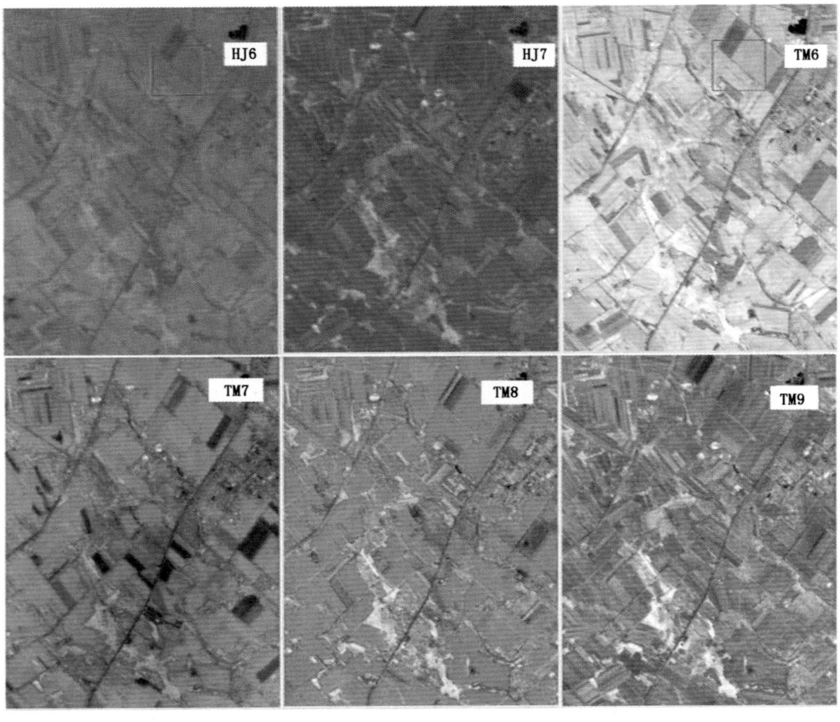
HJ6
HJ7
TM6
TM7
TM8
TM9

附彩图 14.8 2009 年 6—9 月份研究区 HJ 和 Landsat TM 遥感影像

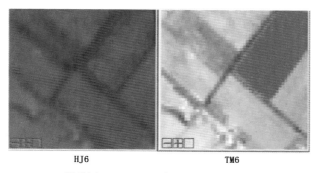

HJ6   TM6

附彩图 14.9   HJ6 与 TM6 影像对比

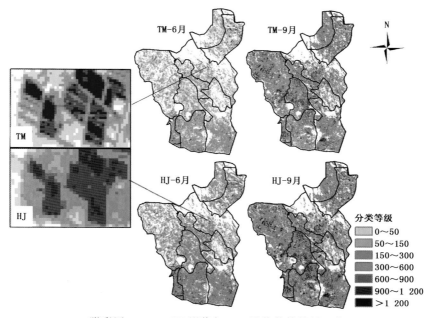

附彩图 14.11   HJ 影像与 TM 影像估算结果比较

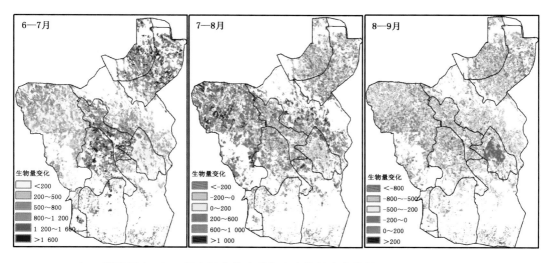

附彩图 14.14   研究区作物生长期内生物量变化状况(单位:g C/m²)

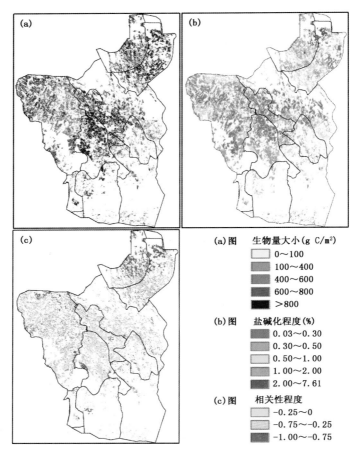

附彩图 14.16 区域作物生物量、盐碱化程度分布图及其相关关系

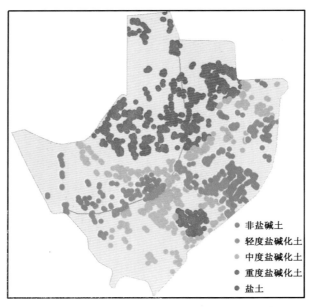

附彩图 14.18 不同程度盐减化土的棉田采样点分布图